Michael Quante

Menschenwürde und personale Autonomie

Demokratische Werte im Kontext der Lebenswissenschaften

Meiner

Bibliographische Information der Deutschen Nationalbibliothek

Die Deutsche Nationalbibliothek verzeichnet diese Publikation in der Deutschen Nationalbibliographie; detaillierte bibliographische Daten sind im Internet über ‹http://portal.dnb.de› abrufbar.
ISBN 978-3-7873-1949-7

2., durchgesehene Auflage 2014

 Satz: Type & Buch Kusel, Hamburg. Druck und Bindung: Book Factory, Bad Münder. Werkdruckpapier: alterungsbeständig nach ANSI-Norm resp. DIN-ISO 9706, hergestellt aus 100% chlorfrei gebleichtem Zellstoff. Printed in Germany. *www.meiner.de*

– Für Erzsébet Rózsa –

»[...] alle Verhältnisse umzuwerfen,
in denen der Mensch ein erniedrigtes,
ein geknechtetes, ein verlassenes,
ein verächtliches Wesen ist.«

Karl Marx

Inhalt

Vorwort zur zweiten Auflage

Die Nachricht, dass die erste Auflage dieses Bandes mittlerweile vergriffen ist, habe ich genauso mit Freuden aufgenommen wie den Wunsch des Verlages, eine zweite Auflage herauszubringen. Das mit dem Titel benannte Spannungsfeld zwischen Menschenwürde und personaler Autonomie ist, genauso wie die im Untertitel angedeutete Frage nach der Rolle demokratischer Werte im Kontext der Lebenswissenschaften, ungebrochen aktuell. Gesellschaftliche Veränderungen, wissenschaftlicher Erkenntniszuwachs und technischer Fortschritt im Bereich der Lebenswissenschaften verursachen nach wie vor drängende Probleme, die wir in erster Linie als Gesellschaft und im Raum der politischen Gestaltung zu lösen haben. Gleichwohl bedürfen diese aber auch der philosophischen Reflexion als einer wichtigen orientierenden Hilfestellung (auch) für die politische Debatte.

Der Band ist zumeist wohlwollend aufgenommen worden, vielleicht auch deshalb, weil ich versuche, »nüchtern und sachlich« – so Oliver Kautz in seiner Besprechung des Bandes (*Humanes Leben – Humanes Sterben* 2011) – zu argumentieren. Als Anerkennung verstehe ich Friedrich Kummers Resümee seiner durchaus kritischen Besprechung: »Ein Buch mit vielen Ambivalenzen, dennoch mit unzweifelhaften Stärken: die ehrliche Sicht eines Philosophen liberaler Prägung, auf Fragen der biomedizinischen Ethik Antworten zu finden, die einen Dialog nicht abwürgen, sondern stimulieren können« (*Imago Hominis* 2011 [18], S. 354).

Ganz anders klang dagegen jene Besprechung in der *Frankfurter Allgemeinen Zeitung* vom 4. Dezember 2010, die unter dem Titel »Ohne Kant ist Bioethik wirklich einfacher: Menschenwürde mit Verfallsdatum« veröffentlicht wurde. Thomas Sören Hoffmanns eigene Argumentation ist paradox: Der Hauptvorwurf lautet, ich hätte mir erlaubt, über Autonomie und Menschenwürde nachzudenken, ohne dabei dem Königsberger »Prägemeister beider Begriffe« zu folgen. So im Namen der Autonomie zu argumentieren bleibt ein

Rätsel, dessen Lösung vermutlich nur der Autor dieses Plädoyers für »jene radikal andere Sicht der Dinge« kennt. Gerne aber möchte ich das vom Kollegen Hoffmann identifizierte Defizit beheben, in diesem Buch würde philosophiert, ohne Kant »die allergeringste Reverenz zu erweisen«. Ich bekenne mich, ausdrücklich im Anschluss an Kant, dazu, auch weiterhin den Mut aufzubringen, mich meines eigenen Verstandes zu bedienen.

Den meisten Lesern, die mir ihre Leseeindrücke und Einwände mitgeteilt haben, ist nicht verborgen geblieben, dass es sich bei diesem Buch um eine Sammlung zuvor bereits publizierter Aufsätze handelt. Zwar haben sich bisher keine Inkonsistenzen finden lassen, aber mir ist bewusst, dass sich solche als Einzelpublikation konzipierte Aufsätze nicht bruchlos zu einer Gesamtposition zusammenfügen. So blieben Längen, Stilbrüche und kontextuell bedingte Bedeutungsverschiebungen von Begriffen nicht aus. Sie zu beheben hätte erfordert, die Texte von Grund auf neu zu schreiben. Dies war dies für die erste Auflage so wenig wie heute möglich; die zweite Auflage erscheint deshalb in unveränderter Form (einige neuere Arbeiten zu den in diesem Band behandelten Fragen sind in einem Nachtrag zur Bibliographie aufgeführt).

Während in manchen Ländern Europas vorsichtige Versuche unternommen werden, einen die demokratische Kultur respektierenden und reflektierenden Umgang mit dem menschlichen Leben zu entwickeln, wird in Deutschland der Ruf nach Kriminalisierung und schärferen Gesetzen laut. Angesichts dieses – in meinen Augen vergeblichen – Versuchs, das Bedürfnis der Menschen nach Wahrung ihrer Selbstbestimmung auch am Lebensende zu unterdrücken, haben die Überlegungen, die hiermit den Lesern in zweiter Auflage vorgelegt werden, unbestreitbar weiterhin ihre Berechtigung.

Münster, im Februar 2014 *Michael Quante*

Einleitung

Demokratische Werte im Kontext der Lebenswissenschaften

> Those engaged in bioethical discussion must become aware of the fact that they are living in a liberal society and take account of its basic values.
>
> *Max Charlesworth*

Befragt man die Lebenswissenschaften daraufhin, in welcher Form sie unsere demokratischen Werte tangieren, dann kann ein solcher Bezug auf vielfältige Weise unmittelbar eingesehen oder – in philosophischer Reflexion – hergestellt werden. Daher läßt sich unter dem Titel dieses Buches unterschiedliches verstehen. Eine Erläuterung des Themas und der zu seiner Formulierung verwendeten Begriffe ist deshalb zu Beginn unumgänglich.

Ich verwende den Ausdruck »Lebenswissenschaften« einerseits in einem *ausgeweiteten* Sinne, weil ich nicht nur den technologischen Aspekt darunter fasse, sondern schon den Bereich des Wissens und des Wissenserwerbs darunter subsumiere. Wie vor allem im Bereich der Humangenetik deutlich werden wird, beginnt ein ethisch relevanter Zusammenhang nicht erst dort, wo sich naturwissenschaftliches und medizinisches Wissen in Form technologischer oder therapeutischer Anwendbarkeit niederschlägt. Schon das Verfügen über dieses Wissen oder auch der Weg dorthin, d.h. der Weg der Forschung, können ethisch relevante oder gar problematische Aspekte beinhalten. Andererseits verwende ich den Ausdruck »Lebenswissenschaften« in einem *eingeschränkten* Sinne. Diese Einschränkung besteht darin, daß ich mich auf das menschliche Leben beschränken und Pflanzen, Tiere oder die Natur als ganze nicht thematisieren werde. Obwohl auch diese in unserem Grundgesetz und damit von unseren demokratischen Werten erfaßt werden, frage ich im folgenden nicht danach, ob z. B. die gentechnische Veränderung von Lebensmitteln zum Zwecke der längeren Haltbarkeit oder die gentechnische Veränderung von Schweinen zum Zwecke der Organgewinnung für die Transplantationsmedizin mit Bezug auf die ethischen Ansprüche von Pflanze, Tier oder Natur als solche problematisch sind.[1] Ich werde mich allein auf die Frage beschränken, ob die Biotechnologien mit Bezug auf das menschliche Leben ethische Probleme hinsichtlich unserer demokratischen Werte aufwerfen.

Auch der Begriff der demokratischen Werte ist erläuterungsbedürftig. Im folgenden wird nicht versucht zu explizieren, was Werte eigentlich sind, noch zu bestimmen, welche dieser Werte demokratisch genannt zu werden verdienen, oder wodurch sie sich als demokratische auszeichnen. Statt dessen beziehe ich mich auf ein weitgehend geteiltes Vorverständnis, was unter demokratischen Werten zu verstehen ist. Auf meiner Liste stehen dabei z. B. Autonomie, Freiheit, Gerechtigkeit, Gleichheit, Menschenwürde[2], Privatheit, Solidarität[3] oder auch Natürlichkeit[4] und Unverfügbarkeit. Formal möchte ich unter demokratischen Werten alle diejenigen Werte (und Normen) verstehen, auf die sich eine demokratische Gemeinschaft vernünftiger Wesen rationalerweise in einem konsensuellen Verfahren einigen kann. Diese formale Charakterisierung ist lediglich als heuristisches Testverfahren, nicht als Normkonstituierung oder -begründung zu verstehen. Ich möchte damit nicht die These verbinden, daß derartige Verfahren hinreichend dafür sind, demokratische Werte zu konstituieren oder zu begründen. Eine Beschränkung auf dieses vage Vorverständnis von demokratischen Werten scheint zum einen deshalb sinnvoll zu sein, weil jeder Versuch einer umfassenden Explikation und Begründung dazu führen müßte, das eigentliche Thema aus dem Blick zu verlieren. Zum anderen werden wir im Zuge der Erörterung dieses Themas, d. h. im Aufriß des Zusammenhangs von demokratischen Werten und den genannten neueren Biotechnologien, einiges über diese Werte selbst lernen können.

Aus diesen Erläuterungen zu den Begriffen »Biotechnologie« und »demokratische Werte« ergibt sich, daß ich in diesem Buch zwei Dinge nicht anstreben werde. Erstens werde ich nicht versuchen, eine ethische Begründung oder gar eine philosophische Letztbegründung derjenigen Werte zu entwickeln, die im folgenden eine zentrale Rolle spielen werden. Ich gehe statt dessen davon aus, daß hinsichtlich der Akzeptabilität dieser Werte ein breiter Konsens besteht und nicht die Frage nach der Gerechtfertigtheit dieser Werte relevant ist, sondern die Erörterung des Zusammenhangs, der zwischen diesen Werten und den Biotechnologien besteht. Zweitens werde ich die diversen Fragestellungen der biomedizinischen Ethik, die in den folgenden Kapiteln thematisiert werden, keiner abschließenden inhaltlichen Bewertung unterziehen. Ich werde also nicht versuchen, z. B. hinsichtlich der Frage nach der Zulässigkeit humangenetischer Eingriffe oder der Präimplantationsdiagnostik zu einem abschließenden ethischen Urteil zu gelangen. Eine abschließende Bewertung der bioethischen Probleme, die im folgenden thematisiert werden, kann im Rahmen dieses Buches schon allein deshalb nicht erfolgen, weil es in diesem Bereich keine einfachen Antworten gibt. Alle diese Probleme bedürfen einer detaillierten und auf die einzelnen Fälle abgestimmten Analyse und Bewertung. Weder pauschalisierende Ablehnung noch generelle Zustimmung ist ethisch vertretbar. Fragt man nach der Art und Weise, wie die Lebenswissenschaften die demokratischen Werte unserer Gesellschaft berühren, so sieht man sehr schnell, daß und warum sie ethisch zwiespältig sind. Während sie hinsichtlich einiger dieser Werte als problematisch oder gar als unzulässig erscheinen mögen, können sie im Bezug auf andere dieser Werte als ethisch zulässig oder gar geboten erscheinen. Das *erste* Ziel dieses Buches kann daher so formuliert werden: Durch die genauere Bestimmung des Zusammenhangs zwischen den Lebenswissenschaften und unseren demokratischen Werten soll deren ethische Ambivalenz erkennbar und verstehbar gemacht werden. Aber die Frage nach dem Zusammenhang zwischen demokratischen Werten und den Lebenswissenschaften kann nicht nur zu einem vertieften Verständnis von letzteren führen. Die Erhellung dieses Zusammenhangs ermöglicht es auch, den materialen Gehalt unserer Werte, sowie das Verhältnis zwischen ihnen besser zu bestimmen. Solche Begriffe wie Selbstbestimmung, Menschenwürde oder Natürlichkeit sind notorisch vage. Außerdem ist nicht generell zu beantworten, wie sie im Falle eines Wertekonfliktes zueinander in ein Verhältnis gesetzt werden müssen. Die Frage nach dem Zusammenhang von demokratischen Werten und den Lebenswissenschaften soll, so das *zweite* Ziel dieses Buches, zu einer Vertiefung unseres Verständnisses des materialen Gehalts der darin involvierten Werte führen. Darüber hinaus möchte ich mit den hier vorgelegten Überlegungen ein weiteres Ziel erreichen. Dieses besteht darin, plausibel zu machen, daß der Erwerb von Wissen, die Definition von Forschungszielen, die Durchführung der Forschung und die Umsetzung der Forschungsergebnisse in Form von Technologie oder medizinischer Therapie von gesamtgesellschaftlicher Relevanz sind und die Frage nach unserer Werteordnung aufwirft. Damit aber zeigt sich, so kann man dieses *dritte* Ziel umschreiben, die Notwendigkeit eines demokratischen Steuerungsprozesses durch eine informierte Öffentlichkeit mittels demokratischer Willensbildungsprozesse.

Im folgenden möchte ich anhand verschiedener ethischer Problemstellungen, die sich im Kontext der Reproduktionsmedizin und der Humangenetik ergeben, zeigen, auf welche Weise unterschiedliche demokratische Werte tangiert werden. Dazu werde ich für beide Bereiche jeweils verschiedene Probleme kurz skizzieren und aufweisen, welche demokratischen Werte hier entweder bedroht zu sein oder aber miteinander in Konflikt zu geraten scheinen. Ich beginne mit der Reproduktionsmedizin.

Reproduktionsmedizin

Unter der Reproduktionsmedizin verstehe ich im folgenden diejenigen naturwissenschaftlich-medizinischen Techniken, menschliche Fortpflanzung auch in solchen Fällen zu ermöglichen, wo dies auf natürliche Weise nicht gelingt.[5] Zu diesen Techniken gehören solche Dinge wie Künstliche Befruchtung (In vitro fertilisation), verbunden mit den Möglichkeiten der Samenspende und Leihmutterschaft, oder auch – zumindest als Zukunftsvision – das Klonieren menschlicher Individuen. Auch wenn letzteres noch weit von der technischen Realisierbarkeit entfernt ist und in den Augen mancher Naturwissenschaftler sogar überhaupt nicht möglich sein kann, haben die weltweiten Reaktionen auf das Schaf Dolly, welches im Jahre 1997 als erstes geklontes Exemplar seiner Gattung das Licht der Welt erblickt hat, gezeigt, daß diese Utopie von massiven ethischen Bedenken begleitet wird. Einige der ethischen Probleme, die sich im Kontext der Reproduktionsmedizin stellen, ergeben sich durch die Kombination mit den Optionen der Humangenetik und werden daher gleich noch behandelt werden. Spezifisch auf die Reproduktionsmedizin bezogen sind dagegen die vier Probleme, die ich nun als Wertekonflikte rekonstruieren möchte.

(a.) *Wie weit geht das Recht auf die eigene Fortpflanzung*? Künstliche Befruchtung ist teuer, und, entgegen aller Propaganda, nicht sehr erfolgreich. Weniger als 20% aller Versuche führen auch wirklich zu einer erfolgreichen Schwangerschaft. Darüber hinaus sind die für eine künstliche Befruchtung notwendigen mehrfachen Anläufe für die Partner häufig sehr belastend, was nicht nur dazu führt, daß die Erfolgschancen sinken, sondern sogar gelegentlich damit endet, daß Eltern zu ihrem Kind keine stabile psychische Beziehung aufbauen können und es dann zur Adoption freigeben. Ein Problem, welches sich angesichts zunehmender Mittelknappheit im Gesundheitswesen stellt, ist, ob die Gesellschaft die Pflicht hat, diese Technologien zu entwickeln und anzubieten, obwohl einerseits nicht klar ist, ob ungewollte Kinderlosigkeit überhaupt eine Krankheit[6] darstellt, und obwohl andererseits mit den hierfür verwendeten Mitteln andere medizinische Programme finanziert werden könnten, die mit Blick auf die Gesundheit der Menschen sicher wesentlich effektiver wären. Hier zeichnet sich ein Konflikt zwischen Autonomie und Gerechtigkeit ab. Folgt aus dem unbestrittenen Recht, eigene Kinder zu haben, daß die Gesellschaft verpflichtet ist, ökonomische Ressourcen bereitzustellen, um diesen Ausdruck individueller Autonomie auch zu realisieren? Oder ist ein derartiger Einsatz knapper Mittel nicht vielmehr ungerecht, weil er massive Ansprüche anderer möglicher Patienten verletzt?

An dieser Stelle ist es notwendig, zwei Bedeutungen des Rechts auf die eigene Fortpflanzung zu unterscheiden. Darunter kann man zum einen das *negative* Recht verstehen, welches besagt, daß der Staat kein Recht hat, den Wunsch auf eigene Kinder zu unterbinden. In dieser negativen Variante ist das Recht auf den eigenen Nachwuchs nahezu unumstritten; Begrenzungen aus bevölkerungspolitischen oder ökologischen Gründen gelten weitgehend als inakzeptabel. Ausgenommen sind zum einen geistig behinderte Menschen, denen dieses Recht nicht zuerkannt wird. Und zum anderen vertreten einige Ethiker explizit und viele Menschen implizit die Auffassung, Menschen mit vererbbaren Gendefekten sollten dieses Recht ebenfalls nicht zuerkannt bekommen (auf letzteres komme ich noch zurück). In seiner *positiven* Lesart bedeutet das Recht auf die eigene Fortpflanzung über die Nichteinmischungsbedingung hinaus, daß die Gesellschaft verpflichtet ist, zur Realisierung dieses Kinderwunsches positiv beizutragen, wenn dies nötig ist. Und dies bedeutet dann, daß die einzelnen Mitglieder unserer Gesellschaft einen ethischen Anspruch darauf hätten, daß diese Gesellschaft Mittel darauf verwendet, entsprechende Technologien bereitzustellen.

Die Auseinandersetzung um dieses Problem berührt also die Frage, ob wir ungewollte Kinderlosigkeit als Krankheit ansehen wollen, auf deren Heilung ein Anspruch besteht, der durch gesellschaftlich solidarische Leistung zu realisieren ist. Aber es geht hier auch um einen Konflikt zwischen individueller Autonomie und Gerechtigkeit, sowie darum, in der Behandlung dieses Konflikts genauer zu bestimmen, was wir unter diesen beiden Werten verstehen wollen. Die konkrete gesellschaftliche Ausgestaltung des Rechts auf eigene Fortpflanzung ist zugleich eine Bestimmung des materialen Gehalts dieser beiden Werte.

(b.) *Zerstörung der natürlichen Sozialbezüge?* Die sich im Wunsch auf eigenen Nachwuchs manifestierende Autonomie steht aber nicht nur in einem Spannungsverhältnis zur Gerechtigkeit, sondern auch zu zwei Werten, die in unserem alltäglichen normativen Selbstverständnis zwar nicht in vorderster Front stehen, gleichwohl aber im Kontext der Biotechnologien von großer Bedeutung sind: die Natürlichkeit und die Unverfügbarkeit. Die Dinge werden durch die Möglichkeiten der Reproduktionstechnologien komplizierter. Da gibt es neben dem biologischen Vater in Form eines anonymen Samenspenders den sozialen Vater, neben der genetischen Mutter, von der die befruchtete Eizelle stammt, möglicherweise die Leihmutter, die den Embryo ausgetragen hat, und dann die soziale Mutter, bei der das Kind aufwächst. Und dabei kann es sich um drei verschiedene Personen handeln. Wer angesichts solcher Verhältnisse den Verlust von Natürlichkeit oder Unverfügbarkeit beklagt, hat folgendes im Sinn: Unsere ethischen Spielregeln beruhen auf zwar kontingenten, durch die biologischen Fakten aber weitgehend stabilen Voraussetzungen. Genau diese Voraussetzungen werden durch die technischen Optionen nun zur Verfügung gestellt. Dies erhöht zum einen die Autonomie der Menschen, weil sie sich nun wieder ein Stück weit von den vorgegebenen Zwängen der Natur befreien können. Auf der anderen Seite führt diese neugewonnene Freiheit aber auch zu Irritationen, weil die unseren Wertvorstellungen zugrundeliegenden ›normalen‹ Verhältnisse wegbrechen. Eine Neuorientierung ist gefragt, und diese Konsequenz wird von manchen als belastend erlebt. Wenn der Weg vom Zufall zur Wahl führt, dann erhöht dies einerseits unseren Gestaltungsspielraum, erlegt uns andererseits aber auch die Pflicht auf, diesen Spielraum in verantwortungsvoller Weise zu gestalten (Buchanan et al., *Chance*). Wer den Verlust der Natürlichkeit beklagt und den Wert der Unverfügbarkeit betont, will dabei nicht sagen, daß die Natur uns unmittelbar vorschreibt, was ethisch zu tun ist. Eine solche Argumentation – Philosophen haben dafür den Namen ›naturalistischer Fehlschluß‹ geprägt – ist logisch defekt.[7] Vielmehr soll betont werden, daß die Anerkennung von Unverfügbarem und natürlich Vorgegebenem zwei wichtige Funktionen hat. Erstens entlastet sie uns von dem Zwang, die fraglichen Bereiche selbst gestalten zu müssen. Und zweitens ist Autonomie, die sich nicht an vorgegebenen Fakten orientiert und sich in Auseinandersetzung mit diesen Unverfügbarkeiten definiert und konkretisiert, formal, beliebig und inhaltsleer.

Der Dissens, der hinsichtlich dieses Problems zu konstatieren ist, läßt sich am besten beschreiben als Konflikt zwischen der Ausdehnung der Autonomie als Möglichkeit der Verfügung und Gestaltung einerseits sowie der entlastenden Funktion von Natürlichkeit und Unverfügbarkeit andererseits. Während die Befürworter der Autonomie das zu gewinnende Freiheitspotential ins Feld führen, weisen die Kritiker darauf hin, daß der solchermaßen entstehende Gestaltungsspielraum nach ethisch akzeptablen Kriterien ausgefüllt werden muß. Zumeist befürchten sie zugleich, daß ökonomische oder beliebige individuelle Interessen diese Leerstelle ausfüllen werden, was insgesamt zu einem Verlust an Humanität und möglicherweise sogar individueller Freiheit führen könnte.

(c.) *Klonieren gefährdet die Menschenwürde!* So lautet der Grundtenor, der in der westlichen Welt nahezu unisono erklang, als die Nachricht vom Schaf Dolly um die Welt ging.[8] Anders als in den ersten beiden Problembereichen, in denen es einen massiven Dissens gibt, scheint man sich hinsichtlich der Ablehnung des Klonierens menschlicher Individuen, von wenigen Ausnahmen abgesehen, einig zu sein. Diese heftige und entschiedene Reaktion ist philosophisch genauso interessant wie die Hektik, mit der Regierungen verschiedenster Länder in Form von Verboten reagiert haben, obwohl die technische Realisierung dieser Möglichkeit noch in weiter Ferne liegt und vielleicht sogar überhaupt nicht gegeben ist. Interessant ist diese Reaktion also nicht deshalb, weil das Klonieren eines menschlichen Individuums eine große akute Gefahr darstellt, sondern weil diese Option offensichtlich mit weitgeteilten Wertvorstellungen konfligiert.[9] Welche aber sind diese? Was ist so bedrohlich an der Vorstellung, man könne ein menschliches Individuum erzeugen, das nicht aus der Verschmelzung der genetischen Erbinformationen zweier Individuen hervorgeht, sondern als geklonter genetischer Nachfolger nur eines Individuums zur Existenz kommt? Ein solcher Nachfolger wäre ein verspäteter Zwilling, ein Mensch, der zeitlich nach seinem genetischen Doppelgänger sein Leben führen würde. Die Abscheu, die eine solche Vorstellung hervorruft, beruht m. E. auf unserem Bedürfnis nach Individualität und unserer Furcht davor, einfach durch eine Kopie ersetzbar zu sein. Klonieren ruft die gleichen Ängste hervor, die Huxley und andere Künstler in ihren Darstellungen totalitärer Systeme abrufen, in denen Menschen entindividualisiert und zu bloßen Nummern erniedrigt werden. Nun ist dies zwar alles weniger eine reale Gefahr des Klonierens als Ausdruck unserer dystopischen Vorstellungen, dennoch zeigt sich hierin, welchen Wert wir der Individualität und dem Recht auf einen selbstgestalteten Lebensweg beimessen. Ein geklonter Mensch müßte, als verspäteter Zwilling, stets sowohl mit dem Faktum, Informationen über das Leben seines genetischen Vorgängers zu haben, als auch mit den Verhaltenserwartungen seiner sozialen Umwelt umgehen. In der Befürchtung, ein solcher geklonter Mensch könnte möglicherweise keinen Gestaltungsspielraum für seine eigene Biographie haben oder seine Individualität nur unter erschwerten sozialen Rahmenbedingungen ausbilden, drückt sich ein weiteres höchst relevantes Faktum aus: die Tatsache, daß der Glaube an einen genetischen Determinismus, zumindest als latente, unterschwellige Annahme weit verbreitet ist. Dies ist, obwohl ich den Gedanken hier nicht vertiefen kann, philosophisch äußerst interessant. Und zwar nicht deshalb, weil für einen solchen strikten genetischen Determinismus wenig spricht, sondern vielmehr deshalb, weil der stillschweigende Glaube an eine solche genetische Determination mit den Vorstellungen von Autonomie, Freiheit, Individualität und der darauf basierenden Menschenwürde prima facie unvereinbar zu sein scheint. Was sich hier meines Erachtens beobachten läßt, ist ein Zwiespalt, in dem sich die meisten Mitglieder unserer Gesellschaft befinden. Viele, zumeist diffus bleibende Annahmen über die Beschaffenheit der von den Naturwissenschaften erklärten und ›entzauberten‹ Welt passen nicht zu den Werten und Normen, die unser ethisches Selbstverständnis prägen. Die Widersprüchlichkeit, mit der wir den Lebenswissenschaften häufig begegnen, ist vermutlich auch Ausdruck der Tatsache, daß sie einen tief liegenden Konflikt zwischen unserem Welt- und Wertbild tangieren.

(d.) *Die Entwertung menschlichen Lebens.* Zum Bereich der Reproduktionsmedizin möchte ich abschließend auf zwei Folgeprobleme hinweisen, die diese Handlungsoptionen nach sich ziehen. Zum einen entstehen wesentlich mehr befruchtete Eizellen als verwendet werden können. Die Frage ist, wie mit diesem beginnenden menschlichen Leben umzugehen ist. Darf man es töten oder zu Forschungszwecken[10] verwenden? Zum anderen ergeben sich häufig Mehrlingsschwangerschaften, was in besonders krassen Fällen zum Problem der selektiven Abtreibung führt. Hier ist zu fragen, ob man zugunsten der Lebenschancen von ein oder zwei Embryonen berechtigt ist, überzählige weitere Embryonen abzutreiben. Sollte dies der Fall sein, stellt sich die Folgefrage, nach welchen Kriterien diese Selektion zu erfolgen hat. Es ist offensichtlich, daß sich – selbst wenn man den ohnehin schon problematischen Fall der Abtreibung ausklammert – ein Konflikt zwischen der Bewertung individuellen menschlichen Lebens und Menschenwürde in nicht abzumildernder Schärfe ergibt. Strittig ist vor allem, ob sich die Menschenwürde, wie es in Deutschland vertreten wird, auch auf das beginnende menschliche Leben erstreckt, oder erst zu einem späteren Stadium greift, wenn das menschliche Individuum Bewußtsein und Personalität entwickelt hat. Gegenstand der

Diskussion ist dabei auch, ob unser Begriff der Menschenwürde möglicherweise Gradualisierungen zuläßt.[11]

Humangenetik

Damit komme ich zur Humangenetik.[12] Das weltweit angelegte Projekt der vollständigen Erforschung und Totalsequenzierung des menschlichen Genoms dürfte, vielleicht neben der Erforschung von Gehirn und Bewußtsein, das größte wissenschaftliche Projekt der Gegenwart sein. Dabei ist weder strittig, daß sich eine derartige umfassende Landkarte erstellen läßt, noch ist zu übersehen, daß auf dem Wege dahin das Wissen über die genetische Verfaßtheit des Menschen, über den Ort von Erbinformationen und über genetische Defekte sprunghaft ansteigt. Ich möchte nun fünf mit der Humangenetik verbundene Themen unter dem Aspekt anreißen, in welcher Weise sie unsere demokratischen Werte tangieren, und mit zwei Fragen, die schon im Kontext der Reproduktionstechnologie aufgeworfen worden sind, beginnen.

(a.) *Erbkrankheiten und das Recht auf die eigene Fortpflanzung.* Ein Grundproblem der Humangenetik ist derzeit, daß die Schere zwischen Diagnose- und Therapiemöglichkeit sehr weit auseinanderklafft. Im Grunde ist bisher kein einziger Beweis für eine erfolgreiche Gentherapie erbracht worden. Andererseits schreitet die Erkenntnis auf der Seite der Diagnosemöglichkeiten immer weiter und schneller voran. Dies nötigt nicht nur zu einer Ethik des Umgangs mit diesem Wissen, sondern wirft auch die Frage auf, wie es mit dem Recht auf eigenen Nachwuchs bestellt ist, wenn von möglichen Risiken der Vererbung von genetischen Defekten gewußt wird. Hier geht es nicht nur um die Frage, wie mit den Wahrscheinlichkeiten umzugehen ist, und auch nicht nur darum, inwiefern eine Veranlagung zu einer Krankheit selbst bereits als Krankheit angesehen werden kann. Es stellt sich die prinzipielle Frage, ob das Recht auf den eigenen Nachwuchs sich auch auf solche Personen erstreckt, die vermutlich genetische Defekte weitervererben. Kann, anders formuliert, ein Recht der Gesellschaft darauf begründet werden, daß in solchen Fällen keine eigenen Kinder gezeugt werden? Liegt eine solche Begründung möglicherweise in dem Verweis auf die Kosten, die einer Gesellschaft ansonsten durch die Behandlung und Betreuung behinderter Kinder entstehen? Oder gibt es gar, wie manche behaupten, eine ethische Pflicht zur Gesunderhaltung des menschlichen Genoms? Was hier auf dem Spiel steht, ist nicht nur noch einmal die genauere Bestimmung des Verhältnisses von Autonomie und Gerechtigkeit oder die Sorge vor einer möglichen Entsolidarisierung im Gesundheitswesen dergestalt, daß für wissentlich in Kauf genommene Risiken privat aufgekommen werden muß. Es geht auch um die generelle Frage, ob Vorstellungen von genetischer Normalität und Gesundheit möglicherweise gesellschaftliche Normen darstellen, die individuelle Selbstbestimmung einzuschränken erlauben (vgl. Harris, *Clones*).

(b.) *Pränatal- und Präimplantationsdiagnostik*: Im Zusammenspiel von humangenetischer Diagnostik und Reproduktionsmedizin ergibt sich die Möglichkeit der in Deutschland derzeit verbotenen Präimplantationsdiagnostik, bei der man vor einer Implantation die extrakorporalen Embryonen auf mögliche genetische Defekte und damit auch auf andere genetisch verankerte Eigenschaften hin untersucht. Anschließend kann man dann aufgrund dieser Daten entscheiden, welche Embryonen überhaupt implantiert werden sollen. Während auf diese Weise eine Abtreibung vermieden wird, ergibt sich aus den Möglichkeiten der Pränataldiagnostik, von denen die Amniozentese vermutlich die Bekannteste ist, genau dieses Folgeproblem. Beiden Varianten gemeinsam ist, daß aufgrund des humangenetischen Wissens und einer damit verbundenen Bewertung des jeweiligen menschlichen Lebens entweder eine Implantation nicht vorgenommen oder aber eine Schwangerschaft beendet wird. Der Streit geht hier zum einen darum, ob eine solche Bewertung des Lebens und eine derartige Selektion mit unserer Vorstellung der Menschenwürde vereinbar ist.[13] Zweitens ist fraglich, ob in einer solchen Selektion nicht allgemeine eugenische Einstellungen oder individuelle Vorlieben wie der Wunsch nach einem Sohn wirksam werden können, die nicht zu verantworten sind.[14] Und drittens ergibt sich auch hier die Frage, ob das prinzipielle Verfügen über humangenetisches Wissen nicht zu einer Entsolidarisierung mit den Eltern von behinderten Kindern führt, weil – wie man an dieser Stelle dann häufig zu hören bekommt – »so etwas heute doch nicht mehr sein muß«.

(c.) *Recht auf Nichtwissen?* Die Möglichkeit, über humangenetisches Wissen verfügen zu können, betrifft auch mündige Personen. Kann eine Person, in deren Familie eine Erbkrankheit gehäuft auftritt, gezwungen werden, sich testen zu lassen? Was ist, wenn eines von mehreren Kindern Wissen erwerben will, die anderen dies aber nicht wollen? Die Diagnose des einen wird für die anderen ein Erwerb von nichtgewolltem Wissen darstellen, der schwer zu vermeiden sein wird. Im Kontext einer biomedizinischen Ethik, die sich von einer paternalistischen Konzeption hin zu einer an Patientenautonomie orientierten Ausrichtung bewegt hat, mag das Recht auf Nichtwissen auf den ersten Blick paradox erscheinen.[15] Ist es doch gerade das Recht auf Information und die Unverzichtbarkeit auf informierte Zustimmung, die dem Recht auf Selbstbestimmung des Patienten zur Geltung verhelfen soll. Ein Verzicht auf Information kann vor diesem Hintergrund aussehen wie die Flucht vor der eigenen Autonomie. Aber dieser Eindruck täuscht. Zum einen ist, gerade wenn mit dem Wissen die entsprechenden Handlungsoptionen in Form von Therapie nicht einhergehen, alles andere als sicher, daß ein solches Wissen immer die Autonomie des Patienten vergrößert. Wenn die eine Patientin lieber wissen möchte, ob sie in 20 Jahren eine Krankheit (z. B. Corea Huntington) entwickeln wird, um ihr Leben darauf auszurichten, wird ein anderer Patient vielleicht über ein solches Wissen nicht verfügen wollen, weil er zu Recht befürchtet, es psychisch nicht bewältigen zu können. Humangenetische Information zwingt jedoch nicht nur dazu, dem Recht auf Wissen ein ebenfalls legitimes Recht auf Nichtwissen an die Seite zu stellen, um anschließend zu untersuchen, wie sich die hieraus möglicherweise ergebenden Konflikte bewerten lassen. Da das humangenetische Wissen nicht nur die jeweilige Person, sondern auch die mit ihr genetisch nahe verwandten anderen Personen berührt, und da vor allem auch weiterreichende Interessen von Dritten an diesen Informationen bestehen, wird zusätzlich zu erörtern sein, wer einen Anspruch auf solches Wissen über die jeweilige Person hinaus hat (vgl. Chadwick, *Nichtwissen*). Dies möchte ich an einem Beispiel, welches zugleich das nächste Problem darstellt, illustrieren.

(d.) *Entsolidarisierung durch humangenetische Informationen?* Nicht nur für den jeweils betroffenen Einzelnen, und auch nicht nur für seine möglicherweise durch die Diagnose unmittelbar mitbetroffenen genetischen Verwandten sind genetische Informationen interessant, sondern auch für Arbeitgeber oder Versicherungen, die sich davor schützen möchten, besondere Risikokandidaten einzustellen bzw. aufzunehmen. Hier könnte die Gefahr drohen, daß Menschen mit genetisch nachgewiesenen erhöhten Risiken diskriminiert werden (vgl. Kaminski, *Genomanalyse*). Daher ist nicht nur zu klären, in welchem Maße genetische Information dem Recht auf Privatheit unterliegt; zu befürchten ist auch, daß eine irgendwann einmal mögliche exakte Ermittlung, welche Person von welchen Erkrankungsrisiken betroffen ist, zu einer Entsolidarisierung führt. Die Logik von Kranken- oder Lebensversicherung beruht ja darauf, daß in solidarischer Weise ein Risiko verwaltet wird, welches jeden treffen kann. Ist letztere Bedingung durch das Verfügen über exaktes Wissen nicht mehr erfüllt, wird vermutlich die Bereitschaft zu einer Solidarleistung vermindert oder gar wegfallen. So werden z. B. diejenigen, bei denen sicher oder sehr wahrscheinlich ist, daß sie eine bestimmte Krankheit entwickeln werden, gar nicht mehr oder nur noch zu ungünstigen Konditionen versichert werden. Und diejenigen, die sicher sind, von bestimmten Risiken ausgenommen zu sein, werden sich zu weigern anfangen, zur Absicherung genau dieser Risiken einen Solidarbeitrag zu leisten. Fragt man bei Versicherungsgesellschaften nach, ob sie erwägen, derartige auf genetischen Informationen beruhende Klauseln einzuführen, erfährt man zwar offiziell, daß so etwas nicht geplant sei. Inoffiziell dagegen wird unumwunden zugegeben, daß derartige Pläne längst entwickelt worden sind und nur niemand der Erste sein möchte, der sie umsetzt (vgl. Wiesing & Schonauer, *Prognose*).

(e.) *Die Ambivalenz der humangenetischen Therapie.* Bis hierher habe ich einige der ethischen Probleme skizziert, die durch humangenetische Diagnostik allein entstehen. Aber wenn man von der plausiblen Annahme ausgeht, daß irgendwann einmal auch genetische Therapien zur Verfügung stehen, dann ist es wichtig, auch hierauf einen prüfenden Blick zu werfen. Zuerst einmal sind hier zwei wichtige Unterscheidungen zu beachten. Die erste betrifft den Unterschied zwischen dem Heilen *mit* Genen und dem Heilen *von* Genen. Im ersteren Fall will man defekte Gene reparieren, indem man anderes Erbmaterial einschleust, welches die defekten Teile ersetzt. Im letzteren Fall versucht man durch das Einfügen von Erbmaterial in Zellen und Geweben heilende Effekte zu erzielen. Wichtiger, wenn auch in manchen Kontexten von gradueller Natur, ist der bekannte Unterschied zwischen *somatischer* Gentherapie und *Keimbahn*therapie. Erstere bleibt in ihren Auswirkungen auf das einzelne Individuum, welches diesem Eingriff unterzogen wird, beschränkt, letztere wird dagegen auf folgende Generationen weitervererbt. Während die Keimbahntherapie[16] aufgrund unterschiedlichster Argumente (Risiko, genetisches Erbe der Menschheit) weitgehend abgelehnt wird, kann man mit Bezug auf die somatische Therapie zumeist die folgende Einschätzung hören: Wenn die individuellen Risiken beherrschbar sind und es sich bei dem Eingriff um die Behebung eines Defektes oder die Therapie einer Krankheit handelt, dann ist gegen eine somatische Gentherapie nichts einzuwenden (vgl. Birnbacher, *Genomanalyse*). Mit dieser Aussage wird implizit auf eine Differenz aufmerksam gemacht, die in ethischer Hinsicht gravierend ist – der Unterschied zwischen Therapie oder Reparatur von Defekten einerseits und der Vorstellung einer Verbesserung andererseits. Wenn es möglich ist, gewisse Eigenschaften menschlicher Individuen durch genetische Therapie zu verändern, dann muß diskutiert werden, welche dieser Eigenschaften beseitigt und welche hervorgebracht werden sollen. Bestimmte Körpergrößen sind für manche Sportarten günstig, andere körperliche Voraussetzungen für andere Berufe. Schönheitsideale und weitere individuelle oder kulturelle Vorlieben und Moden sind möglicherweise genauso wirksam bei der Festlegung dessen, was abgelehnt und was erstrebt wird. Der Begriff der Krankheit ist einer rein objektiven, wertfreien Definition nicht zugänglich. Daher wäre es eine Illusion zu glauben, man käme hier ohne explizite Wertentscheidungen aus. Die Festlegung, welche Eigenschaften als Defizite, welche als Krankheiten, und welche als normale oder zumindest akzeptable Startbedingungen für menschliche Individuen gelten sollen, wird uns nicht erspart bleiben. Und auch die These, daß das Ziel einer genetischen Verbesserung des Menschen auf jeden Fall ethisch inakzeptabel ist, muß allererst noch begründet werden.[17] Aus der Tatsache allein, daß es die Menschen sein werden, welche die Ziele dieser Verbesserung definieren müssen, folgt noch nicht die ethische Unzulässigkeit der gesamten Vorstellung. Der Hinweis auf ideologischen Mißbrauch, bekannt aus und illustriert in vielen Utopien und Dystopien, ist ein Warnschild, kein kategorischer Einwand. Aber ersichtlich wird einmal mehr, daß uns die neuen Handlungsoptionen nicht nur eine Erweiterung der Autonomie versprechen, sondern zugleich auch Verpflichtungen zu einer verantwortungsvollen Gestaltung der neuen Spielräume auferlegen. Von hierher wird auch verständlich, wieso der Rekurs auf den Wert der Natürlichkeit und der Unverfügbarkeit Attraktivität gewinnt, weil er Entlastung verspricht. Dies darf aber nicht den Blick dafür verstellen, daß eine generelle Ablehnung der Verbesserungsvorstellung ebenfalls eine Wertentscheidung darstellt. Sie ist eine Option, bei der Autonomie anderen Werten untergeordnet wird.

Damit bin ich am Ende meines kurzen Problemaufrisses angelangt. Ich möchte diese Einleitung mit drei Thesen beenden, die zugleich zum Ausdruck bringen, worin die philosophisch-ethische Relevanz der Lebenswissenschaften liegt.

Die erste These: *Die ethische Ambivalenz der Lebenswissenschaften läßt sich als Wertekonflikt begreifen.* Mit Ausnahme der Bereiche, in denen Annahmen über einen genetischen Determinismus mit unseren Wertvorstellungen konfligieren, läßt sich die Ambivalenz der Lebenswissenschaften als Konflikt von Werten beschreiben, die in unserer Gesellschaft weitgehend akzeptiert werden. Die Erkenntnisfortschritte und die mit ihnen einhergehenden neuen Handlungsoptionen im Bereich der Reproduktionsmedizin und der Humangenetik zwingen uns, das Verhältnis der Werte zueinander neu zu bestimmen, denn sie zeigen, daß diese Werte nicht in allen Kontexten reibungsfrei nebeneinander bestehen oder zugleich erfüllt werden können. Als zentral erweist sich dabei, daß fast immer die Autonomie auf der einen, und andere, die Autonomie limitierende, Werte auf der anderen Seite stehen. Dies ist aus zwei Gründen nicht weiter erstaunlich: Zum einen gehört Autonomie zum Kern unseres normativen Weltbildes. Und zum anderen sind Wissenszuwächse und technische Fortschritte paradigmatische Fälle für die Erweiterung unserer individuellen und kollektiven Autonomie gewesen. Die philosophisch bedeutsame Frage ist, ob die Lebenswissenschaften den Schluß erzwingen, daß die These vom Vorrang der personalen Autonomie nicht mehr haltbar ist.

Die zweite These: *Die Ambivalenz der Lebenswissenschaften zwingt zu einer materialen Anreicherung bzw. Neubestimmung unserer Grundwerte.* Wir müssen nicht nur die Gewichtung der Werte zueinander neu überdenken. Im Spannungsfeld der Lebenswissenschaften bedürfen die einzelnen Werte selbst einer inhaltlichen Konkretisierung und vielleicht sogar einer Modifikation. Auch dieses Resultat kann, zumindest auf den zweiten Blick, nicht weiter verwundern. Zum einen liegt dies nahe, weil viele unserer zentralen Werte negative Inhalte in folgendem Sinne haben: Es ist schwer, ihren Gehalt positiv zu bestimmen, und normalerweise füllen wir ihren Inhalt durch die Festlegung, was mit diesen Werten unvereinbar ist, wie z. B. im Fall der Menschenwürde. Worin diese positiv besteht, ist schwer zu sagen. Deutlicher ist zu sehen, daß bestimmte Dinge, Maßnahmen oder Handlungsmöglichkeiten mit der Würde des Menschen nicht vereinbar sind. Zum anderen gehen in unsere Wertvorstellungen Voraussetzungen ein, welche auf kontingenten Voraussetzungen beruhen, die unsere menschliche Natur mit sich bringt (vgl. Vieth & Quante, *Chimäre*). Wenn diese Voraussetzungen durch die Erweiterung unseres Handlungsspielraums zur Disposition stehen, muß dies auf unsere Wertvorstellungen Auswirkungen haben. Außerdem eröffnen die Lebenswissenschaften neue Handlungsoptionen, für die es noch keine bewährten Bewertungs- und Interpretationsmuster gibt. Daher sind wir gezwungen, unsere Wertvorstellungen in diese neuen Bereiche hinein zu übertragen. Es ist naheliegend, daß sie sich dabei modifizieren und anpassen werden. Die ethische Bedeutsamkeit der Lebenswissenschaften liegt deshalb nicht nur darin, daß sie ethische Probleme aufwerfen, auf die es Antworten zu finden gilt. Sie sind auch deshalb von Belang, weil die Auseinandersetzung mit diesen Problemen zu einer inhaltlichen Neu- und Weiterbestimmung dessen führen wird, was wir mit unseren zentralen Werten eigentlich meinen.

Die dritte These: *Die Lebenswissenschaften erfordern die Meinungs- und politische Willensbildung einer informierten Öffentlichkeit.* Bei der Frage nach dem Zusammenhang von Lebenswissenschaften und demokratischen Werten geht es darum, daß in diesem Kontext unsere Wertvorstellungen einer inhaltlichen Neubewertung zu unterziehen sind, und daß der Umgang mit dieser Wissens- und Technikform eine genuin ethische und soziale Problemdimension hat. Es zeigt sich, daß das Verständnis von personaler Autonomie und die Frage ihrer möglichen Begrenzung zugunsten anderer Werte, die insgesamt für eine gelingende Biographie und ein gutes Gemeinschaftsleben unverzichtbar sind, auf der Tagesordnung stehen. Die mögliche Begrenzung oder inhaltliche Neubestimmung dessen, was unter individueller Lebensführung, Selbstbestimmung oder Autonomie sinnvoll verstanden werden kann, darf aber, das hat uns die Geschichte mehrfach gelehrt, wieder nur in solchen Prozessen vorgenommen werden, welche die personale Autonomie und das Recht auf Selbstbestimmung der Individuen respektieren und repräsentieren. Dabei handelt es sich um die demokratischen Verfahren der kritischen Meinungsbildung einer informierten Öffentlichkeit. Allerdings sollte diese Information nicht in der leider üblichen Form von skandalträchtigen Sensationsmeldungen oder unsachlicher Polemik erfolgen. Die hier anstehenden Fragen und Probleme sind zu komplex, als daß sie einfache Ja-Nein-Antworten oder Schwarz-Weiß-Malerei vertrügen oder verdienten. Vor allem aber sind sie zu wichtig, um sie anonymen Wissenschaftlern oder anderen Experten (oder gar Technokraten) zu überlassen. Die Lebenswissenschaften werden, ähnlich wie die neuen Medien, einen immer wichtigeren Platz in unserem Leben einnehmen. Es kommt deshalb darauf an, diesen Bereich bewußt und kritisch selbst zu gestalten. Somit stehen die Lebenswissenschaften nicht nur im Spannungsfeld der demokratischen Werte, sie erfordern auch unsere bewußte politische Steuerung. Diese Aufforderung ernst- und anzunehmen, ist sicher eine der wichtigsten demokratischen Tugenden, die keiner von uns generell an andere delegieren sollte. Die philosophischen Überlegungen zum Verhältnis von Menschenwürde und personaler Autonomie, die ich in den folgenden Kapiteln vorlege, möchten sich dieser Herausforderung stellen und zielen auf eine Interpretation dieser für unsere demokratische Gesellschaft grundlegenden Prinzipien ab, welche die Herausforderungen der Lebenswissenschaften im Rahmen einer pluralistisch verfaßten Gesellschaft meistern kann.[18]

ERSTER TEIL

Menschenwürde

I. *Wider die Unverträglichkeit von Menschenwürde und Lebensqualitätsbewertung*

Nach den Auseinandersetzungen, welche die Verabschiedung des Organtransplantationsgesetzes begleitet haben, und nach den zahlreichen Infragestellungen des Hirntodbegriffs konnte man den Eindruck gewinnen, daß Diskussionen über biomedizinische Ethik in Deutschland nun mehr und mehr von Ideologie befreit worden seien.[19] Es schien, als seien wir in der Lage, solche grundlegenden Streitfragen sachlich zu betrachten. Die Bereitschaft zum objektiven und konstruktiven Dialog zwischen Politikern, Wissenschaftlern und Ethikern schien sich zu entwickeln; und die Einsicht, daß Dogmatismus auf diesem, für unsere Gesellschaft so sensiblen, Themenfeld nicht hilfreich ist, schien an Akzeptanz zu gewinnen.

Leider ist die Rationalisierung unserer Diskussionskultur rückläufig, seit sich die biopolitische Debatte in Deutschland auf die Frühstadien des menschlichen Lebens konzentriert. Die Frage, ob die Forschung an embryonalen Stammzellen legalisiert oder kriminalisiert werden sollte, hat die Debatte erheblich emotionalisiert, denn solche Forschung ist gegenwärtig nur möglich, wenn hierfür menschliche Embryonen getötet werden (vgl. Solter et al., *Embryo*). Aus diesem Grund eskalierte die Debatte dermaßen, daß man den Eindruck gewinnen konnte, ein neuer Kulturkampf habe begonnen (vgl. Vieth, *Rubikon*). Dieser Eindruck wird durch die Tatsache verstärkt, daß die Haltung Deutschlands zu Forschung und Wirtschaft im Vergleich zu anderen Ländern von Anfang an von besonderer Bedeutung war. So waren einige der Auffassung, daß nunmehr die Forschungsfreiheit auf dem Spiel stünde und gegen Wissenschaftsfeindlichkeit oder reaktionäre Ideologien, die danach strebten, in unserer Gesellschaft verlorenen Boden wett zu machen, verteidigt werden müsse. In einigen anderen Fällen, z. B. in der Präimplantationsdiagnostik, kamen Wirtschaftsinteressen massiv ins Spiel. Diese, so fürchtete man, würden gefährdet, wenn man auf der Basis des deutschen Grundgesetzes zu restriktive ethische Standards akzeptierte.

§1 Die gemeinsame Prämisse

Angesichts dieses Trends muß unsere Frage lauten: Warum ist das Rationalitätspotential unserer Diskurse über Biopolitik und biomedizinische Ethik rückläufig, und warum laufen wir Gefahr, bereits erreichte Konsense wieder zu zerstören? Bedenklich ist, daß der Begriff der Menschenwürde gegenwärtig nicht dazu genutzt wird, um in bioethischen Debatten voranzukommen, sondern um sie abrupt zu beenden. Hier besteht philosophischer Analysebedarf. In einer solchen Untersuchung muß auch expliziert werden, wie die Argumente, die auf dem Begriff der Menschenwürde fußen, in verschiedenen Kontexten der biomedizinischen Ethik funktionieren.

Meine These lautet, daß sich dieser gegenwärtige Rückschritt aus der Tatsache ergibt, daß der Fortschritt in der Reproduktionsmedizin die Frage aufwirft, wie man angemessen mit dem beginnenden menschlichen Leben umgehen sollte, und zwar auf eine Art und Weise, wie sie in der deutschen Diskussion (und im deutschen Recht) beharrlich vermieden oder allgemein als ethisch unzulässig angesehen worden ist. Daß man so rasch auf den Begriff der Menschenwürde zurückgreift, ergibt sich daraus, daß eine Beurteilung der neuen medizinischen Optionen der Stammzellforschung oder der Präimplantationsdiagnostik uns dazu zwingt, über die ethische Annehmbarkeit der Lebensqualitätsbewertung von menschlichem Leben nachzudenken.

Die politische Lösung des Problems der Abtreibung sowie Diskussionen über andere Problemfälle wie Sterbehilfe oder ärztlich assistierten Suizid haben ein gemeinsames Charakteristikum: Beinahe jeder versucht die Frage zu vermeiden, ob Bedingungen oder Situationen eintreten können, in denen Lebensqualitätsbewertungen akzeptabel oder gar erforderlich sind; dies gilt insbesondere für Fälle, in denen die Möglichkeit besteht, menschliches Leben mit Absicht zu beenden.[20] Sowohl am Ende des menschlichen Lebens als auch ganz an dessen Anfang macht es der Fortschritt in der Biologie und in der Medizin unvermeidbar, die Frage zu diskutieren, ob Lebensqualitätsbewertungen im Allgemeinen ethisch unzulässig sind.

Diejenigen, die auf den Begriff der Menschenwürde zurückgreifen und sich damit auf das deutsche Grundgesetz beziehen, setzen in ihrer Argumentation für die ethische Unzulässigkeit der Präimplantationsdiagnostik voraus, daß die Bewertung des menschlichen Lebens und seine Selektion aufgrund einer Lebensqualitätsbewertung – beides sind fraglos wesentliche Aspekte der Präimplantationsdiagnostik – mit der Würde des Menschen unvereinbar sind.[21] Vor einigen Jahren hat Regine Kollek diese Position mit aller wünschenswerten Klarheit auf den Punkt gebracht:

> Ein Verfahren, in dessen Zusammenhang potentielle menschliche Wesen bewußt auf Probe erzeugt und von den zukünftigen Eltern erst nach einer genetischen Untersuchung für existenz- und entwicklungswürdig befunden werden, ist mit der Würde menschlichen Lebens nicht vereinbar. (Kollek, *Schwangerschaftsabbruch*, S. 124)

Die Intuition, daß eine Lebensqualitätsbewertung mit Menschenwürde unvereinbar ist – im folgenden als Unvereinbarkeitsannahme bezeichnet – stellt eine weit verbreitete Prämisse in unseren Debatten über biomedizinische Ethik dar. Selbst diejenigen, die der Auffassung sind, daß die Präimplantationsdiagnostik ethisch akzeptabel ist und nicht gesetzlich verboten werden sollte, akzeptieren im Allgemeinen die Unvereinbarkeitsannahme. Deshalb argumentieren sie dafür, daß ein menschlicher Embryo (oder auch frühere Stadien menschlichen Lebens) nicht als Träger von Menschenwürde im strengen Sinne angesehen werden dürfen.[22] Da beide Seiten die Unvereinbarkeitsannahme als Prämisse teilen, mündet die Debatte in einer fruchtlosen Alles-oder-Nichts-Kontroverse: entweder ist der menschliche Embryo (oder auch eine menschliche, embryonale Stammzelle) ein Träger von Menschenwürde (im Vollsinne), oder er ist es nicht (vgl. dazu das folgende Kapitel). Im Eifer des Gefechts wird diese gemeinsame Prämisse nicht als eine Annahme thematisiert, die fragwürdig sein könnte. Jedoch laufen biopolitische und bioethische Debatten Gefahr, in einem Patt zu enden, solange die Unvereinbarkeitsannahme als selbstverständlich vorausgesetzt wird. Deshalb werde ich nun diese weit verbreitete Prämisse in Zweifel ziehen und folgende Frage stellen: Ist es wirklich wahr, daß jede Form von Lebensqualitätsbewertung mit Menschenwürde unvereinbar ist? Oder gibt es gute Gründe, die Unvereinbarkeitsannahme zurückzuweisen oder zumindest in ihrem Geltungsbereich zu beschränken?

§2 Die schlechte Dialektik unserer aktuellen Diskussionen

Bei Fällen, in denen das Verbot der Tötung eines menschlichen Lebewesens ethisch bewertet werden muß (z. B. bei aktiver Sterbehilfe, ärztlich assistiertem Suizid oder Abtreibung) oder in denen wir uns mit Frühstadien des menschlichen Lebens befassen (z. B. bei der Embryonenforschung, dem Klonieren oder der Präimplantationsdiagnostik), müssen wir offensichtlich Lebensqualitätsbewertungen als ethisch relevant in Erwägung ziehen. Aber wenn man versucht, den Standpunkt zu verteidigen, daß aktive freiwillige Sterbehilfe oder aktive nichtfreiwillige Sterbehilfe (z. B. im Falle schwerstbehinderter Neugeborener) aufgrund der zu erwartenden Lebensqualität derjenigen Individuen, deren Leben zur Diskussion steht, ethisch gerechtfertigt sein könnte, dann formiert sich unmittelbar und mit Nachdruck der Fundamentaleinwand:

> Jede bioethische Theorie, in der diese dringlichen Probleme mit Rekurs auf Lebensqualitätsbewertungen beantwortet werden, zieht eine Linie zwischen lebenswertem und nicht lebenswertem menschlichen Leben. Diese Unterscheidung ist jedoch erstens mit der Menschwürde, die unverrückbar im deutschen Grundgesetz festgeschrieben ist, unvereinbar. Zweitens ist diese Unterscheidung auch historisch diskreditiert, denn die nationalsozialistischen Verbrechen gegen die Menschlichkeit haben gezeigt, daß eine soziale und politische Katastrophe unvermeidbar ist, wenn eine Gesellschaft versucht, Probleme der biomedizinischen Ethik unter Bezugnahme auf Lebensqualitätsbewertungen zu lösen.

Dieser *Fundamentaleinwand* ist aus drei Gründen unhaltbar. Erstens wird uns nicht mitgeteilt, worin der Gehalt und die rechtfertigende Grundlage der Menschenwürde bestehen. Zweitens wird keine Unterscheidung zwischen verschiedenen Arten der Lebensqualitätsbewertung vorgenommen. Somit liegen drittens keine Gründe für die ausschlaggebende Unvereinbarkeitsannahme vor. Anstatt jedoch diese Fragen zu stellen, die gestellt werden müssen, wenn man meiner dreifachen Kritik am *Fundamentaleinwand* folgt, kontern viele Bioethiker, vermutlich im Banne der Unverträglichkeitsannahme, auf ebenso grundsätzliche Weise. Ihre fundamentale Entgegnung kann drei Formen annehmen (ich beginne mit der krudesten und kompromißlosesten Form):

Gegeneinwand I: Der Begriff der Menschenwürde ist sinnlos, er hat keine klare Bedeutung und kann nicht durch rationale philosophische Argumente gerechtfertigt werden.

Gegeneinwand II: (1) Der *Fundamentaleinwand* beruht auf einem Verständnis von Menschenwürde, welches auf der theologischen Konzeption der Heiligkeit des (menschlichen) Lebens basiert. Eine solche theologische Begründung kann in einer säkularisierten Gesellschaft nicht allgemein überzeugen, und aus diesem Grund kann ein solches Verständnis von Menschenwürde prinzipiell nicht benutzt werden, um ethische Normen oder gar Gesetze zu rechtfertigen. (2) Menschenwürde kann in ihrem starken philosophischen Sinne nicht auf die Frühstadien menschlichen Lebens angewandt werden, weil diese frühen Formen menschlichen Lebens nicht die Fähigkeiten und Eigenschaften aufweisen, die erforderlich sind, um Träger von Menschenwürde zu sein.

Gegeneinwand III: Wie Gegeneinwand II, erweitert um (3) Wir können Menschenwürde in einem schwachen philosophischen Sinne definieren, welcher nur mit schwächeren Ansprüchen auf ethischen und rechtlichen Schutz verknüpft ist. (Und de facto zeigt unsere soziale Praxis des Umgangs mit den Frühstadien des menschlichen Lebens, daß wir uns auf einen ebensolchen schwachen philosophischen Sinn von Menschenwürde beziehen.)

So weit ich sehen kann, stellen die Gegeneinwände II und III die einzigen Auswege dar, wenn man sowohl den *Fundamentaleinwand* zurückweisen als auch die Unvereinbarkeitsannahme akzeptieren will.[23] Beide stimmen darin überein, daß ein menschlicher Embryo kein Träger von Menschenwürde im starken philosophischen Sinne sein kann, wohingegen menschliche Personen dies durchaus sein können. Sie teilen ebenfalls die Auffassung, daß die theologische Lesart von Menschenwürde in einer säkularisierten und pluralistischen Gesellschaft nicht verwendet werden kann. Aber während das philosophische Verständnis von Menschenwürde in Gegeneinwand II nur im starken Sinne vorliegt, wird in Gegeneinwand III die Unterscheidung zwischen einem starken und einem schwachen philosophischen Verständnis von Menschenwürde in Anspruch genommen (so Birnbacher, *Ambiguities*).

Diese argumentative Gesamtkonstellation mündet in zwei Debatten, die sich teilweise überschneiden. Auf der einen Seite kritisieren Befürworter des *Fundamentaleinwandes* diejenigen, die zwischen einem schwachen und einem starken philosophischen Sinn von Menschenwürde unterscheiden wollen. Sie richten sich also gegen Befürworter von Gegeneinwand III und tun dies teilweise in Koalition mit Befürwortern von Gegeneinwand II, die sich ebenfalls gegen eine Differenzierung des Prinzips der Menschwürde aussprechen. Die Verfechter des Fundamentaleinwands argumentieren dann vehement gegen die Versuche, den Beginn des menschlichen Lebens aus dem Geltungsbereich des starken Verständnisses von Menschenwürde zu entfernen, richten sich damit also gegen Befürworter aller drei Gegeneinwände. Auf der anderen Seite stimmen die Befürworter der Gegeneinwände II und III in zwei Punkten grundsätzlich überein: Erstens sei eine theologische Interpretation von Menschenwürde inakzeptabel; und zweitens könne das starke philosophische Verständnis von Menschenwürde nicht vernünftigerweise auf Frühstadien des menschlichen Lebens angewandt werden.

So lange, wie alle Parteien die Unvereinbarkeitsannahme akzeptieren, ist die gesamte Diskussion durch eine Pattsituation gekennzeichnet, in der es um alles oder nichts geht, und die keinen begrifflichen Raum für Kompromisse oder Vermittlungen läßt. Wenn wir dieses unbefriedigende Resultat, das sich aus der schlechten Dialektik der aktuellen Debatte ergibt, überwinden wollen, ohne das Prinzip der Menschenwürde generell zu verwerfen (Gegeneinwand I) oder einzugrenzen (Gegeneinwand II), und dabei das beginnende menschliche Lebens nicht vollständig aus dem Geltungsbereich der Menschenwürde im Vollsinn entfernen wollen (wie von Gegeneinwand III vorgeschlagen), dann müssen wir die Unvereinbarkeitsannahme genauer unter die Lupe nehmen. Dieses Vorgehen ist vor allem dann gerechtfertigt, wenn wir anerkennen, daß Lebensqualitätsbewertungen in vielen Kontexten der Bioethik und in unseren alltäglichen ethischen Urteilen Verwendung finden, und daß es sich hierbei um ein ethisch unvermeidbares und legitimes Verfahren handelt, die dringlichen Fragen im Bereich der biomedizinischen Ethik und Biopolitik anzugehen. Um diese Pattsituation zu überwinden, werde ich die folgenden drei Thesen verteidigen:

These 1: Lebensqualitätsbewertungen und die ethischen Urteile, die auf ihnen beruhen, sind ethisch akzeptabel, wenn wir unsere Argumente auf ein angemessenes Verständnis von Lebensqualität stützen.

These 2: Lebensqualitätsbewertungen, die auf einem angemessenen Verständnis von Lebensqualität basieren, sind mit Menschenwürde (im starken Sinne) vereinbar, wenn wir ein angemessenes Verständnis von Menschenwürde zugrunde legen, d.h. ein Verständnis von Menschenwürde, das berücksichtigt, daß wir in einer säkularen und pluralistischen Gesellschaft leben.

These 3: Wenn man die Konzepte der Lebensqualitätsbewertung und der Menschenwürde auf angemessene Weise interpretiert, dann können beide zur Rechtfertigung eines vernünftigen Pluralismus herangezogen werden, der für die Gesellschaft, in der wir leben, ethisch angemessen ist.

§3 Vier Deutungen von Lebensqualitätsbewertungen

Um die Debatte zu entwirren, ist es hilfreich, vier Deutungen von Lebensqualitätsbewertungen anhand der Standards, die in ihnen herangezogen werden, zu unterscheiden:

- der naturalistische Standard,
- der soziale Standard,
- der intersubjektiv-rationale Standard und
- der personale Standard.

Der *naturalistische* Standard gibt vor, ein Konzept von Lebensqualitätsbewertungen zu bieten, das ausschließlich auf biologischen oder medizinischen Fakten basiert und frei von allen Wertungen oder Normen ist. Da Lebensqualität jedoch nicht frei von Werturteilen erfaßt werden kann, ist ein solches Konzept von Lebensqualitätsbewertungen unplausibel.[24] Nichtsdestotrotz ist dieser Standard ein grundlegendes Kennzeichen unserer aktuellen bioethischen oder biopolitischen Debatten, da viele Anhänger des *Fundamentaleinwandes* unterstellen, die Verteidiger von Lebensqualitätsbewertung würden einen solchen naturalistischen Standard vertreten oder dem ›Biologismus‹ anhängen.

Der *soziale* Standard besteht aus denjenigen evaluativen und normativen Urteilen (oder Präferenzen), die tatsächlich unsere Gesellschaft beherrschen (wobei es möglich ist, daß diejenigen, die solche Urteile oder Präferenzen haben, sie noch nicht einmal explizit artikulieren können). Obwohl sich in der aktuellen Debatte niemand ernsthaft auf den sozialen Standard stützen will, ist er in den Argumenten der Verteidiger des Fundamentaleinwandes präsent. Entweder unterstellen sie, daß die empfohlenen Kriterien für Lebensqualitätsbewertungen de facto die Produkte unserer gesellschaftlichen Ideologie sind. Oder sie behaupten, daß Lebensqualitätsbewertungen, möglicherweise auch entgegen den expliziten Absichten ihrer Verteidiger, zwangsläufig zur Anwendung des sozialen Standards führen werden, da unsere evaluative Praxis durch soziale Modi und kulturelle Vorurteile determiniert wird.[25]

Der *intersubjektiv-rationale* Standard ist explizit normativ. Er beruht auf den Merkmalen, die rationale Subjekte vernünftigerweise wählen würden, sofern es sich bei ihnen um menschliche Wesen handelt (z. B. Körperlichkeit, Empfindungsvermögen, Vulnerabilität, soziale Bedürfnisse und die Fähigkeit zur Entwicklung personaler Autonomie).[26] Dieser Standard ist in allen Kontexten von Lebensqualitätsbewertungen relevant, weil er sich komplementär zum personalen Standard verhält und in all denjenigen Fällen vorherrscht, in denen das Leben eines menschlichen Wesens beurteilt wird, das sein Leben nicht als Person führen kann.[27] Eine der zentralen Fragen, der ich im folgenden nachgehen werde, ist, ob die Unvereinbarkeitsannahme gültig ist, wenn wir vom intersubjektiv-rationalen Standard ausgehen.

Die essentielle Fähigkeit von menschlichen Wesen, ihr Leben als Personen zu führen, ist das Herzstück des *personalen* Standards. Dieser berücksichtigt, daß Personen in einem irreduzibel evaluativen Verhältnis zu ihrer eigenen Existenz stehen (in dem Sinne, daß sie sich mit ihrer gegenwärtigen, vergangenen und zukünftigen Existenz »identifizieren«), indem sie Lebenspläne schmieden, den Versuch unternehmen, ihre eigenen Interessen durch Handlungen zu verwirklichen, oder evaluative Urteile fällen. Die Fähigkeit, einen solchen individuellen Plan als eigene Biographie zu entwickeln und zu verwirklichen, ist ein wesentlicher Teil des menschlichen Lebens, welches auf personale Autonomie ausgerichtet ist.[28]

Der personale Standard erkennt diese essentielle Eigenschaft menschlicher Personen an und ist Ausdruck personaler Autonomie, da Lebensqualität hier als das Ausmaß aufgefaßt wird, in dem ein menschliches Wesen seinem Leben (verstanden als Auto-Biographie) eine solche Qualität zuschreibt. Da Personalität und Persönlichkeit durch wechselseitige Anerkennungsbeziehungen konstituiert werden, beruht der personale Standard nicht auf etwas Privatem, wie etwa den in der Philosophie des Geistes so prominenten Qualia oder auf der noch berühmteren Privatsprache, die Wittgenstein erörtert; er wird nicht durch etwas konstituiert, das von anderen Personen nicht (oder zumindest größtenteils nicht) verstanden werden kann.[29] Folglich sind der intersubjektiv-rationale und der personale Standard komplementäre Aspekte der Lebensqualitätsbewertung, die nicht vollständig getrennt werden können; allerdings hängt es vom jeweiligen Kontext und von dem zur Diskussion stehenden Fall ab, wie diese Standards aufeinander abgestimmt werden müssen.

Die Anhänger des *Fundamentaleinwandes* unterstellen zumeist den naturalistischen oder den sozialen Standard; Verteidiger von Lebensqualitätsbewertung beziehen sich normalerweise auf den intersubjektiv-rationalen und den personalen Standard. Somit ist zu fragen, ob die Unvereinbarkeitsannahme für alle diese Deutungen von Lebensqualitätsbewertung gilt oder nicht. Bevor wir diese Frage beantworten können, müssen wir uns allerdings den Begriff der Menschenwürde genauer ansehen. Wie ich bereits bei der Formulierung der Gegeneinwände gegen den Fundamentaleinwand angemerkt habe, könnte es sein, daß wir zwischen verschiedenen Deutungen der Menschenwürde zu unterscheiden haben, bevor wir in der Lage sind, die Unvereinbarkeitsannahme auf ihre Tragfähigkeit zu überprüfen.

§4 Menschenwürde und personale Autonomie

Eine gründliche Untersuchung der Unvereinbarkeitsannahme erfordert nicht nur, die vier Standards der Lebensqualitätsbewertung getrennt zu diskutieren; wir müssen auch den Begriff der Menschenwürde, seinen Gehalt und die Grundlage seiner Rechtfertigung aufklären. In einer säkularisierten und pluralistischen Gesellschaft, die sich zum Pluralismus bekennt, muß auch die Menschenwürde auf eine Art und Weise interpretiert werden, die mit dem Selbstverständnis einer solchen Gesellschaft vereinbar ist.[30] Die normative Kraft des Prinzips der Menschenwürde hängt in hohem Maße vom Grad ihrer Kohärenz mit unserem übrigen Netz evaluativer und normativer Überzeugungen ab. Wenn in diesem Netz Inkonsistenzen auftreten, weil einige unserer zentralen ethischen Prinzipien nicht mit unseren fundamentalen und weit verbreiteten ethischen Intuitionen, z. B. in der Frage, wie man mit dem beginnenden menschlichen Leben im Kontext der Lebenswissenschaften umgehen soll, zusammenpassen, dann müssen *alle* ethischen Intuitionen, Überzeugungen und Prinzipien überprüft werden, auch unser Begriff der Menschenwürde.

Bevor wir dieses Prinzip jedoch in Bausch und Bogen verwerfen und behaupten, daß es für uns nicht mehr brauchbar oder aufgrund jüngerer Entwicklungen in unserer Gesellschaft veraltet ist, und bevor wir seinen Geltungsbereich und seine Stärke beschränken, sollten wir uns fragen, ob wir das Prinzip der Menschenwürde auf eine Weise interpretieren können, die diesem einen Gehalt gibt, der unserem modernen Selbstverständnis angemessen ist. In diesem Paragraphen werde ich ein solches Konzept der Menschenwürde vorschlagen, das noch immer einen zentralen Stellenwert in unserer säkularisierten und pluralistischen Gesellschaft einnehmen kann.

1. *Menschenwürde: zwei Traditionen*

Eine Tradition interpretiert »Menschenwürde« im Rahmen der Doktrin von der »Heiligkeit des menschlichen Lebens«.[31] Der besondere moralische Status des menschlichen Lebens wird durch die ›Tatsache‹ gerechtfertigt, daß Gott dem menschlichen Leben diesen besonderen ethischen Wert verliehen hat. Die theologische Stoßrichtung dieser Argumentation wird durch den Ausdruck »Heiligkeit« verdeutlicht. Da eine theologische Rechtfertigung von moralischen Ansprüchen und vor allem von Rechtsansprüchen in einer pluralistischen und säkularen Gesellschaft problematisch ist, haben sich zahlreiche Autoren bemüht, »Heiligkeit« in nichttheologischen Begriffen zu analysieren.[32] Der Hauptkandidat hierfür ist der Begriff des »absoluten Wertes«.

In einer anderen Tradition wird der besondere ethische Status menschlicher Wesen, der durch »Menschenwürde« gekennzeichnet wird, durch die besonderen Fähigkeiten normaler[33] menschlicher Wesen gerechtfertigt. Die bedeutendste dieser Fähigkeiten ist die folgende: Menschliche Wesen sind in der Lage, ihr Leben autonom zu führen, und zwar in dem Sinne, daß sie im Lichte selbst gegebener moralischer Regeln entscheiden und urteilen können. Meiner Ansicht nach kann diese Interpretation der Menschenwürde von spezifisch theologischen, möglicherweise jedoch nicht von allen metaphysischen, Annahmen befreit werden. Die grundlegende Idee besagt, daß menschliche Wesen ihr Leben als Personen *führen* können. Dies beinhaltet die Annahme, daß menschliche Wesen eine Vorstellung von der Bedeutung und vom Wert ihrer eigenen Existenz haben. Es ist diese herausragende Fähigkeit, ein autonomes Leben als Person zu führen, die es verlangt und rechtfertigt, daß wir einander Respekt schulden; und genau dieser Respekt ist der zentrale Aspekt des absoluten Wertes des menschlichen Lebens, der in der »Menschenwürde« seinen Ausdruck findet.

Es gibt drei entscheidende Unterschiede zwischen beiden Konzeptionen von »Menschenwürde«. Erstens basieren sie auf verschiedenen Formen der Rechtfertigung (theologisch versus philosophisch), von denen keine selbstevident, rein empirisch oder wertfrei ist. Zweitens ist die Quelle der Menschenwürde gemäß der theologischen Lesart extern (ihre Quelle ist Gott), während der internen

Struktur des mentalen Lebens eines menschlichen Wesens keine Bedeutung beigemessen wird. Gemäß der philosophischen Lesart ist die Quelle der Menschenwürde intern, also eine besondere Fähigkeit oder Eigenschaft menschlicher Wesen (die ich oben als Autonomie bezeichnet habe und die selbst wiederum aus einer Menge von Fähigkeiten und Eigenschaften bestehen könnte). Die Folge davon ist drittens, daß die theologische Version der Menschenwürde die Perspektive individueller menschlicher Wesen nicht berücksichtigt, weil »Menschenwürde« nicht die interne Struktur des Geistes einer Person reflektiert. Im Gegensatz dazu beruht die auf Autonomie basierende Konzeption in einem konstitutiven und essentiellen Sinne auf dem Selbstbezug, in den menschliche Wesen eintreten, wenn sie ein Leben als Person führen (»Menschenwürde« in diesem Sinne reflektiert die interne Struktur).

2. *Menschenwürde: absolut oder intrinsisch*

Zusätzlich können wir zwischen verschiedenen Interpretationen der intendierten Stärke unterscheiden, die dem Wert des menschlichen Lebens aufgrund von Menschenwürde zukommen soll. Ich möchte lediglich zwei Interpretationen diskutieren: die absolute und die intrinsische Lesart.

In der *absoluten Lesart* gibt es zwei entscheidende Eigenschaften, die der Menschwürde und dem Wert des menschlichen Lebens zukommen: Der besondere Wert des menschlichen Lebens ist (1.) nicht aus etwas anderem abgeleitet (z. B. aus menschlichen Interessen) – außer möglicherweise von Gott;[34] (2.) dieser Wert kann nicht aufgegeben und (3.) darf nicht gegen andere ethische Werte abgewogen werden.

Diese absolute Lesart ist ein wesentlicher Bestandteil der Menschenwürde im starken philosophischen und im theologischen Sinne.

Dies ist nicht der Fall bei der *intrinsischen Lesart*, nach der gilt: Der besondere Wert des menschlichen Lebens ist: (1) nicht aus etwas anderem abgeleitet (z. B. aus menschlichen Interessen); (2) dieser Wert kann nicht aufgegeben werden; aber (3) er darf gegen andere hochrangige ethische Werte abgewogen werden.

Diese intrinsische Lesart wird im Gegeneinwand III als »Menschenwürde« im schwachen philosophischen Sinne nahe gelegt; sie hat kein Pendant in der theologischen Lesart oder in Gegeneinwand II.

Es sollte offensichtlich sein, daß die offizielle Auffassung von »Menschenwürde« im deutschen Grundgesetz der absoluten Lesart entspricht. Während das Recht auf Leben gegen andere sehr bedeutende ethische Werte abgewogen werden darf, gilt dies nicht für die Würde des Menschen. Die intrinsische Lesart würde also eine gravierende Revision unseres Verständnisses von »Menschenwürde« darstellen. Eine derartige Revision könnte notwendig und ethisch gerechtfertigt sein, wenn unser Verständnis von Menschenwürde ethische Probleme in den neuen Zusammenhängen verursacht, die von technischen Entwicklungen wie der Präimplantationsdiagnostik geschaffen werden. Allerdings sollten wir zunächst versuchen, unsere ethischen Intuitionen in diesen Kontexten in Übereinstimmung mit der absoluten Lesart von Menschenwürde zu bringen, bevor wir zu einer derart revisionären Schlußfolgerung gelangen. Wie ich nun zeigen werde, ist es möglich, ein solches Überlegungsgleichgewicht zu finden, wenn wir die absolute Lesart von Menschenwürde mit der Konzeption von Menschenwürde kombinieren, die auf personaler Autonomie beruht. Dies sind gute Neuigkeiten, weil jede Gesellschaft, die sich dem Pluralismus verpflichtet weiß, gut darin beraten ist, die Fähigkeit zur Ausbildung einer Persönlichkeit und zur Führung eines autonomen Lebens zu schützen, indem sie die Würde des Menschen – im starken philosophischen Sinne – als wesentliches Element unserer ethischen Praxis, das nicht abgewogen werden darf, anerkennt.

§5 Menschenwürde, Lebensqualitätsbewertungen und Pluralismus

1. Gegen die Unvereinbarkeitsannahme

Wenn wir Menschwürde so interpretieren, wie ich es oben skizziert habe, dann läßt sich leicht erkennen, daß weder der naturalistische noch der soziale Standard von Lebensqualitätsbewertungen mit der Menschenwürde vereinbar ist. Diese Unvereinbarkeit verdankt sich dem Umstand, daß beide Standards das aktuale (oder kontrafaktisch zugeschriebene) evaluative Selbstverständnis menschlicher Personen nicht zum Ausgangspunkt nehmen, sondern sich vielmehr auf der Grundlage eines externen Bewertungsmaßstab, sei dieser nun ›wissenschaftlicher‹ oder ›sozialer‹ Natur, darüber hinwegsetzen. Außerdem läßt sich leicht einsehen, daß die Unvereinbarkeitsannahme in ihrer Allgemeinheit nicht korrekt sein kann. Zu den wesentlichen Eigenschaften, eine Person zu sein, gehört die Ausbildung einer evaluativen Haltung zum eigenen Leben und zu seiner Qualität. Aus diesem Grund kann keine allgemeine Unvereinbarkeit zwischen Lebensqualitätsbewertung und Menschenwürde bestehen, wenn letztere auf personaler Autonomie beruht.

Folglich muß der personale Standard – im Prinzip – ethisch akzeptabel sein (was nicht heißt, daß es sich dabei um den vorherrschenden Standard handeln muß oder daß dieser in allen Fällen angewandt werden kann), weil dieser Standard die evaluative Haltung des Individuums zu seinem eigenen Leben explizit zum Ausgangspunkt nimmt.[35] Des Weiteren dürfen wir nicht vergessen, daß sich die Persönlichkeit eines menschlichen Wesens nicht ohne soziale Interaktions- und Anerkennungsprozesse entwickeln kann, welche jedoch nur auf der Grundlage gemeinsamer biologischer, anthropologischer und kultureller Anfangsbedingungen möglich sind. Die Anerkennung dieser Tatsache ist nicht nur hinreichend, um den Einwand zurückzuweisen, Lebensqualitätsbewertungen, die auf personalen Standards beruhen, seien hoffnungslos ›privat‹. Auf diese Weise wird auch deutlich, daß der intersubjektiv-rationale Standard eine notwendige Komponente von Lebensqualitätsbewertungen darstellt, da Verhältnisse der Anerkennung und der Kritik ebenfalls konstitutiv dafür sind, eine Person zu werden. Personale Autonomie erfordert kritische Überprüfung und Anerkennung; die autonomen Entscheidungen einer Person sind offen gegenüber rationaler Beurteilung und Kritik – sie müssen nicht nur an interner Kohärenz, die sich größtenteils in der Biographie einer Person manifestiert, gemessen werden, sondern auch an objektiven Standards der Rationalität und der Plausibilität. Davon abgesehen zeigt die empirische Forschung, daß wir gute Instrumente zur Verfügung haben, um die Lebensqualität eines Individuums zu bestimmen (vgl. Schuhmacher et al., *Diagnostische Verfahren*).[36]

Der personale und der intersubjektiv-rationale Standard gehen Hand in Hand. Je mehr ein menschliches Wesen seine personale Autonomie verwirklicht oder die Fähigkeiten zu deren Ausübung entwickelt hat, desto stärker tritt der personale Standard in den

Vordergrund (dies kann man z. B. am Fall der freiwilligen aktiven Sterbehilfe sehen). Je weniger ein menschliches Wesen seine personale Autonomie durch Artikulation einer evaluativen Haltung zu seiner eigenen Existenz entwickelt hat oder in der Lage ist, diese zu entwickeln, desto wichtiger wird der intersubjektiv-rationale Standard (wie man z. B. an Fällen unfreiwilliger Sterbehilfe ablesen kann).

2. *Schlußfolgerung*

Da der personale und der intersubjektiv-rationale Standard der Lebensqualitätsbewertung mit Menschenwürde vereinbar sind, ist die Unvereinbarkeitsannahme falsch. Entsprechend muß der *Fundamentaleinwand* zurückgewiesen werden, weil er nicht in der Lage ist, zwischen diesen verschiedenen Standards zu unterscheiden und seinen Gegnern immer diejenigen Standards unterstellt, die in der Tat mit der Würde des Menschen (und zwar in jedem Sinne) unvereinbar sind. Des Weiteren stützen sich die Verteidiger der Unvereinbarkeitsannahme zumeist auf ein Verständnis von Menschenwürde, das keine geeigneten Voraussetzungen für unsere säkulare und pluralistische Gesellschaft bietet.

In der Tat finden wir in unserer Gesellschaft eine irreduzible Pluralität von Konzeptionen des Guten und des individuell gelingenden Lebens vor. Die oben vorgeschlagene Interpretation der Menschenwürde akzeptiert, daß wir einer nicht-theologischen Fundierung der Menschenwürde bedürfen, die zugleich berücksichtigt, daß unsere Gesellschaft nicht nur de facto pluralistisch ist, sondern den Pluralismus als einen bedeutenden Wert anerkennt. Die Anerkennung und Befürwortung des Pluralismus' ermöglicht es uns, das Prinzip des Respekts vor personaler Autonomie zur Basis unserer ethischen Praxis zu machen (und zwar nicht nur in der Bioethik und Biopolitik). Folglich zeigt die von mir vorgeschlagene Interpretation der Menschenwürde nicht nur, wie Lebensqualitätsbewertungen und Menschenwürde miteinander vereinbar sein können, sondern verdeutlicht auch, in welchem Sinne Menschenwürde und der Respekt vor ihr wesentliche und lebendige Elemente jeder pluralistischen Gesellschaft sein können und sein müssen (vgl. Lohmann, *Herausforderungen*).

Diese Versöhnung von Menschenwürde und Lebensqualitätsbewertung versetzt uns in die Lage, eine ethische Theorie auszuarbeiten und in der Praxis eine ethische Haltung zu entwickeln, in der weder personale Autonomie absoluten Werten untergeordnet wird, noch intrinsische Werte zugunsten der faktischen Präferenzen von Individuen in unserer Gesellschaft aufgegeben werden. Wir können die schlechte Dialektik der aktuellen bioethischen und -politischen Debatten in Deutschland überwinden und Raum für einen offenen und konstruktiven Dialog schaffen. Auf diese Weise gewinnen wir Spielraum für einen Diskurs zurück, der auf verantwortungsvolle Weise mit ethischen, sozialen und politischen Gehalten gestaltet werden muß. Meiner Auffassung nach kann dies nur geschehen, wenn wir offen darüber diskutieren, was Lebensqualität für uns bedeutet, und wenn wir – im offenen Dialog – herausfinden, was wir unter einem Leben in Würde verstehen wollen. Solange wir nicht akzeptieren, daß bestimmte Vorstellungen der Lebensqualität unsere ethischen Intuitionen in vielen Bereichen der biomedizinischer Ethik leiten, werden wir nicht in der Lage sein, rational über diejenigen Aspekte unseres ethischen Selbstverständnisses zu diskutieren, die unsere ethische Praxis organisieren. Die Überwindung der Unvereinbarkeitsannahme ist ein erster und notwendiger Schritt hin zu einem solchen Dialog, aber er kann ihn nicht ersetzen.[37]

II. Präimplantationsdiagnostik und Stammzellforschung

Als die Stammväter der Verfassung der Bundesrepublik Deutschland dem Prinzip der Menschenwürde durch die Aufnahme im Artikel 1 des Grundgesetzes seine überragende ethische und rechtliche Bedeutung verliehen, taten sie dies vor allem unter dem Eindruck der massiven Menschenrechtsverletzungen, die unter der nationalsozialistischen Barbarei in Deutschland geschehen waren. Inzwischen sind mehr als fünfzig Jahre vergangen, in denen es große Fortschritte in den Lebenswissenschaften gegeben hat. Die humangenetische und die reproduktionstechnologische Revolution stehen am Horizont und versprechen einen enormen Zuwachs an Wissen und Handlungsoptionen. Viele der von manchem Propagandisten des Fortschritts versprochenen Verheißungen sind sicher noch in weiter Ferne. Und vor dem übereilten Versprechen bald möglicher Therapien ist zu warnen, könnte ihre verführerische Kraft uns doch dazu verleiten, ethisch relevante Gräben oder gar Flüsse zu überspringen und ethisch wichtige Aspekte zu übersehen. Aber dennoch: Die sich abzeichnenden Möglichkeiten der therapeutischen Nutzung humangenetischen Wissens sind keine bloßen Luftschlösser, kein bloßer Ausdruck der Technikfaszination und keine bloßen Symptome des Macht- und Machbarkeitswahns von Naturwissenschaftlern, Medizinern oder Politikern. Durch diese Entwicklungen und möglichen Entwicklungstendenzen ist das menschliche Leben in seinen frühen Formen unter den Druck verschiedener Interessen geraten. Die Forschung mit und die eventuelle spätere Nutzung von menschlichen embryonalen Stammzellen sowie die durch die Präimplantationsdiagnostik eröffnete Möglichkeit einer Qualitätskontrolle des Embryos vor seiner Implantation sind zwei der gegenwärtig gesellschaftlich und politisch am meisten umstrittenen Beispiele dafür, daß das werdende menschliche Leben Gegenstand unserer neuen Handlungs- und Gestaltungsmöglichkeiten geworden ist.[38] Deutschland hat eines der restriktivsten Schutzgesetze für den menschlichen Embryo weltweit. Die Präimplantationsdiagnostik, das therapeutische und reproduktive Klonen, die Herstellung so genannter überzähliger menschlicher Embryonen zu Zwecken der Forschung, sowie die Zerstörung eines menschlichen Embryos zur Gewinnung embryonaler Stammzellen, sind verboten.[39] Lassen wir die spezifisch rechtliche Seite des Problems außer acht und konzentrieren wir uns auf die ethischen Aspekte, dann lautet die Frage: Ist es philosophisch plausibel, das beginnende menschliche Leben unter den uneingeschränkten Schutz des Prinzips der Menschenwürde zu stellen? Läßt sich dies ethisch rechtfertigen? Oder muß man zu dem Schluß kommen, daß angesichts der veränderten Situation, die durch den biowissenschaftlichen und medizinischen Fortschritt geschaffen worden ist, das Prinzip der Menschenwürde nicht auf das beginnende menschliche Leben in all seinen Stadien angewendet werden sollte? Bedenkt man darüber hinaus die weltweite Verflechtung der Forschung, sowie die gegenüber dem Beginn des letzten Jahrhunderts weitgehend geänderten sozialen und politischen Rahmenbedingungen in der Europäischen Union, dann ergeben sich möglicherweise weitere Argumente, die gegen eine derartig strikte Deutung sprechen, wie sie der deutschen Position zugrunde liegt. Weder die implizite oder explizite Abwertung oder gar die Verabschiedung des Prinzips der Menschenwürde, noch ein dogmatisches Verharren auf Positionen, die dem ethischen Bewußtsein nicht mehr gerecht werden, können als angemessene Reaktion auf die anstehenden Probleme gelten. Die Herausforderung besteht vielmehr gerade darin, eine sinnvolle Neubestimmung bzw. Einordnung des Prinzips der Menschenwürde in die Gesamtheit unserer ethischen Intuitionen im Angesicht der sich verändernden gesellschaftlichen Verhältnisse vorzunehmen.[40] Es ist nur zu verständlich, daß gerade in Deutschland aufgrund unserer historischen Erfahrung eine erhöhte Sensibilität und Vorsicht an den Tag gelegt wird, wenn es um die Würde des Menschen angesichts biowissenschaftlicher, medizinischer oder sozialpolitischer Zugriffe geht. Und dennoch: In meinen nun folgenden Überlegungen gehe ich *erstens* von der Irreversibilität des Faktums aus, daß wir in einer pluralistischen Gesellschaft leben. Es wäre falsch, die unterschiedlichen rechtlichen Regelungen in Belgien, England, den Niederlanden oder Deutschland so zu interpretieren, als wären alle Belgier ausnahmslos für den Einsatz der Präimplantationsdiagnostik, alle Engländer für das Klonen und die Forschung mit embryonalen Stammzellen sowie alle Niederländer für die aktive freiwillige Sterbehilfe. Dies ist genauso wenig der Fall, wie umgekehrt alle Bürger der Bundesrepublik Deutschland der Überzeugung sind, diese Praktiken seien ethisch unzulässig. Die Bevölkerungen demokratischer Gesellschaften sind genauso wenig monolithische Blöcke wie das sich vereinigende Europa einer ist; der Dissens geht in diesen Fragen vielmehr quer durch die Nationen und Bevölkerungsschichten. *Zweitens* gehe ich davon aus, daß der Vereinigungsprozeß von West- und Mitteleuropa unumkehrbar und begrüßenswert ist. Meinen Überlegungen in den folgenden beiden Abschnitten liegt daher die Konzeption einer *pluralistischen Ethik*[41] zugrunde, die sich kurz folgendermaßen charakterisieren läßt: Das zusammenwachsende Europa mit seinen unterschiedlichen kulturellen und historischen Hintergründen benötigt eine pluralistische Ethik. Diese schließt *erstens* ein, daß auch abweichende ethische Einstellungen und rechtliche Regelungen in anderen Ländern als diskussionswürdige und moralisch aufrichtige Positionen ernst genommen werden. Sie sollten *zweitens* als nachvollziehbare, wenn auch nicht unbedingt geteilte Wertungen ethisch akzeptabel sein und als ernst gemeinte Diskussionsbeiträge akzeptiert werden.[42] Dies verlangt *drittens,* keine ethische Position zu beziehen, die eine solche Diskussion von vornherein unmöglich werden läßt.[43] Meine Leitfrage, die ich im folgenden exemplarisch an den Problemen der menschlichen embryonalen Stammzellen und der Präimplantationsdiagnostik näher beleuchten möchte, ist nun, ob das Prinzip der Menschenwürde, oder zumindest seine uneingeschränkte Anwendung auf alle Phasen des beginnenden menschlichen Lebens, diese dritte Bedingung verletzt. Muß nicht – vom Standpunkt des Prinzips der Menschenwürde aus – jeder Versuch einer Abwägung zwischen dem moralischen Status von menschlichen Zellen und Embryonen, Zwecküberlegungen und Dammbruchargumenten von vornherein als Verletzung der Würde des beginnenden menschlichen Lebens zurückgewiesen werden? Bekäme das menschliche Leben ansonsten nicht letztlich doch nur einen Preis zugesprochen, der im Prinzip mit anderem ›verrechnet‹ werden kann? Oder gerade umgekehrt: Folgt aus diesem Befund, daß das Prinzip der Menschenwürde als unvermittelbare und nicht konsensfähige Extremposition abgelehnt werden sollte? Drei Wege scheinen offen zu stehen: (1.) Entweder wird das Prinzip der Menschenwürde mit der in ihm eingeschriebenen historischen Erfahrung als unbrauchbarer Fundamentalismus zurückgewiesen. (2.) Oder das beginnende menschliche Leben wird nicht generell unter diesen ethischen Schutz gestellt. (3.) Der dritte, und meines Erachtens unattraktivste Weg besteht darin, meine Prämisse einer pluralistischen Ethik aufzugeben und auf einer fundamentalistischen Position zu beharren, die kategorisch jede Abwägung von Status-, Zweck- und Dammbrucherwägungen verbietet.

Da sich die Tauglichkeit des Prinzips der Menschenwürde in diesen Problemfeldern nur in der und durch die entsprechende Erörterung der Sachprobleme erweisen kann, werde ich im dritten Abschnitt das Verhältnis von Präimplantationsdiagnostik und Menschenwürde (§ 3) und im vierten Abschnitt das Verhältnis von Menschenwürde und Stammzellforschung (§ 4) beleuchten. Bevor ich dies durchführen kann, müssen jedoch zum einen der Begriff der Menschenwürde bestimmt und einige Prämissen meiner Argumentation explizit gemacht werden (§ 1). Zum anderen ist es sinnvoll, verschiedene Strategien zu unterscheiden, wie man mit dem Prinzip der Menschenwürde im Kontext des Umgangs mit dem beginnenden menschlichen Leben verfahren sollte (§ 2).

§ 1 Begriffsklärungen und Prämissen

1. Eine Bestimmung des Begriffs der Menschenwürde

Der Begriff der Menschenwürde ist nicht nur zentral für unsere ethische und rechtliche Kultur, sondern hat zugleich auch eine lange begriffsgeschichtliche Tradition. Deren Inhomogenität zeitigt allerdings Auswirkungen auf den Begriff der Menschenwürde selbst.[44] Da ich an dieser Stelle keine ausführliche Analyse vorlegen kann, möchte ich die zentralen Merkmale nennen, die mit dem Begriff der Menschenwürde unauflöslich verbunden und im folgenden von mir immer mit gemeint sind: Erstens läßt sich dieser Begriff auf menschliches Leben unterhalb des Organismus nicht anwenden. Zweitens stellt die Menschenwürde einen ausgezeichneten ethischen Status dar, der unveräußerlich und nicht gegenüber anderen ethischen Werten, Prinzipien oder Normen abwägbar ist. Und drittens enthält Menschenwürde inhaltlich die Vorschrift, einen Träger derselben niemals vollkommen zu instrumentalisieren.

2. Drei Prämissen

(a.) Das Prinzip der Menschenwürde ist *erstens* in unserer ethischen und rechtlichen Kultur fest verankert. Es hat sich in unserer Kultur gerade aufgrund der Merkmale Unabwägbarkeit und Schutz vor Instrumentalisierung bewährt. Aufgrund dieser Tatsache kann das Menschenwürdeprinzip als gerechtfertigt angesehen werden. Der mit ihm erhobene Geltungsanspruch kann solange als gut begründet gelten, wie nicht plausible Einwände gegen ihn vorgebracht werden. Tauchen solche Einwände auf, dann müssen zuerst einmal diese Einwände begründet werden. Gelingt eine solche Plausibilisierung der Einwände, dann muß das Prinzip der Menschenwürde gegen diese Einwände verteidigt werden. Es bedarf aber keiner von diesen eventuellen Verteidigungen unabhängigen, gleichsam positiven oder universalen, d. h. kontextunabhängigen Rechtfertigung, damit wir am Prinzip der Menschenwürde festzuhalten berechtigt sind.

(b.) Das Prinzip der Menschenwürde ist *zweitens* ein fester und zentraler Bestandteil des Gesamtsystems unserer ethischen Überzeugungen. Als solches muß es sich in dieses Netzwerk kohärent einfügen. Die Geltungskraft des Prinzips der Menschenwürde hängt auch davon ab, wie gut es sich in das Gesamtnetz unserer ethischen Überzeugungen integrieren läßt. Wenn sich Inkonsistenzen in diesem Gesamtnetz der Überzeugungen zeigen oder Inkohärenzen in unserer ethischen Praxis auftreten, dann stehen *alle* unsere Überzeugungen auf dem Prüfstand, auch das Prinzip der Menschenwürde. Das Begründungs- und Rechtfertigungsverfahren, welches dann zum Einsatz kommt, ist das Modell des weiten Überlegungsgleichgewichts (vgl. Quante & Vieth, *Konkrete Ethik*).

(c.) Das Prinzip der Menschenwürde ist *drittens* vom Recht auf Leben zu unterscheiden.[45] Diese These muß präzisiert werden. Dazu ist es erstens notwendig, zwischen zwei Bedeutungen von »Recht auf Leben« zu unterscheiden. Von einem *strikten* Recht auf Leben spreche ich dann, wenn dieses Recht als unveräußerlich angesehen wird, aus dem Recht auf also auch eine Pflicht zu leben folgt. In seiner *schwächeren* Bedeutung läßt das Recht auf Leben dagegen die Möglichkeit zu, daß z. B. ein Mensch aufgrund einer autonomen Entscheidung sein Leben beendet oder beenden läßt. Mit dem Recht auf Leben im schwächeren Sinne ist eine solche Handlung bzw. Aufforderung ethisch vereinbar, mit dem strikten Recht auf Leben nicht. Wenn das Konzept der Menschenwürde in einer Weise aufgefaßt wird, die als die Lehre von der Heiligkeit des menschlichen Lebens bekannt ist, dann impliziert die Zusprechung der Menschenwürde an eine Entität die Zusprechung eines strikten Rechts auf Leben. So verstanden kann letzteres nur dann außer Kraft gesetzt werden, wenn – wie Dabrock und Klinnert darstellen – Leben gegen Leben steht. In dieser theologisch imprägnierten Deutung ist das Prinzip der Menschenwürde in unserer pluralen und säkularisierten Gesellschaft jedoch sicher weder basal noch konsensfähig (Birnbacher, *Ambiguities*). Die von mir aus diesem

Grunde in Anspruch genommene alternative Deutung von Menschenwürde verbindet diese mit dem nicht zugleich auch als Pflicht aufgefaßten Recht auf Leben. Es ist wichtig zu sehen, daß beide, Menschenwürde und Recht auf Leben, nicht als bedeutungsgleich angesehen werden können. Dafür gibt es zwei Gründe: Erstens ist das so verstandene Recht auf Leben kein unveräußerliches Recht, wie die Beispiele des ethisch zulässigen Suizids oder auch der freiwilligen Sterbehilfe zeigen. Und zweitens ist das Recht auf Leben abwägbar gegen andere hochrangige Güter wie z. B. Autonomie. Außerdem impliziert die Zuschreibung der Menschenwürde an eine Entität nicht das Recht auf Leben dieser Entität, auch wenn ein solcher Zusammenhang im Normalfall gegeben ist. Es gibt hier eine prima facie Verknüpfung, aber keine zwingende logische (oder deontologische) Verbindung. Meine dritte Prämisse besteht damit aus drei Teilen und lautet: Unser Konzept der Menschenwürde ist erstens nicht deckungsgleich mit der Lehre von der Heiligkeit des menschlichen Lebens; es besteht zweitens nur eine prima facie Verknüpfung zwischen Menschenwürde und Recht auf Leben im nicht strikten Sinne, so daß drittens nicht jede Tötung per se mit Menschenwürde unvereinbar ist.

§2 Menschenwürde und biomedizinische Ethik: fünf Strategien

Im folgenden werden fünf Einwände und Strategien unterschieden, mit dem Prinzip der Menschenwürde im Kontext bioethischer Probleme umzugehen, die sich im Umgang mit dem beginnenden menschlichen Leben ergeben. Die ersten drei werden nur in diesem Abschnitt eine Rolle spielen: Ich werde sie an dieser Stelle ausführlich darstellen und zurückweisen. Die letzten beiden Strategien werden dagegen in den nächsten beiden Teilen dieses Kapitels noch ausführlicher Gegenstand der Erörterung werden.

Die erste Strategie möchte ich die *nihilistische Strategie* nennen. Sie richtet sich generell gegen das Prinzip der Menschenwürde und behauptet, daß es sich hierbei lediglich um eine »semantische Leerformel« handele (so Hoerster, *Menschenwürde*). Da dieses Prinzip, so der Vorwurf, keinen spezifischen Inhalt habe, tauge es auch nicht zur ethischen Argumentation.

Gegen diese Strategie ist einzuwenden, daß der Begriff der Menschenwürde keineswegs vollkommen inhaltsleer ist. Die Frage nach der generellen ethischen Begründbarkeit des Menschenwürdeprinzips muß von der Frage nach seinem Inhalt unterschieden werden. Zur Begründungsfrage kann ich an dieser Stelle keinen über das bereits Gesagte (vgl. die erste meiner drei Prämissen aus Teil I) hinausgehenden Beitrag leisten. Der Vorwurf der Inhaltsleere des Begriffs der Menschenwürde läßt sich dagegen leicht ausräumen. Drei Merkmale sind mit dem Prinzip der Menschenwürde verbunden: Erstens die Annahme, daß Menschenwürde gegen keinen anderen Wert abwägbar ist. Zweitens die Unveräußerlichkeit der Menschenwürde und drittens das Gebot, daß für Träger der Menschenwürde das Verbot der vollständigen Instrumentalisierung gilt. Wem Menschenwürde zukommt, der darf niemals und unter keinen Umständen nur als Mittel gebraucht werden.

Die zweite Strategie möchte ich die *Differenzierungsstrategie* nennen. Hierbei geht man von der These aus, daß der Begriff der Menschenwürde äquivok gebraucht wird (Birnbacher, *Ambiguities*). So identifiziert Dieter Birnbacher auf der einen Seite den *minimalen* Sinn der Menschenwürde, der mit den gerade genannten Merkmalen Unabwägbarkeit und Instrumentalisierungsverbot einhergeht. In diesem minimalen Sinn besteht das Prinzip der Menschenwürde in der Anerkennung von vier unveräußerlichen Rechten auf

- Bereitstellung von biologisch notwendigen Mitteln zur Existenzsicherung,
- Freiheit von starken und andauernden Schmerzen,
- ein Mindestmaß an Handlungsfreiheit und
- ein Mindestmaß an Selbstrespekt.

Auf der anderen Seite läßt sich nach Birnbacher auch ein *maximaler* Sinn der Menschenwürde feststellen, der dadurch gekennzeichnet ist, dieses Prinzip über autonome Personen hinaus auszudehnen. Kandidaten für eine solche Ausweitung sind dabei vor allem (i) die menschliche Gattung als solche, (ii) alles menschliche Leben, auch unterhalb des menschlichen Organismus, (iii) alle menschlichen Individuen qua Organismen zu allen Zeitpunkten ihrer Existenz und (iv) alle menschlichen Individuen mit (minimalem) Selbstbewußtsein. Der Vorschlag der Differenzierungsstrategie besteht nun darin, die Merkmale der Unabwägbarkeit und des Instrumentalisierungsverbotes für den minimalen Sinn der Menschenwürde beizubehalten. Mit Bezug auf den maximalen Sinn dagegen wird vorgeschlagen, das Prinzip der Menschenwürde von diesen beiden Merkmalen zu befreien und es als gradualistisches Konzept zu verstehen.

Gegen diese Differenzierungsstrategie sprechen jedoch zwei gravierende Nachteile. Zum einen führt die Einführung einer Menschenwürde zweiter Klasse zu Mißverständnissen in der Debatte. Und zum anderen verlöre das Prinzip der Menschenwürde seine zentrale ethische Funktion, die gerade in dem Hinweis auf die Unabwägbarkeit und auf das Instrumentalisierungsverbot zu sehen ist. Inhaltlich läßt sich die z. B. von Birnbacher angezielte ethische Position auch formulieren, wenn man den Begriff der Menschenwürde nur in seinem strikten Sinn verwendet und für die anderen Fälle weitere ethische Werte, die gradualisierbar und gegeneinander abwägbar sind, heranzieht. Weil es daher keinen sachlichen Grund gibt, zwei Begriffe der Menschenwürde voneinander zu unterscheiden, und weil eine solche Unterscheidung sowohl ethisch wie auch diskussionsstrategisch von Nachteil ist, sollte man den Begriff der Menschenwürde an keiner Stelle von den Merkmalen der Unabwägbarkeit, der Unveräußerlichkeit und des Instrumentalisierungsverbotes abkoppeln.

Alternativ zu der von mir bevorzugten Reaktion auf den Vorschlag von Birnbacher ließe sich drittens eine *Abwertungsstrategie* denken, welche die Gegenposition zu der von mir gerade formulierten Haltung einnimmt. Sie schlägt vor, den Sinn des Begriffs der Menschenwürde einheitlich zu belassen, ihn aber von den Merkmalen der Unabwägbarkeit und des Instrumentalisierungsverbots zu lösen.[46] Begründet werden kann eine solche Strategie in unserem Kontext[47] mit dem Hinweis darauf, daß das Festhalten an dem strikten Sinn der Menschenwürde zu einer ethisch inakzeptablen Blockade führt. Beispiele dafür wären dann gerade die restriktiven Konsequenzen mit Bezug auf die Präimplantationsdiagnostik oder die therapeutischen Möglichkeiten der Stammzellforschung.

Gegen diese Abwertungsstrategie spricht, daß sie eine ethische Errungenschaft zurücknimmt, die im Laufe der historischen Entwicklung mühsam errungen worden ist. Dies sollte nicht ohne Not geschehen. Der große Wert des Prinzips der Menschenwürde besteht gerade in den Merkmalen der Unabwägbarkeit, der Unaufkündbarkeit und des Instrumentalisierungsverbots. Die Abwertungsstrategie verliert an Plausibilität, wenn gezeigt werden kann, daß die unterstellten ethisch inakzeptablen Konsequenzen nicht wirklich folgen. Dies kann natürlich nur in jedem einzelnen Fall nachgewiesen werden. Dabei benötigt man auf jeden Fall zwei weitere Strategien, die ich die extensionale und die intensionale Strategie nennen möchte.

Die *extensionale* Strategie beruht darauf, die kritisierte Blockadewirkung des Prinzips der Menschenwürde und die damit einhergehenden ethisch inakzeptablen Konsequenzen zu vermeiden, indem der Geltungsbereich dieses Prinzips eingeschränkt wird. Die Auseinandersetzung um den ethischen Status des beginnenden menschlichen Lebens läßt sich auf der Grundlage dieser Strategie rekonstruieren als Streit um die Anwendung der extensionalen Strategie. Fallen menschliche Gameten, Stammzellen, befruchtete Eizellen oder Embryonen in die Extension dieses Prinzips oder nicht? Kommt ihnen Menschenwürde zu? Hat man sich, wie ich es soeben vorgeschlagen habe, dafür entschieden, den Begriff der Menschenwürde stets im strikten Sinne zu verwenden, dann gibt es hier nur noch ein Entweder-Oder. Eine Polarisierung scheint unvermeidlich. Die Erbitterung, die in der Diskussion um den moralischen Status des beginnenden menschlichen Lebens spürbar ist, bezieht daraus einen Großteil ihrer Nahrung.

Die *intensionale* Strategie kann in dieser dilemmatischen Situation ein Ausweg sein. Sie beruht, anders als die extensionale Strategie, nicht darauf, bestimmte Formen menschlichen Lebens aus dem Geltungsbereich des Prinzips der Menschenwürde auszuschließen. Vielmehr wird die Verträglichkeit bestimmter Handlungsformen mit der Menschenwürde einer Entität behauptet und muß entsprechend überprüft werden. So kann man z. B. im Rahmen dieser Strategie sinnvoll darüber streiten, ob fremdnützige Forschung an nicht einwilligungsfähigen Patienten in jedem Falle mit der Menschenwürde dieser Patienten unvereinbar ist, oder auch darüber, ob es die Menschenwürde nicht einwilligungsfähiger Menschen zuläßt, sie als Organspender für nahe Verwandte heranzuziehen.

Die intensionale Strategie läßt die fraglichen Formen des menschlichen Lebens im Geltungsbereich der Menschenwürde. Der Vorteil dieser Strategie besteht in zwei Punkten: Erstens erzwingt diese Strategie differenzierte und kontextsensitive Problembeschreibungen anstelle der nivellierenden Alles-oder-Nichts-Tendenz, die mit der extensionalen Strategie einhergeht. Zweitens hat die Anwendung der intensionalen Strategie eine ›lokale‹ Wirkung, während die extensionale Strategie weitreichende Folgen hat: Sind z. B. Embryonen erst einmal aus dem Geltungsbereich der Menschenwürde herausgenommen, dann können sie in anderen Problemfeldern nicht wieder in diesen hinein genommen werden.[48]

§3 Präimplantationsdiagnostik und Menschenwürde

1. Der Unverträglichkeitseinwand

Neben vielen bedenkenswerten Einwänden gegen die ethische Zulässigkeit der Präimplantationsdiagnostik, die auf Güterabwägungen beruhen oder auf mögliche negative Effekte hinweisen, wird immer wieder auch die These formuliert, die Präimplantationsdiagnostik sei mit der Menschenwürde nicht vereinbar; diese These habe ich im vorhergegangenen Kapitel ausführlich analysiert. Doch es ist zumeist nicht klar erkennbar, wie dieser Einwand genau gemeint ist bzw. funktionieren soll.[49] Ich möchte in diesem Teil drei Varianten dieses Unverträglichkeitsargumentes zitieren, die zum einen repräsentativ sind und zum anderen den Vorteil aufweisen, relativ präzise und eindeutig zu sein. Ich zitiere noch einmal Regine Kolleks paradigmatische Einschätzung der Präimplantationsdiagnostik:

> Ein Verfahren, in dessen Zusammenhang potentielle menschliche Wesen bewußt auf Probe erzeugt und von den zukünftigen Eltern erst nach einer genetischen Untersuchung für existenz- und entwicklungswürdig befunden werden, ist mit der Würde des menschlichen Lebens nicht vereinbar. (Kollek, *Schwangerschaftsabbruch*, S124)

Eberhard Schockenhoff äußert sich über die Präimplantationsdiagnostik folgendermaßen:

> Menschliches Leben wird bei diesem Verfahren zunächst hergestellt, um es anschließend testen und selektieren zu können. Die In-vitro-Fertilisation steht von vornherein unter dem Vorbehalt, daß ein Embryo bei feststellbaren Qualitätsmängeln getötet wird. Dies kann durch den verständlichen Wunsch nach einem gesunden Kind keineswegs gerechtfertigt werden. Der Embryo wird auf eine Weise instrumentalisiert, die der Anerkennung der Menschenwürde und des Rechts auf Leben und körperliche Unversehrtheit widerspricht. (Schockenhoff, *Einspruch*, S. 10)

Während bei Kollek nicht ganz deutlich wird, wessen Menschenwürde durch die Präimplantationsdiagnostik eigentlich verletzt wird, unterstellt Schockenhoff eindeutig die Unverträglichkeit von Menschenwürde des Embryos und Präimplantationsdiagnostik. Nicht ganz klar ist bei ihm, ob er jede Tötung als für mit der Menschenwürde unverträglich erachtet oder nur die Verletzung des Rechts auf Leben unter den Voraussetzungen der Präimplantationsdiagnostik. Kollek dagegen sieht den Menschenwürdeverstoß klarerweise in der Selektion, die durch die Präimplantationsdiagnostik ermöglicht wird, und Schockenhoffs Argument läßt sich jedenfalls problemlos ebenso auffassen. Auch Ralf Stoecker ist sich nicht sicher, ob die Tötung eines Embryos in jedem Fall eine Menschenwürdeverletzung diesem gegenüber darstellt (Stoecker, *Würde*, S. 65). Dies folgt aus seinem Verständnis von Menschenwürde und Verletzung der Menschenwürde: Sie »ist die Demütigung in der Rolle als Mensch«, d.h. hinsichtlich der Grundlage, »auf der unser Zusammenleben aufbaut, die gegenseitige Behandlung als zur Autonomie fähige Personen« (Stoecker, *Würde*, S. 63). Ich habe sehr viel Sympathie für diese Analyse des Menschenwürdebegriffs, der auf die Fähigkeit abzielt, ein personales Leben führen zu können.[50] Stoecker will nun die Unverträglichkeit von Menschenwürde und Präimplantationsdiagnostik nicht über die auch für ihn problematische Weise, die Unverträglichkeit von Tötung und Recht auf Leben des Embryos zu behaupten, nachweisen. Er bringt vielmehr folgendes Argument vor:

Bei der Präimplantationsdiagnostik werden Embryonen aufgrund ihres Krankheits- und Behinderungspotentials ausgesondert, eine konstitutive Eigenschaft der Persönlichkeit behinderter

Menschen wird also als Grund erachtet, daß jemand besser gar nicht zur Welt kommen sollte. Das ist offensichtlich demütigend für alle Menschen, die dieselbe Eigenschaft haben, und spricht deshalb gegen diese spezielle, wie auch gegen jede andere Form vorgeburtlicher Selektion. (Stoecker, *Würde*, S. 66)

Unterstellen wir also bei allen drei Autoren, daß sie nicht generell Tötung und Menschenwürde für unverträglich halten, wohl aber die Tötung aufgrund einer Selektion, wie sie z. B. bei der Präimplantationsdiagnostik vorgenommen wird. Dann ist zuerst einmal zu fragen, worauf Schockenhoff mit seiner Rede von der Instrumentalisierung des Embryos eigentlich abzielt. Es fällt schwer, in der Präimplantationsdiagnostik als solche eine Instrumentalisierung zu sehen. Auch das Verwerfen eines Embryos im Falle eines entsprechenden genetischen Defekts sollte man nicht Instrumentalisierung nennen: Tötung ist nicht Instrumentalisierung.[51] Letzteres zu behaupten macht – zumindest prima facie – Sinn, wenn man davon ausgeht, daß solche verworfenen Embryonen für Forschungszwecke bereitgestellt werden.[52] Aber darum geht es momentan nicht. Die Präimplantationsdiagnostik selbst sollte von der Frage nach einer weitergehenden Nutzung der verworfenen Embryonen erst einmal unterschieden werden. Zu fordern ist dann allerdings, daß auch unter Voraussetzung der Präimplantationsdiagnostik Embryonen, die nicht aufgrund genetischer Defekte verworfen werden, nur zum Zweck der Implantation erzeugt werden. Das bedeutet praktisch, daß man auch bei der Präimplantationsdiagnostik die Zahl der Embryonen in vitro möglichst gering halten muß. Damit bleibt bei allen drei von mir genannten Autoren als Kernargument folgende These: Es ist die durch die Präimplantationsdiagnostik vorgenommene Selektion, die mit der Menschenwürde unvereinbar ist. Fragt man nun, um wessen menschliche Würde es denn eigentlich geht, so lassen sich aus den drei von mir genannten Varianten des Arguments der Unvereinbarkeit von Präimplantationsdiagnostik und Menschenwürde drei Antworten ermitteln.[53] Kollek scheint zu behaupten, daß Selektion generell mit Menschenwürde unvereinbar ist, also sowohl mit der des Embryos, als der des Mediziners als auch unser aller Menschenwürde. Schockenhoff bezieht sich eindeutig auf die Würde des selektierten und verworfenen Embryos. Und Stoecker bringt eine weitere Gruppe möglicherweise Betroffener ins Spiel: Alle diejenigen existierenden Menschen, die mit dem genetischen Defekt bzw. der Krankheit leben, aufgrund derer ein Embryo nach der Präimplantationsdiagnostik verworfen wird.[54]

Damit erhalten wir als den Kern des Arguments der Unverträglichkeit von Präimplantationsdiagnostik und Menschenwürde folgende These:

Menschenwürde schließt die Selektion menschlichen Lebens aufgrund einer Lebensqualitätsbewertung, die sich an Gesundheit und Krankheit orientiert, aus. Der Grund dafür ist, daß eine solche Lebensqualitätsbewertung entweder generell mit der Menschenwürde (aller Menschen), oder mit der des betroffenen Embryos oder mit der von bestimmten Gruppen (potentiell) behinderter Menschen unvereinbar ist.[55]

Ein Einwand: Gegen meinen jetzt anstehenden Versuch, die Unverträglichkeitsthese in ihren verschiedenen Varianten zu entkräften, wird häufig schon im Vorfeld der Einwand vorgebracht, mit dieser Strategie würden die Diskussion auf eine falsche Fährte geführt und unnötig zusätzliche Probleme erzeugt. Es sei, so geht dieser Gedankengang dann weiter, gar nicht notwendig, über die Vereinbarkeit von Menschenwürde und Lebensqualität zu diskutieren, da bei der Präimplantationsdiagnostik folgende Konstellation vorliege: Im Falle der Verwerfung eines Embryos nach Präimplantationsdiagnostik stehe die Menschenwürde des zu verwerfenden Embryos gegen die Menschenwürde der potentiellen Mutter. Der Grund dafür, daß die Menschenwürde der potentiellen Mutter relevant wird, liegt dieser Überlegung zufolge darin begründet, daß die Verpflichtung, in der Zukunft ein derart behindertes Kind betreuen zu müssen, gegen ihre Menschenwürde verstößt. Wenn aber Menschenwürde gegen Menschenwürde steht, dann ist auf dieser obersten Begründungsebene eine Patt-Situation entstanden, so daß auf der nächst niedrigeren Ebene nun Güterabwägungen zulässig werden.

Ich halte diesen Einwand aus zwei Gründen nicht für stichhaltig: *Erstens* nimmt er den von mir herausgearbeiteten Kern der Unverträglichkeitsthese nicht ernst. Dies kann aber in der Debatte keine sinnvolle Strategie sein, weil damit zum einen die ethischen Intuitionen vieler Beteiligter einfach als irrelevant zurückgewiesen werden. Zum anderen stellt die von dem Einwand in Anspruch genommene Argumentation selbst eine Verbindung von Menschenwürde und Lebensqualität her, die zumindest in der von Kollek vorgeschlagenen Lesart des Unverträglichkeitsarguments nicht zulässig ist. Der Einwand ist damit, zumindest gegenüber der These einer generellen Unverträglichkeit von Menschenwürdeprinzip und Lebensqualitätsgesichtspunkten, petitiös.[56] Vor allem aber geht es, wie Stoecker zu Recht zeigt, *zweitens* eben nicht nur um die Menschenwürde von zu verwerfendem Embryo und der potentiellen Mutter. Es gibt auch noch die faktisch existierenden Menschen, die von der Behinderung oder dem Krankheitsbild betroffen sind, welches als hinreichender Grund für die Tötung eines Embryos angesehen wird. Und für diese stellt sich auf jeden Fall die Frage, ob die der Präimplantationsdiagnostik eingeschriebene Lebensqualitätsbewertung, sei es die des verworfenen Embryos, sei es die der potentiellen Mutter, nicht eine Verletzung ihrer Menschenwürde darstellt.

Aus diesen beiden Gründen halte ich eine Prüfung der spezifischen Unverträglichkeitsthese für unumgänglich. Aus den bisherigen Ausführungen geht schon hervor, weshalb man bei dem Versuch der Zurückweisung der Unverträglichkeitsthese nicht auf die extensionale Strategie setzen kann. Die ohnehin ihrerseits ethisch und philosophisch nicht unproblematische These, menschlichen Embryonen käme keine Menschenwürde zu, hilft im Falle der Präimplantationsdiagnostik gar nicht weiter. Denn selbst wenn man menschliche Embryonen aus dem Geltungsbereich der Menschenwürde herausnimmt, stehen die anderen beiden, von Kollek und Stoecker vorgetragenen Varianten der Unverträglichkeitsthese weiter im Raum. Alle potentiell oder faktisch behinderten Menschen mit den von der Präimplantationsdiagnostik angezielten genetischen Defekten wird aber sicher niemand aus dem Geltungsbereich der Menschenwürde ausschließen wollen. Wenn man das Prinzip der Menschenwürde nicht aus der pluralistischen Ethik verbannen will, bleibt also nur zu prüfen, ob die intensionale Strategie hinreicht, die These der Unverträglichkeit von Menschenwürde und Präimplantationsdiagnostik zurückzuweisen.

2. *Menschenwürde und Lebensqualität*

An dieser Stelle wird es notwendig, hinsichtlich des Begriffs der Lebensqualität einige wichtige Differenzierungen vorzunehmen, um eine angemessene Erörterung der Unverträglichkeitsthese zu ermöglichen.[57] Wie unsere Analyse der generellen Unverträglichkeitsannahme im letzten Kapitel gezeigt hat, ist es sinnvoll, vier verschiedene Standards der Lebensqualitätsbewertung zu unterscheiden:

- den naturalistischen Standard,
- den sozial-objektiven Standard,
- den intersubjektiv-rationalen Standard und
- den personalen Standard.

Zu klären ist nun, in welchem Sinne Menschenwürde und Lebensqualitätsbewertung unvereinbar miteinander sind. Unterstellen wir dem Anhänger dieser These, daß er nicht nur den naturalistischen und den sozial-objektivistischen Standard der Lebensqualitätsbewertung zurückweisen möchte.[58] In dieser schwachen Lesart ist seine These sicher richtig. Wieso aber sollten auch die beiden anderen Standards mit Menschenwürde unvereinbar sein? Ein Argument könnte in dem unterstellten und auch von mir akzeptierten Merkmal der Menschenwürde liegen, unabwägbar zu sein. Wird nicht durch die Lebensqualitätsbemessung Menschenwürde gegen Autonomie oder Wohl abgewogen? Ich denke, daß diese Überlegung auf einem Fehlschluß beruht. Denn nicht die Menschenwürde wird hier gegen Anderes abgewogen, sondern das Recht auf Leben wird gegen personale Autonomie und individuelles Wohl abgewogen. Wenn man aber den generellen Schluß von der Menschenwürde auf ein striktes Recht auf Leben nicht akzeptiert, dann stellt letztere Abwägung keinen Verstoß gegen die Menschenwürde dar. Und wenn das wertende Sich-zur-eigenen-Existenz-verhalten-können ein essentieller Bestandteil unseres Verständnisses von Personalität ist, dann kann nicht jede Art von Lebensqualitätsbewertung mit der Menschenwürde unvereinbar sein. Die generelle Unverträglichkeitsthese muß dann falsch sein. Will man Menschenwürde nicht schlicht in dem biologischen Faktum der Zugehörigkeit zu einer biologischen Spezies verankern oder auf eine theologische Prämisse der Gottesebenbildlichkeit stützen, dann bleibt als alternative Möglichkeit ein Vorschlag, sie auf die Besonderheit des menschlichen Lebens zu gründen: die Fähigkeit zu einer personalen Lebensführung in sozialen Anerkennungs- und Interaktionsverhältnissen. So heißt es bei Ralf Stoecker:

> Es ist nicht das Menschsein überhaupt, sondern das Menschsein in der Gemeinschaft, das Innehaben einer Rolle als Mensch, womit der Anspruch auf eine (möglicherweise stark idealisierte) individuelle Persönlichkeit und folglich der Anspruch auf Respekt verbunden ist. (Stoecker, *Würde*, S. 67)

Damit wird bereits in das Fundament der Menschenwürde neben jener der Personalität innewohnenden Selbstbewertung der eigenen Existenz auch eine soziale, auf intersubjektive Anerkennung zielende Dimension eingeschrieben. Menschen realisieren ihre Würde in sozialen Vollzügen, weil sie ihre Persönlichkeit nur in Anerkennungsverhältnissen zum Ausdruck bringen können. Durch die Berücksichtigung dieser Anerkennungsstruktur gelingt es einerseits, die Würde auch auf Menschen auszudehnen, die nicht zu einer autonomen personalen Lebensführung fähig sind. Denn auch diese Menschen stehen in sozialen Interaktionen und partizipieren daher an unserer die Menschenwürde konstituierenden Lebensform. Dieser Gedankengang scheint mir andererseits aber unausweichlich auch zu implizieren, daß ein intersubjektiv-rationaler Standard der Lebensqualitätsbemessung nicht unverträglich sein kann mit der Menschenwürde überhaupt. Denn dieser normative Standard drückt ja gerade aus, daß die Personen eigene Fähigkeit zur autonomen Selbstbewertung der eigenen Existenz auch eine sozial geteilte Dimension hat (vgl. Quante, *Social nature*). So wenig faktische Anerkennung oder Nichtanerkennung und sozial-objektiver Standard das Maß der Lebensqualitätsbewertung sein können, so wenig kann man auf normative Anerkennungsansprüche und eine normative, d. h. intersubjektiv-rationale Lebensqualitätsbemessung bei der Bestimmung des personalen Lebens verzichten. In Gesellschaften, in denen der Respekt vor der personalen Autonomie einen hohen Stellenwert einnimmt, wird man die Maxime verfolgen, in aller Regel der personalen Lebensqualitätsbewertung den Vorrang vor der intersubjektiv-rationalen einzuräumen. In

Fällen aber, in denen eine personale Lebensqualitätsbemessung nicht gegeben ist, weil die dazu notwendigen Fähigkeiten entweder noch nicht, nicht mehr oder aber niemals vorliegen, greift der intersubjektiv-rationale Standard. Ohne die explizite oder implizite Anwendung eines solchen, unserem wertenden Umgang mit Menschen innewohnenden Standards wären wir gar nicht in der Lage, den Anderen als bedürftiges und nach individuellem Wohl strebendes Wesen zu sehen und zu achten. Eine solche auf das Wohl abzielende Bewertung der Existenz eines anderen Menschen darf, z B. im Falle einer extrem negativen Bewertung, wie sie das Verwerfen nach entsprechender Präimplantationsdiagnostik darstellt, nicht als Tötung aus Mitleid verstanden werden. Mitleid ist ein subjektives Erleben des Betrachters. Was beim intersubjektiv-rationalen Standard dagegen gefordert wird, ist ein rational begründbares Werturteil, keine subjektive Emotion.[59] Damit komme ich zu dem Ergebnis, daß weder eine am personalen noch eine am intersubjektiv-rationalen Standard ausgerichtete Lebensqualitätsbemessung prinzipiell mit Menschenwürde unvereinbar ist. Im Falle einer rational begründbaren und angemessenen Bewertung auf dieser Grundlage muß daher eine auf dieser Basis vorgenommene Abwägung zwischen zukünftigem Wohl und Leid einerseits sowie Recht auf Leben andererseits nicht zwingend unvereinbar sein mit der Menschenwürde des solchermaßen bewerteten menschlichen Lebens.[60] Durch meine Überlegungen ist allerdings nur der erste Schritt getan und der argumentative Platz dafür gewonnen, nun in einem zweiten Schritt die Begründetheit und Angemessenheit dieser Abwägungsurteile zu prüfen. Bisher ist nur ein kategorischer Einwand ausgeräumt, ein Einwand allerdings, der die Diskussion blockiert und von den eigentlich zu erörternden Fragen ablenkt. Die Frage, bei welcher Indikation nach Präimplantationsdiagnostik eine Verwerfung ethisch zulässig ist, stellt sich an diesem Punkt in aller Schärfe und Härte. Sie muß auf der Basis von Güterabwägungen und eventuell auch Dammbrucherwägungen durchgeführt werden (vgl. Woopen, *Indikationsstellung*). Eine solche ethische Abwägung durchzuführen, liegt außerhalb der Reichweite dieses Buches.

Es bleibt jedoch, bevor die These der Unverträglichkeit von Menschenwürde und Präimplantationsdiagnostik endgültig ausgeräumt ist, noch die von Ralf Stoecker vorgetragene Überlegung zu prüfen. Ihr zufolge ist die Verwerfung eines Embryos nach Präimplantationsdiagnostik eine Demütigung derjenigen Menschen, die mit (der Disposition zu) dieser Behinderung bzw. Krankheit leben. Zuerst einmal ist herauszustreichen, daß Stoecker sein Argument nicht als Dammbruchargument vorträgt, indem er etwa auf die möglichen negativen Wirkungen der selektiven Verwerfung von Embryonen nach Präimplantationsdiagnostik hinweist, die für behinderte Menschen in unserer Gesellschaft entstehen können. Solche Entsolidarisierungsgefahren sind sehr ernst zu nehmen, sicher aber keine zwingende Folge der Präimplantationsdiagnostik.[61] Stoeckers These lautet, daß die Verwerfung eines menschlichen Embryos nach Präimplantationsdiagnostik aufgrund einer Selektion ein direkter Verstoß gegen die Menschenwürde derjenigen Menschen ist, für die das so negativ bewertete »Krankheits- und Behinderungspotential« eine »konstitutive Eigenschaft der Persönlichkeit« darstellt (Stoecker, *Würde*, S. 66). Auch dieser Einwand überzeugt letztlich nicht. Der Grund dafür ist eine Doppeldeutigkeit der Redeweise Stoeckers von dem Krankheits- und Behinderungspotential, welches eine »konstitutive« Eigenschaft für die so beschaffene behinderte Persönlichkeit ist. Unbestritten ist, daß eine solche Eigenschaft für jede Persönlichkeit einen prägenden Einfluß hat. Zu einem konstitutiven Bestandteil der Persönlichkeit wird sie jedoch erst durch die personale wertende Stellungnahme des jeweiligen Menschen zu dieser Eigenschaft. Und diese kann von negativer bis zu positiver Wertschätzung reichen, oder in einem lediglich konstatierenden Akzeptieren bestehen. Behinderte Menschen können ihr Leben schätzen, obwohl oder weil sie behindert sind, oder auch ungeachtet dessen. Es ist also nicht das Vorliegen der Eigenschaft, sondern die personale wertende Einstellung zu ihr, die Eingang in die Persönlichkeit findet.[62] Verankert man die Menschenwürde in letzterer, dann sollte man nicht das bloße Vorliegen, sondern die evaluative Identifikation mit einer Eigenschaft, aufgrund derer sie zu einem konstitutiven Teil der Persönlichkeit wird, zur Grundlage der Menschenwürde bzw. zum Maßstab ihrer möglichen Verletzung machen. Die Menschenwürde ist nicht unmittelbar verankert in den naturalen Eigenschaften eines menschlichen Individuums, sondern gründet in dem evaluativen Selbstbild, innerhalb dessen wir uns zu uns, zu anderen und zu unseren naturalen Eigenschaften verhalten. Letztlich scheint mir daher nur die massive negative Bewertung von solchen Merkmalen eine faktische Demütigung für diejenigen sein zu können, die genau auf diesen Merkmalen ihrer Existenz ihre Selbstachtung aufbauen. Eine Würdeverletzung besteht darüber hinaus dann, wenn es für diese positive Bewertung der so Betroffenen intersubjektiv-rationale Gründe gibt. Lassen sich aber solche Gründe anführen, dann ist dies zugleich ein starkes Indiz dafür, daß diese Merkmale nicht sinnvoll in so krasser Weise negativ bewertet werden dürfen, wie es unserer Voraussetzung nach – Verwerfung nach Präimplantationsdiagnostik – der Fall ist. Schon die Tatsache, daß die Disposition zu einer Krankheit oder Behinderung bzw. gar diese selbst faktisch nicht ausschließen, daß betroffene Menschen eine eigene Persönlichkeit ausbilden, sollte eigentlich als Argument dafür genügen, daß dieses Merkmal für sich allein genommen eine Verwerfung nicht rechtfertigen kann.[63] Sicherlich geht es nicht nur um die Frage, ob ein Leben mit solch einer Behinderung ein subjektiv sinnvolles Leben darstellen kann, auch wenn dieser Gesichtspunkt für die Verträglichkeit von Menschenwürde und Lebensqualitätsbewertung der entscheidende ist. Es geht, wenn diese Verträglichkeit gegeben ist, auch um die Frage, ob die potentiellen Eltern oder die Gesellschaft als solche eventuell berechtigte Ansprüche haben, die in die Abwägung mit eingehen. In einer solidarischen Gesellschaft, in der Eltern behinderter Kinder Hilfen gegeben oder aber diese von der Gemeinschaft solidarisch betreut werden, wird dieser Abwägungsprozeß in ethischer Hinsicht in den meisten Fällen von Behinderung zu Gunsten des menschlichen Lebens ausfallen. Wenn diese Abwägung zu Ungunsten des behinderten menschlichen Lebens ausfällt, dann verstößt nicht die Präimplantationsdiagnostik gegen die Menschenwürde behinderter Menschen, sondern der entsolidarisierte Zustand unserer Gesellschaft und möglicherweise das persönliche Wert- und Weltbild mancher gesunder Menschen.

§ 4 Stammzellforschung und Menschenwürde

Damit wende ich mich nun dem Problem der embryonalen Stammzellforschung zu. Sachlich hängen beide Fragestellungen auch ungeachtet der Menschenwürdeproblematik zusammen, da die Legalisierung der Präimplantationsdiagnostik, selbst in streng begrenzter Form, zu einem Mehraufkommen überzähliger Embryonen führen wird, die dann zu Zwecken der Grundlagenforschung verwendet werden könnten. Nach überwiegender Auffassung der beteiligten Forscher lassen sich die therapeutischen Potentiale der Stammzellen nicht erschließen, wenn embryonale Stammzellen von der Grundlagenforschung ausgenommen werden. Da ich der Überzeugung bin, daß die unserer Gesellschaft auferlegte Pflicht zur Bekämpfung von Krankheit und schwerem Leid aus ethischer Sicht dagegen spricht, sich der therapeutischen Potentiale der Stammzellforschung generell zu verschließen, stellt sich die Aufgabe, nach ethisch akzeptablen Lösungen zu suchen, welche die Forschung mit embryonalen Stammzellen ermöglichen.[64] Das Prinzip der Menschenwürde läßt sich, wie sich schon im Kontext der Unverträglichkeitsthese mit Blick auf die Präimplantationsdiagnostik gezeigt hat, nur dann sinnvoll in der bioethischen Diskussion anwenden, wenn festgelegt wird, um welche Entität es gehen soll. Mit Bezug auf die Problematik der Stammzellforschung muß daher unterschieden werden zwischen der Frage nach dem ethischen Status der embryonalen Stammzellen und dem der Embryonen, die zur Gewinnung dieser Stammzellen zerstört werden müssen. Beginnen möchte ich mit einer Bemerkung zu den embryonalen Stammzellen. Nach mehrheitlicher Meinung besteht die ethische Problematik der Stammzellforschung nicht in dem Status dieser Stammzellen selbst, sondern in der Weise ihrer Gewinnung. Allerdings gibt es hier auf der Grundlage eines naturwissenschaftlichen Dissenses gegenwärtig eine Diskussion darüber, ob sich das Prinzip der Menschenwürde auch auf die Stammzellen selbst erstreckt. Naturwissenschaftlich nicht unstrittig ist nämlich, ob die embryonalen Stammzellen nicht nur pluri- sondern auch totipotent sind. In letzterem Fall, so wird vertreten, müsse diesen Zellen Menschenwürde zuerkannt werden, da sie das Potential zur Entwicklung eines individuellen menschlichen Organismus in sich tragen (vgl. Denker, *Stammzellen*). Aus meiner Sicht ist dieser Dissens für die Frage der Einschlägigkeit des Prinzips der Menschenwürde irrelevant und die ihm zugrundeliegende Argumentation unplausibel. In metaphysischer Hinsicht ist zu unterscheiden zwischen einer Zelle bzw. Zellverbänden, die das Potential enthalten, einen Organismus hervorzubringen, und einem individuellen Organismus, der das Potential hat, sich weiterzuentwickeln. Eine embryonale Stammzelle ist daher, egal ob pluri- oder totipotent, kein menschlicher Organismus.[65] Wollte man das Prinzip der Menschenwürde auf embryonale Stammzellen anwenden, müßte man es im maximalen Sinne Birnbachers auf menschliches Leben unterhalb der Ebene des Organismus ausdehnen. Eine solche Anwendung der extensionalen Strategie halte ich aus vielfältigen Gründen für unplausibel: Meines Erachtens setzt Menschenwürde mindestens einen individuellen menschlichen Organismus voraus. Auch die deutsche Rechtsauffassung folgt dieser Ansicht. Anzumerken ist an dieser Stelle nur, daß erstens darüber diskutiert werden muß, ab wann man von einem individuellen menschlichen Organismus sprechen kann.[66] Zweitens kann man darüber streiten, ob das Prinzip der Menschenwürde auf alle Phasen des beginnenden menschlichen Lebens anzuwenden ist. Damit müssen wir unser Augenmerk auf die menschlichen Embryonen lenken, die zur Gewinnung von Stammzellen getötet werden müssen. Kommt ihnen Menschenwürde zu? Und wenn: Verstößt ihre Zerstörung gegen ihre Menschenwürde? Um hier klarer zu sehen, müssen verschiedene Fälle unterschieden werden. Wie auch bisher geschehen, möchte ich Stammzellen aus fetalem Gewebe und embryonale Keimzellen genauso außen vor lassen wie adulte Stammzellen und Stammzellen aus Nabelschnurblut. Denn sie alle können die Grundlagenforschung mit embryonalen Stammzellen nach gegenwärtigem Stand des Wissens nicht vollständig ersetzen. Darüber hinaus sind embryonale Keimzellen und Stammzellen aus fetalem Gewebe zusätzlich ethisch problematisch durch die Verbindung ihrer Gewinnung mit Abtreibungen.[67] Gegenwärtig gibt es drei mögliche bzw. denkbare Verfahren der Gewinnung embryonaler Stammzellen: Gewinnung aus ›therapeutischem‹ Klonen[68]; Gewinnung aus zu Forschungszwecken hergestellten Embryonen oder Gewinnung aus so genannten ›überzähligen‹ Embryonen.

Alle drei Optionen sind direkt oder indirekt durch das gegenwärtige Embryonenschutzgesetz rechtlich untersagt. Die Frage ist, ob diese rechtliche Regelung der angemessenen ethischen Einschätzung entspricht. Wenn das Prinzip der Menschenwürde in Bezug auf diese drei Quellen für embryonale Stammzellen einschlägig ist, dann ist eine Abwägung mit anderen hochrangigen ethischen Werten wie dem möglichen therapeutischen Nutzen, dem Wohl zukünftiger Patienten oder auch der Forschungsfreiheit unmöglich.

(a.) Konzentrieren wir uns zuerst wieder auf die *intensionale* Strategie: Zu zeigen wäre, daß die Herstellung oder Zerstörung von Embryonen nicht unvereinbar ist mit dem Prinzip der Menschenwürde.[69] Im Falle des ›therapeutischen‹ Klonens und der Herstellung zu Forschungszwecken wird jedoch menschliches Leben mit der ausschließlichen Intention der fremdnützigen Verwendung erzeugt. Eine Verträglichkeit dieser Herstellung mit dem Instrumentalisierungsverbot, welches meiner Argumentation zufolge zum unverzichtbaren Kern des Begriffs der Menschenwürde gehört, ist offensichtlich nicht gegeben. Da aber bereits die Herstellung unter der Voraussetzung, daß das Prinzip der Menschenwürde hier einschlägig ist, mit diesem Prinzip unvereinbar ist, stellt sich die Frage nach der Verträglichkeit von Tötung und Menschenwürde in diesem Fall gar nicht mehr. Bei so genannten überzähligen Embryonen, d. h. solchen Embryonen, die zu Fortpflanzungszwecken hergestellt, dann aber doch nicht implantiert wurden, sieht die Sachlage anders aus. Zwar dürfte es solche Embryonen nach dem deutschen Embryonenschutzgesetz nicht geben, in einzelnen Fällen jedoch sind sie entstanden (die Zahlen schwanken hier). Sind solche Embryonen länger als fünf Jahre eingefroren, ist eine zukünftige Implantation aufgrund von Risikoabwägungen[70] unmöglich; die als Option zu erwägende ›Präimplantationsadoption‹ ist damit ausgeschlossen. Da Konsens herrscht, daß die Herstellung zu Fortpflanzungszwecken mit der Menschenwürde des Embryos in vitro vereinbar ist, bleibt nun in der Logik der intensionalen Strategie zu fragen, ob seine Vernichtung im Falle der nicht mehr möglichen Implantation gegen seine Menschenwürde verstößt. Die Embryonen, von denen ich hier spreche, haben – aufgrund der akzeptierten Standards der Risikoabwägung (!) – keine

Überlebenschance. Daher scheint mir ihre Tötung zu Gunsten ethisch hochrangiger Ziele vertretbar zu sein. Diese Lösung, auf die sich gegenwärtig auch die weltweite Diskussion hinbewegt, ist mit dem strikten Sinn der Menschenwürde vereinbar und auch aus diesem Grunde in meinen Augen die momentan akzeptabelste Option.[71] Sie ist jedenfalls ethisch wesentlich angemessener als die derzeitige rechtliche Regelung des Stammzellimports. Es ist nicht nur nicht einzusehen, weshalb man mit überzähligen, vor dem Zeitpunkt der Gesetzesverabschiedung entstandenen Embryonen forschen darf, wenn diese Embryonen im Ausland entstanden sind, deutsche Embryonen, auf welche die gleiche Beschreibung zutrifft, aber nicht anrühren darf. Eine solche ethische Arbeitsteilung unter Ausnutzung divergierender nationaler ethischer und rechtlicher Auffassungen muß als Trittbrettfahren und letztlich als unredlich erscheinen. Auch wenn ein solcher Stammzellimport unter bestimmten Voraussetzungen rechtlich unproblematisch sein mag, legt er nicht nur der Forschung in Deutschland gegenwärtig schwer abschätzbare Zwänge auf. Er führt auf längere Sicht vor allem auch dazu, daß deutsche Patienten an den Früchten biowissenschaftlicher und medizinischer Nutzanwendungen unter Umgehung der damit eigentlich auszuhandelnden ethischen Fragen partizipieren werden. Diese Verdrängungs- und Auslagerungsstrategie ist für unsere demokratische Kultur schädlich und darf deshalb nicht geduldet werden. Der Import von embryonalen Stammzellen sollte daher höchstens als kurzfristige Übergangslösung akzeptiert werden, bis die ethische und rechtliche Reflexion in Deutschland zu einem Resultat bezüglich dieser aus ethischer Sicht unvermeidlichen Abwägung gelangt ist. Mit der Nutzung überzähliger Embryonen zur Stammzellgewinnung liegt eine Möglichkeit vor, bei der das Prinzip der Menschenwürde im strikten Sinne unter Anwendung der intensionalen Strategie beibehalten werden kann. Diese Option scheint unter den Bedingungen einer pluralistischen Ethik gegenwärtig die attraktivste zu sein.

(b.) In langfristiger Perspektive wird eine Anwendung der extensionalen Strategie jedoch vielleicht nicht zu vermeiden und für die Gesamtheit der ethischen Probleme mit dem beginnenden menschlichen Leben die angemessenere Lösung sein. So hat

Ludwig Siep den Vorschlag gemacht, eine »vollständige Trennung von reproduktivem und therapeutischem Umgang mit Gameten, Zygoten und frühen Embryonen einschließlich des Klonens« zu erwägen.[72] Analog zur Ausdifferenzierung unserer Einstellungen zu Sexualität und Fortpflanzung ist es denkbar, daß man in Bezug auf die Institution des forschenden und therapeutischen Umgangs mit dem beginnenden menschlichen Leben die extensionale Strategie anwendet und diese Formen beginnenden menschlichen Lebens nicht unter das Prinzip der Menschenwürde fallen läßt.[73] Dies bedeutet selbstverständlich nicht, daß dieses menschliche Leben keinerlei ethischen Wert hat und diese Praxis keinen ethischen Normierungen unterliegen muß. Angesichts des großen Konsenses, der hinsichtlich der mit der Forschung an embryonalen Stammzellen verbundenen Zwecksetzungen zu beobachten ist, scheint mir ein angemessener Umgang mit diesem beginnenden menschlichen Leben erwartbar zu sein. Dabei bezöge sich diese Trennung nicht auf die einzelne Absicht der jeweils individuellen Handlung des einzelnen Forschers oder Mediziners, sondern auf den Gesamtzweck der auf diese Weise geschaffenen Institution. Auch dies spricht meines Erachtens dafür, daß diese Perspektive zumindest langfristig aussichtsreich sein kann. Zurzeit ist dieser Vorschlag in Deutschland vermutlich weder ethisch konsensfähig noch politisch oder rechtlich durchsetzbar. Unter den von mir in diesem Kapitel formulierten Rahmenbedingungen sollten daher gegenwärtig die überzähligen Embryonen als Quellen für die Stammzellforschung verwendet werden.

§5 Fazit

Weder die Präimplantationsdiagnostik noch die Forschung mit menschlichen embryonalen Stammzellen verstößt prinzipiell gegen die Menschenwürde. Die Frage ihrer jeweiligen ethischen Zulässigkeit hängt vielmehr von der genauen Art und Weise ihrer Durchführung (z. B. Beratung, Garantie der Freiwilligkeit, Abwesenheit sozialer Diskriminierung bei Nichtinanspruchnahme etc.) sowie der jeweiligen konkreten Zielsetzung ab, mit der sie durchgeführt werden. Die endgültige ethische Bewertung muß neben Dammbrucherwägungen die für eine Güterabwägung relevanten Werte und Normen im Einzelfall gegeneinander abwägen. Dies zwingt dazu, die ethische Einschätzung immer wieder neu zu überprüfen. Auch auf empirische Entwicklungen, die z. B. durch die Einführung des Angebots der Präimplantationsdiagnostik in den ethischen Einstellungen der Mitglieder unserer Gesellschaft ausgelöst werden können, muß beständig geachtet werden: Der Zuwachs an intolerablen eugenischen Einstellungen, die Diskriminierung behinderter Menschen und die generelle Entsolidarisierung z. B. im Bereich von Sozialleistungen sind weder a priori zu demonstrieren noch im Lehnstuhl von der Hand zu weisen.[74] Die ethische Zulässigkeit der Präimplantationsdiagnostik wird entscheidend davon abhängen, ob es unserer Gesellschaft gelingt, die von vielen befürchteten negativen Auswirkungen zu verhindern. Unmöglich ist dies nicht. Aber, um es mit Ernst Bloch auszudrücken: Wo das Rettende ist, wächst auch die Gefahr. Diese zugegebenermaßen schwierigen ethischen Fragen dadurch vermeiden zu wollen, daß man unter Rekurs auf das Prinzip der Menschenwürde kategorische Verbotsschilder aufstellt, halte ich jedoch weder für ethisch angemessen noch für gesellschaftspolitisch sinnvoll. Ein solcher, zu Polarisierungen und Tabuisierungen führender Gebrauch des Begriffs der Menschenwürde, bei dem der rhetorische Effekt im umgekehrten Verhältnis zum argumentativen Gehalt steht, wird auf Dauer weder die Bedürfnisse der Menschen noch ihre ethischen Intuitionen betäuben können. Vielmehr droht dann die Gefahr, daß die Verteidiger der Menschenwürde selbst diejenigen sind, die zur Verabschiedung dieses zentralen ethischen Prinzips einen entscheidenden Beitrag leisten. Daß dem nicht so sein muß, und daß man das Prinzip der Menschenwürde auch im Spannungsfeld der bioethischen Auseinandersetzungen kontextsensitiv und situationsangemessen in Anspruch nehmen kann, habe ich in diesem Kapitel an zwei zentralen Beispielen zu zeigen versucht. Die differenzierte Anwendung des Prinzips der Menschenwürde in seinem strikten philosophischen Sinn bietet die Chance zu einem sachlichen und konstruktiven ethischen Dialog, der es uns ermöglicht, auch innerhalb der säkularen und pluralen Wertegemeinschaft des entstehenden Europas diskussions- und handlungsfähig zu bleiben, ohne auf eine der spezifischen Errungenschaften unseres ethischen und rechtlichen Selbstverständnisses zu verzichten. Diese Chance sollten wir wahrnehmen.

III. *Politisch oder ethisch? Eine Kritik der Stellungnahme des Nationalen Ethikrates zur Präimplantationsdiagnostik*

§1 Einleitung

Im Jahre 2003 hat der damalige Nationale Ethikrat seine zweite umfangreiche Stellungnahme zum Thema »Genetische Diagnostik vor und während der Schwangerschaft« vorgelegt.[75] Die zentrale Frage dieses Berichts besteht in der ethischen Bewertung der Präimplantationsdiagnostik. Anders als im ersten Bericht zur Frage des Imports menschlicher embryonaler Stammzellen werden in dieser Stellungnahme drei unterschiedliche Positionen formuliert: Die – bezogen auf die Reihenfolge im Text – erste Position votiert für eine Beibehaltung und Präzisierung des Verbots der Präimplantationsdiagnostik; diese Position I wird von sieben Mitgliedern des Nationalen Ethikrates unterstützt. Die zweite Position, formuliert als ergänzendes Votum, hält die Präimplantationsdiagnostik ethisch für inakzeptabel, geht aber zugleich davon aus, daß sich daraus kein rechtliches Verbot ableiten läßt; diese Position II wird von zwei Mitgliedern des Nationalen Ethikrates für angemessen gehalten. Die dritte Position formuliert dagegen Bedingungen für eine begrenzte Zulassung der Präimplantationsdiagnostik; diese Position III wird von fünfzehn Mitgliedern des Nationalen Ethikrates unterstützt.

In diesem Kapitel möchte ich, nach einigen kurzen einleitenden Bemerkungen, die drei Positionen, die in der Stellungnahme vorgelegt worden sind, auf ihre Schlüssigkeit hin überprüfen; dazu werde ich sie jeweils hinsichtlich ihrer argumentativen Struktur darstellen und analysieren (II.). Anschließend werde ich eine kurze Gesamteinschätzung der zweiten Stellungnahme vornehmen, in der es – über die Probleme der drei Positionen hinaus – um die Frage geht, welche philosophischen Anschlußfragen sich aufgrund der jetzt vorliegenden zweiten Stellungnahme ergeben. Bevor ich mit der Darstellung und Analyse der drei Positionen beginne, möchte ich über die Zielsetzung dieses Kapitels Auskunft geben (1.) und eine philosophische Differenzierung einführen, mit der ich im folgenden arbeiten werde (2.).

1. *Die Zielsetzung*

Das Ziel der folgenden Überlegungen besteht darin, die unterschiedlichen Positionen, die in der Stellungnahme gegenüber der Präimplantationsdiagnostik formuliert werden, auf ihre Konsistenz und Plausibilität hin zu überprüfen (Teil II). Anschließend soll überlegt werden, welche philosophischen Konsequenzen und Fragen sich aus der Art, wie diese Stellungnahme argumentativ aufgebaut ist, ergeben (Teil III).

Dieses Erkenntnisinteresse beinhaltet zweierlei: Erstens geht es nur um die Argumente in der Stellungnahme, die sich mit der *ethischen* Einschätzung der Präimplantationsdiagnostik und deren Begründung auseinandersetzen (also um Teil II des Berichts). Die philosophisch einschlägigen Annahmen, die in den Bereich der Metaphysik gehören (z. B. Potentialitätsvorstellungen oder auch Überlegungen zur Identität der Person) werden im folgenden keine Rolle spielen. Dies bedeutet nicht, daß sich zu diesen Abschnitten der Stellungnahme aus philosophischer Sicht keine problematischen Aspekte benennen ließen.[76]

Zweitens ist das Ziel meiner Überlegungen nicht, die Präimplantationsdiagnostik ethisch zu bewerten. Ich beschränke mich daher auf die Prüfung der argumentativen Qualität und Struktur der drei Voten, die in der Stellungnahme vorgelegt worden sind. In den beiden vorausgegangenen Kapiteln habe ich zu zeigen versucht, daß folgende beiden Annahmen miteinander verträglich sind: (i) Die Präimplantationsdiagnostik ist nicht generell ethisch unzulässig; und (ii) der menschliche Embryo ist Träger der Menschenwürde im strikten philosophischen Sinne. Darüber hinaus habe ich dort die Position vertreten, daß die Präimplantationsdiagnostik unter bestimmten Umständen ethisch zulässig ist, also für die Wahrheit von (i) argumentiert. Zumindest mit Bezug auf diese These stehe ich damit, was die inhaltliche Bewertung der Präimplantationsdiagnostik angeht, der Position III nahe, wenn ich auch deren Begründung für dieses Ergebnis und die Schlußfolgerungen, die in der Stellungnahme daraus abgeleitet werden, nicht in allen Punkten teile. Meine Behauptung, daß (i) und (ii) miteinander verträglich sind, wird von Position I bestritten. Ich werde auf diesen inhaltlichen Dissens jedoch in diesem Kapitel nicht eingehen, da ich die Argumente für meine Position in den beiden vorausgegangenen Kapiteln ausführlich entfaltet habe und sich in der Position I keine neuen Begründungen finden lassen.

Weil meine im nächsten Abschnitt durchgeführte Analyse vor allem bei den Positionen I und II erhebliche Defizite aufdeckt, könnte der Verdacht nahe liegen, daß ich die argumentative Qualität schlecht bewerte, weil ich die Positionen I und II inhaltlich für unangemessen halte. Um dieses Bedenken auszuräumen, ist es wichtig, im Gedächtnis zu behalten, daß das Ziel meiner kritischen Analyse im zweiten Teil dieses Kapitels nicht darin besteht, eine begründete ethische Bewertung der Präimplantationsdiagnostik zu entwickeln. Vielmehr konzentriere ich mich auf die Argumentationsstruktur der gesamten Stellungnahme und bemühe mich darum, diese Struktur zu verstehen, auch da, wo ich die Prämissen oder die Gewichtungen der Argumentation nicht teile. Meine Einwände gegen die vorgelegten drei Voten beziehen sich also nicht auf die inhaltliche Plausibilität der Prämissen und Schlußfolgerungen, sondern allein auf die Qualität der Argumentation.

2. *Drei Arten von ethischen Argumenten*

Bei der Darstellung und Analyse der drei Positionen setze ich voraus, daß man drei Arten von ethischen Argumenten unterscheiden kann: kategorische, intrinsische und extrinsische. Ein *kategorisches* Argument bezieht einen ethischen Wert oder ein ethisches Prinzip auf ein zur Diskussion stehendes Problem, so daß sich daraus eine kategorische Bewertung der fraglichen Handlungsoption ergibt. Das Argument beruht dabei erstens auf der Voraussetzung, daß der in Anspruch genommene Wert (bzw. das in Anspruch genommene Prinzip) eine gegenüber anderen Werten oder Prinzipien unabwägbare ethische Größe darstellt. Zweitens wird vorausgesetzt, daß diese kategorische Größe zu Recht auf die zur Diskussion stehende Handlungsoption bezogen werden kann. Mit anderen Worten: Weil ein nicht gegen andere ethisch relevante Aspekte abwägbarer Wert (bzw. ein derartiges Prinzip) für eine Handlungsoption einschlägig ist, läßt sich die in Frage stehende Handlungsoption unter Rückgriff auf diese ausgezeichnete ethische Größe kategorisch bewerten.[77] Im Falle des Gebotem- oder Verbotenseins folgt dann aus der Absolutheit des zugrundeliegenden Prinzips (oder Wertes), daß diese ethische Bewertung nicht mehr durch andere ethisch relevante Gesichtspunkte modifiziert werden kann.

Intrinsische Argumente basieren dagegen nicht auf absoluten, d.h. unabwägbaren Prinzipien oder Werten. Solche Argumente beziehen sich vielmehr auf diejenigen ethischen Aspekte, die der in Frage stehenden Handlungsoption (oder den in sie involvierten Entitäten) intrinsisch zukommen. Beispiele für solche von intrinsischen Argumenten in Anspruch genommene Werte oder Prinzipien sind etwa die Autonomie des Patienten, die Integrität des Arztes, das Vertrauen in die Medizin als soziale Institution oder auch der Wert eines bestimmten Verständnisses von Elternschaft. Solche intrinsischen Argumente benennen für die ethische Abwägung relevante Prinzipien oder Werte, lassen aber zu, daß diese gegenüber anderen ethisch relevanten Aspekten abgewogen werden können. Dies können zum einen Werte oder Prinzipien sein, auf die andere intrinsische Argumente verweisen (in der Regel weisen die Gegenstände ethischer Bewertung mehrere ethisch relevante Aspekte auf oder fallen unter mehr als ein ethisches Prinzip). Zum anderen können intrinsische Aspekte aber auch durch ethisch relevante Faktoren in ihrer Geltung eingeschränkt werden, auf welche in extrinsischen Argumenten Bezug genommen wird.

Extrinsische Argumente beziehen sich auf ethisch relevante Aspekte, die nicht den unmittelbar in die fragliche Handlungsoption involvierten Entitäten zukommen. Dies sind in erster Linie kausale Folgen, die eintreten können, wenn man die fragliche Handlungsoption durchführt oder unterläßt (bzw. gesetzlich erlaubt oder verbietet).[78] Extrinsische Argumente sind in der bioethischen und biopolitischen Debatte weit verbreitet und nehmen dort zumeist die Form eines Schiefe-Ebene-Argumentes an. Dieses zeichnet sich typischerweise dadurch aus, daß auf mögliche (wahrscheinliche, nicht mit Sicherheit auszuschließende) kausale Folgen einer Handlungsoption hingewiesen wird, wobei es sich in aller Regel um negative Folgen handelt. Eine weitere, in der biomedizinischen

Ethik relevante Form extrinsischer Argumente stellen die Ansprüche Dritter, d. h. von nicht unmittelbar an der Handlung oder der Situation beteiligten Entitäten, dar.

Da es im folgenden Abschnitt nicht darum geht, die inhaltliche Plausibilität der einzelnen Voten bzw. ihrer einzelnen Argumentationsstränge zu prüfen, kann an dieser Stelle offen bleiben, welchen argumentativen Status extrinsische Argumente haben sollten, welche Begründungslasten mit ihnen eingegangen werden und wem die Beweislast zukommt. Genauso kann unerörtert bleiben, auf welche Weise sich absolute Werte oder Prinzipien, wie sie von kategorischen Argumenten in Anspruch genommen werden, philosophisch begründen lassen. Für unsere Zwecke ist nur zweierlei wichtig: Zum einen können intrinsische Aspekte gegenüber extrinsischen Aspekten abgewogen werden. Und zum anderen sind kategorische Aspekte gegenüber den anderen Arten von Aspekten stets dominierend, d. h. sie können nicht gegen intrinsische oder extrinsische Aspekte abgewogen werden.[79]

§2 Die drei Positionen: Darstellung und Analyse

Die Reihenfolge der Darstellung und Analyse der drei Positionen folgt nicht der Anordnung, in der sie in der Stellungnahme abgedruckt sind. Den Grund für die hier gewählte Anordnung bildet folgende Überlegung: Position II impliziert, daß es sich vor allem bei der Frage der rechtlichen Regelung, aber auch schon bei der ethischen Beurteilung, um eine Abwägungsfrage handelt. Auch wenn die Position II, wie sich gleich zeigen wird, inkonsistent ist, eröffnet sie doch die beiden prinzipiellen Optionen, die sich von dieser Stelle aus ergeben: Entweder man entwickelt eine Abwägung, in der intrinsische und extrinsische Argumente eine Rolle spielen. Oder man entwickelt kategorische Argumente, die nicht in ein Dilemma führen, sondern es erlauben, die Präimplantationsdiagnostik eindeutig zu bewerten. Position III besteht aus einem solchen abwägenden Urteil, während Position I versucht, kategorische ethische Argumente zu entwickeln. Dabei kommt Position III zu dem Ergebnis, daß die Abwägung zugunsten einer begrenzten Zulassung der Präimplantationsdiagnostik ausfallen sollte.[80] Position I stellt die Variante eines kategorisch begründeten Verbots der Präimplantationsdiagnostik dar; die sachlich ohnehin unplausible Option eines kategorisch begründeten Gebots der Präimplantationsdiagnostik wird von keiner gesellschaftlichen oder politischen Gruppierung vertreten und in der vorliegenden Stellungnahme nur ex negativo erwähnt, indem darauf hingewiesen wird, daß das Prinzip der reproduktiven Freiheit keine kategorischen Rechte begründet (hierin sind sich alle drei vorgestellten Voten der Stellungnahme einig).

Die nun folgenden Darstellungen der drei Positionen geben die wesentlichen Bestandteile der Argumentation wieder, allerdings nicht durchgehend im Wortlaut, sondern in einer für meine argumentativen Zwecke notwendigen Zusammenfassung. Wörtliche Übernahmen sind dabei im folgenden nicht als Zitate ausgewiesen; insgesamt erhebt meine Darstellung aber den Anspruch, den Gehalt der drei Positionen angemessen wiederzugeben. Die argumentationslogische Strukturierung ist also nicht als Interpretation des Inhalts gemeint.

1. *Die Position II (Ergänzendes Votum)*

A. Darstellung.
Die Position II läßt sich in vier Kernaussagen zusammenfassen (vgl. 104):

(1.) Wir sind der Überzeugung, daß Ehrfurcht vor dem menschlichen Leben Vorrang hat vor der Freiheit des Individuums.
(2.) Wir halten den Verzicht auf Elternschaft im Konfliktfall für die angemessene Entscheidung.
(3.) Diese Position führt stringent auf eine Handlungsempfehlung für betroffene Menschen in einem schweren Konflikt. Aus ihr leitet sich als Minimum eine sehr rigide Einschränkung einsehbarer Situationen und Motive für eine Präimplantationsdiagnostik ab.
(4.) Wir sind der Auffassung, daß in einem existentiellen Konflikt die zu treffende Gewissensentscheidung des Individuums frei sein muß und nicht durch ein staatliches Strafgesetz erzwungen werden kann.

B. Analyse.
Aus (1.) folgt, daß Position II von einem Konflikt zweier Prinzipien, der Ehrfurcht vor dem menschlichen Leben und dem Respekt vor der Freiheit des Individuums, ausgeht. Dabei formuliert (1.) eine generelle Vorrangregel, der zufolge das Prinzip der Ehrfurcht immer ethischen Vorrang vor dem Prinzip der Freiheit hat. Die Präimplantationsdiagnostik wird als Handlungsoption verstanden, in der diese beiden Prinzipien in einen unauflöslichen Konflikt miteinander geraten. Unter diesen Voraussetzungen folgert Position II als angemessene ethische Forderung den Verzicht auf Elternschaft (in 2.), womit implizit ausgesagt ist, daß die Präimplantationsdiagnostik mit der Ehrfurcht vor dem menschlichen Leben nicht vereinbar und damit ethisch unzulässig ist. In (3.) wird dann zuerst einmal festgestellt, daß dieses Argument eine eindeutige ethische Empfehlung an potentielle Inanspruchnehmer der Präimplantationsdiagnostik enthält, auf die Anwendung der Präimplantationsdiagnostik zu verzichten. Darüber hinaus enthält Position II die Aussage, daß sich aus dem bisherigen Argumentationsgang zusätzlich die Forderung nach rigiden Einschränkungen der Präimplantationsdiagnostik als Minimalforderung (von Position II) ergibt. In einem weiteren Argumentationsschritt wird der Konfliktfall zwischen den beiden Prinzipien als existentiell qualifiziert. Als solcher dürfe er nicht strafrechtlich geregelt werden, sondern müsse der freien Gewissensentscheidung überlassen bleiben.

Das gesamte Argument von Position II ist zu stark und schließt nicht nur die Präimplantationsdiagnostik aus, sondern hat auch Auswirkungen auf andere Bereiche der Reproduktionsmedizin und auf die derzeit geltende Regelung des Schwangerschaftsabbruchs. Vor allem ist es in der vorliegenden Form inkonsistent. So wird die Forderung nach einer rigiden Einschränkung der Präimplantationsdiagnostik durch das vorher erreichte Fazit, daß die Präimplantationsdiagnostik generell ethisch inakzeptabel ist, entleert. Dies gilt zumindest dann, wenn die Forderung rigider Einschränkungen als ethische Forderung aufgefaßt wird. Diese Inkonsistenz läßt sich vermeiden, indem man die Forderung nach rigiden Beschränkungen als rechtliche Forderung versteht. Da in Position II zwischen dem ethisch Richtigen und dem gesetzlich zu Verbietenden unterschieden wird, erhielte man auf diese Weise eine konsistente Lesart hinsichtlich des Verhältnisses von ethischer Bewertung und rechtlichen Handlungsanweisungen (obwohl sich die Position II hier ausschweigt). Die ethische Bewertung bleibt jedoch in sich unschlüssig, da die Prämisse des generellen Vorrangs des Prinzips der Ehrfurcht vor dem Prinzip der Freiheit nicht mehr verständlich werden läßt, wieso es hier noch einen Spielraum für die Gewissensfreiheit geben kann, der durch eine existentielle Entscheidung auszufüllen wäre. Fragt man sich, weshalb Position II diesen Widerspruch enthält, dann liegt folgende Vermutung hinsichtlich des Motivs nahe. Käme man mit der vorliegenden Argumentation durch, dann könnte man an dem universalen Geltungsanspruch beider Prinzipien festhalten und zugleich aus der Natur existentieller Entscheidungen ableiten, daß in diesen Fällen keine rechtliche Normierung erfolgen darf. Vermieden wäre damit der ansonsten naheliegende Schluß, daß sich die Diskrepanz zwischen ethischer und rechtlicher Bewertung der Tatsache verdankt, daß die zugrunde gelegten Prinzipien in einer säkularen und pluralistisch verfaßten Gesellschaft nicht verallgemeinerbar sind. Offensichtlich ist dies mit Bezug auf das religiöse Prinzip der Ehrfurcht vor dem menschlichen Leben der Fall. Position II ist daher einerseits dahingehend zuzustimmen, daß aufgrund der Inanspruchnahme des Prinzips der Ehrfurcht ein Unterschied zwischen ethischer und rechtlicher Bewertung gemacht werden muß. Der Grund dafür ist jedoch, daß dieses Prinzip nicht universal vorgeschrieben werden darf, und nicht etwa die »existentielle« Natur des Konflikts.[81] Der in Position II gewählte argumentative Schlenker, der in Opposition zu Position I zu diesem Resultat führen soll, ist – anders als die soeben vorgeschlagene Rekonstruktion – logisch defekt.[82]

2. *Position III (Begrenzte Zulassung)*

Geht man von Position II aus und teilt die darin enthaltene – argumentativ defekte – Begründung für die ethische Unzulässigkeit der Präimplantationsdiagnostik nicht, dann ergeben sich drei Möglichkeiten. Eine davon besteht darin, unter Verwendung intrinsischer und extrinsischer Argumente die ethische Zulässigkeit der Präimplantationsdiagnostik unter limitierenden Bedingungen zu begründen und darauf aufbauend entsprechende rechtliche Regelungen sowie gesellschaftlich-institutionelle Rahmenbedingungen zu fordern, die dafür sorgen, daß diese limitierenden Bedingungen faktisch erfüllt werden können.[83] Diese Option wird von Position III (und damit von der Mehrheit der Mitglieder des Nationalen Ethikrates) ergriffen.

A. Darstellung.
Position III läßt sich in sechs Hauptaussagen zusammenfassen, wobei der Teil der Stellungnahme, der sich nicht unmittelbar auf die Präimplantationsdiagnostik bezieht, hier ausgeblendet wird (vgl. 106–108).

(1.) Eine unbeschränkte Freigabe der Präimplantationsdiagnostik, die sich lediglich auf den elterlichen Willen gründet, ist abzulehnen. Erforderlich sind einschränkende gesetzliche Regelungen und deren prozedurale Absicherung.
(2.) Die Präimplantationsdiagnostik sollte ausnahmsweise zugelassen werden
   (a) für Paare, die erstens ein hohes Risiko tragen, ein Kind mit einer schweren und nicht wirksam therapierbaren genetisch bedingten Erkrankung oder Behinderung zu bekommen, *und* die zweitens mit dem Austragen eines davon betroffenen Kindes in einen existentiellen Konflikt geraten würden;
   (b) für Paare, die ein hohes Risiko tragen, eine Chromosomenstörung zu vererben, die dazu führt, daß der Embryo das Stadium der extra-uterinen Lebensfähigkeit nicht erreichen würde;

[Die Bedingungen (a) und (b) gelten auch für nicht-sterile Paare, die damit Zugang zur assistierten Reproduktion erhalten.]

   (c) für infertile Paare dann, wenn wissenschaftliche Untersuchungen bestätigen sollten, daß durch eine Untersuchung auf Chromosomenstörungen die Erfolgsrate der Sterilitätstherapie bei bestimmten Patientengruppen (z. B. erhöhtes Alter oder nach mehreren erfolglosen Behandlungszyklen ohne bekannte chromosomale Störung) signifikant gesteigert und die Anzahl der transferierten Embryonen mit dem Risiko von Mehrlingsschwangerschaften verringert werden kann.

(3.) Bei jeder Präimplantationsdiagnostik muß eine angemessene Beratung gewährleistet sein, die neben medizinischen und ethischen auch psychosoziale Aspekte umfaßt.

(4.) Die Durchführung der Präimplantationsdiagnostik sollte nur an wenigen, widerruflich lizenzierten Zentren zugelassen werden.

(5.) Durch geeignete Verfahrensvorschriften auf gesetzlicher Grundlage ist zu gewährleisten, daß die Bindung an die Indikation, die Qualität der Anwendung und eine wissenschaftliche Begleitung und Auswertung sicher gestellt sind sowie eine hinreichende Transparenz unter Wahrung der Schweigepflicht und des Datenschutzes hergestellt wird. Für eine zentrale Dokumentation und Kontrolle ist Sorge zu tragen. Als empfehlenswert erscheint eine Regelung in einem die gesamte Reproduktionsmedizin umfassenden Fortpflanzungsmedizingesetz.

(6.) Auf dem sich rasch fortentwickelnden Gebiet der Reproduktionsmedizin ist eine laufende Evaluation der Praxis auch mit Blick auf legislativen Novellierungsbedarf besonders angezeigt.

B. Analyse.

Position III geht gemäß (1.) davon aus, daß die Präimplantationsdiagnostik ethisch nicht unbedenklich ist (deshalb ist eine Beratung geboten); weder die allgemeine menschliche Freiheit, von der in Position II die Rede war, noch ein Recht auf reproduktive Autonomie, von dem in Position I die Rede sein wird, sind kategorische Prinzipien, die ein negatives oder gar ein positives Recht auf Präimplantationsdiagnostik begründen können. Die Präimplantationsdiagnostik kann, dies macht (2.) deutlich, umgekehrt auch nicht durch kategorische Argumente als ethisch unzulässig ausgewiesen werden. Daher müssen die ethisch relevanten Gesichtspunkte gegeneinander abgewogen werden. Diese Abwägung der ethisch relevanten Aspekte ergibt, daß Präimplantationsdiagnostik in einigen (Arten von) Fällen ethisch angemessen sein kann (dies ist die Ebene der intrinsischen Argumentation, ohne Folgenerwägungen). Es gibt hier kein generelles Primat der Elternautonomie, sondern die konkurrierenden Prinzipien oder Werte können je nach weiteren Situationsaspekten unterschiedlich gewichtet werden (die jeweils relevanten Aspekte, die den in (2.) genannten Fällen zugrunde liegen, werden jedoch inhaltlich nicht näher bestimmt). Diese durch die Abwägung der intrinsischen Aspekte sich ergebende ethische Zulässigkeit besteht allerdings nur, wenn sie durch mögliche negative Folgen nicht gefährdet wird. Um solche negativen Folgen auszuschließen, ist eine Überwachung der Praxis notwendig. Sollten sich ethisch bedenkliche Folgen abzeichnen, die das Abwägungsurteil anders ausfallen lassen, dann kann die Präimplantationsdiagnostik aufgrund dieser Auswirkungen als ethisch unzulässig eingeschätzt werden (die Bedingungen (3.) bis (5.) formulieren Rahmenbedingungen, die garantieren sollen, daß die Präimplantationsdiagnostik nicht aufgrund negativer Folgen ethisch unzulässig wird; in (6.) wird den extrinsischen Erwägungen generell Rechnung getragen, indem geeignete Überwachungsinstrumente für eine sinnvolle Kontrolle der faktischen Folgen gefordert werden). Position III geht, wie (2.) deutlich werden läßt, davon aus, daß gegenwärtig in Deutschland eine solche negative Gesamtbewertung der Präimplantationsdiagnostik durch die Einbeziehung der zu erwartenden Folgen nicht plausibel zu machen ist.

Das gesamte Argumentationsverfahren der Position III unterstellt, daß bei der Präimplantationsdiagnostik keine moralischen Ansprüche im Spiel sind, die sich generell einer Abwägung sperren (z. B. die Menschenwürde des Embryos).[84] Damit besagt eine zentrale Prämisse der Argumentation von Position III, daß dem beginnenden menschlichen Individuum kein unabwägbarer ethischer Status zukommt, der eine Tötung ausschließt. Diese Prämisse wird in Position III weder begründet, noch auch nur im Ansatz inhaltlich erläutert. Darüber hinaus ist Position III hinsichtlich einer wichtigen Frage unterbestimmt. Es wird nichts darüber gesagt, ob die Liste der möglichen Indikationen in einer Gesellschaft explizit formuliert werden soll, oder aber der faktischen medizinischen Praxis überlassen bleiben kann. Auch werden in Position III keine

Konsequenzen aus der eingeschlagenen Begründungsstrategie in Bezug auf andere mögliche Anwendungsfelder gezogen. Insgesamt stellt Position III damit eine konsistente Begründungsstrategie dar, die jedoch vor allem durch den Mangel gekennzeichnet ist, die Tragweite ihrer Prämissen und Konsequenzen nicht explizit zu machen, und sich hinsichtlich der Frage einer Indikationsliste für die Präimplantationsdiagnostik ausschweigt.

3. *Position I (Rechtliches Verbot der Präimplantationsdiagnostik)*

Will man die begrenzte ethische oder rechtliche Zulassung der Präimplantationsdiagnostik unter limitierenden Bedingungen, wie sie in Position II und Position III formuliert wird, nicht akzeptieren, dann muß man entweder zeigen, daß die Abwägung der intrinsischen und extrinsischen Aspekte unter gegenwärtigen Bedingungen oder aufgrund zwangsläufiger Folgen zu einem Verbot führen muß (gegen Position III), oder man muß kategorische Argumente ins Feld führen, die zeigen, daß die Präimplantationsdiagnostik unabhängig von Folgenüberlegungen als ethisch falsch einzuschätzen und rechtlich zu verbieten ist. Obwohl sich in Position I – inkonsequenterweise – Elemente beider Optionen finden lassen, ist es doch der Versuch, ein kategorisches Argument gegen die Präimplantationsdiagnostik zu formulieren, der im Zentrum dieser Option steht.

A. Darstellung.
Da sich in Position I Elemente zweier Argumentationsstrategien finden lassen, die argumentationslogisch nicht zusammenpassen, werde ich dieses Votum in den drei Schritten darstellen, in die es auch in der Stellungnahme gegliedert ist.

a. Erster Schritt: Grundsätzliche ethische Erwägungen (vgl. 75–77)

(1.) Die folgende Bewertung der Präimplantationsdiagnostik geht davon aus, daß bei der Beurteilung menschlichen Handelns alle wichtigen Elemente dieses Handelns angemessen berücksichtigt und gegeneinander abgewogen werden müssen.
(2.) Zentrales Charakteristikum der Präimplantationsdiagnostik ist, daß Embryonen extrakorporal unter Vorbehalt erzeugt

und nur diejenigen zur Etablierung einer Schwangerschaft verwendet werden, die in der genetischen Untersuchung keine Auffälligkeit zeigen: Embryonen mit zweifelhaftem oder auffälligem Befund werden verworfen.

(3.) Dadurch ergibt sich von neuem die Frage nach dem moralischen Status des Embryos.

(4.) Menschliches Leben kann nicht in Entwicklungsstadien oder -zustände unterteilt werden, die mehr oder weniger schutzwürdig sind.

(5.) Aus (4.) folgt, daß der menschliche Embryo Träger des ethisch und verfassungsrechtlich begründeten Grundrechts auf Leben ist und daß seine Schutzwürdigkeit bereits mit der Kernverschmelzung beginnt.

(6.) Die Schutzwürdigkeit kann in angemessener Weise nur gewährleistet werden, wenn man sich zuvor über das Verhältnis Rechenschaft ablegt, in dem die Selbstbestimmung der Paare in Fragen der Fortpflanzung (reproduktive Autonomie) zu den Rechten der von den entsprechenden Entscheidungen betroffenen künftigen Kinder steht.

(7.) Eine Sichtweise, die ihren Ausgangspunkt allein von der Fortpflanzungsfreiheit der Paare und der Erweiterung der Optionen nimmt, die ihnen die modernen technischen Reproduktionsverfahren zur Verfügung stellen, erscheint schon im Ansatz als zu eng.

(8.) Aus ethischer Sicht ist die reproduktive Selbstbestimmung der Paare vielmehr unlösbar mit der Bereitschaft zur Übernahme der Elternverantwortung verbunden.

(9.) Sicher können Kinder durch ihr bloßes Dasein auf elementare Weise zum Lebensglück ihrer Eltern beitragen und tun dies in aller Regel auch. Dem entspricht auf der anderen Seite die Bereitschaft, Verantwortung für eben diese Kinder zu übernehmen.

(10.) Es liegt im Wesen dieser Verantwortung, daß sie vor allem am Anfang des Lebens keine vorgefaßten Einschränkungen verträgt.

(11.) Fürsorge, Zuwendung und die Bereitschaft, eigene Lebenspläne zurückzustellen, sind daher ethisch nicht als unzulässige Begrenzungen elterlicher Autonomie, sondern als Voraussetzungen verantwortlicher Elternschaft anzusehen.

(12.) Es ist eine Errungenschaft der neuzeitlichen Zivilisation, daß die Eltern-Kind-Beziehung als ein Verhältnis gegenseitiger Achtung interpretiert wird. Kinder nehmen gegenüber ihren Eltern die Stellung eines Subjekts ein und dürfen daher nicht als Objekte elterlicher Fortpflanzungsentscheidungen gesehen werden.

b. Zweiter Schritt: Die Präimplantationsdiagnostik im Kontext der grundsätzlichen Erwägungen (vgl. 78–80)

(13.) Durch die assistierte Reproduktion zum Zwecke der Präimplantationsdiagnostik und die anschließende Präimplantationsdiagnostik selbst wird das zukünftige Kind zwangsläufig zum Gegenstand von Entscheidungen (Festlegung der Kriterien, Auswahl, Verwerfung), die der Annahme des Kindes um seiner selbst willen entgegenstehen.

(14.) Der Anspruch, ein Kind nur unter selbst gesetzten Bedingungen anzunehmen und die Verantwortung für sein Dasein einseitig zu begrenzen, kann auch dann nicht Bestandteil der reproduktiven Autonomie der Eltern sein, wenn er auf das mutmaßliche Wohl des künftigen Kindes gerichtet ist. Das wäre mit der Subjektstellung des Kindes unvereinbar.

(15.) Ein Verhalten, das die Einstellung zum künftigen Kind an Bedingungen knüpft, widerspricht auch dann der ethischen Substanz der Eltern-Kind-Beziehung, wenn man die Frage nach dem moralischen Status des Embryos in den Anfangsphasen seiner Existenz anders beantwortet als in (4.) und (5.).

(16.) Es genügt daher nicht, bei der Bewertung einzelner Methoden der Fortpflanzungsmedizin nur auf die Intentionen der jeweiligen Handlung und der Handelnden, also der Paare sowie der Ärztinnen und Ärzte, abzustellen und diese Intentionen von den Folgen zu trennen, die mit dem angewandten Verfahren verbunden sind. Vielmehr erfordert ein umfassender ethischer Ansatz, die Bewertung auf alle Elemente, also sowohl auf die angestrebten Ziele, als auch auf die Folgen und die angewandten Mittel, zu erstrecken.

c. Dritter Schritt: Bewertung der Präimplantationsdiagnostik im Kontext grundgesetzlicher Erwägungen (vgl. 80–84)

(17.) Die Erzeugung von Embryonen unter Vorbehalt und ihre Verwerfung verstößt gegen die Prinzipien des Würde- und des Lebensschutzes, da hier auf dem Wege der Auslese ein bestimmtes menschliches Leben als nicht lebenswert qualifiziert und sodann getötet wird.[85]

(18.) Die Verwerfung von Embryonen, bei denen die Diagnose eine bestimmte Behinderung erwarten läßt, verstößt zudem gegen Art. 3 Abs. 3 Satz 2 GG. Geborene, die mit einer Behinderung leben, die als Indikation für eine Präimplantationsdiagnostik und eine anschließende Verwerfung zugelassen wird, werden nämlich mit der Tatsache konfrontiert, daß der Staat die Verhinderung ihrer Geburt wegen dieser Behinderung für rechtens erklärt. Dadurch würden sich Betroffene nach eigenem Bekunden als ›fahrlässig nicht verhütete Unfälle‹ zu betrachten haben. Das ist bei einer entsprechenden Indikationsliste offensichtlich.

(19.) Das aus Art. 2 und 6 GG abgeleitete Grundrecht der Fortpflanzungsfreiheit ist insoweit eingeschränkt oder zumindest einschränkbar.

B. Analyse.

Der argumentative Gesamtaufbau von Position I ist insgesamt äußerst undurchsichtig. Es gibt erstens eine Argumentation auf der Ebene intrinsischer Aspekte, die gegeneinander abgewogen werden (z. B. die Binnenlogik der Elternschaft und die reproduktive Selbstbestimmung). Daneben gibt es extrinsische Argumente, die aufgrund möglicher Folgen ein Verbot der Präimplantationsdiagnostik begründen sollen. Beides zusammen ließe sich als komplexes Abwägungsurteil verstehen, welches auf der Ebene intrinsischer und extrinsischer Erwägungen eine Gegenposition zu Position III formuliert.[86]

Dann wird jedoch ein kategorisches Argument vorgetragen, welches sich auf den moralischen Status des menschlichen Embryos bezieht (siehe (3.) und (17.) bis (19.)). Wenn man diese Begründungsfigur ernst nimmt, laufen die Abwägungsüberlegungen leer und (1.) ist nur so zu verstehen, daß die Menschenwürde des Embryos der alleinige relevante Gesichtspunkt für die ethische und rechtliche Bewertung der Präimplantationsdiagnostik ist (Aussage (16.) dieses Votums ist mit der kategorischen Begründung in keiner Weise verträglich). Daher ist nicht zu verstehen, welche argumentative Funktion die Überlegungen hinsichtlich der intrinsischen und extrinsischen Aspekte der Präimplantationsdiagnostik in Position I überhaupt haben.[87] Punkt (3.) läßt sich als implizite Kritik an Position III verstehen. Der Hinweis darauf, daß die Frage nach dem Status des menschlichen Embryos zu klären ist, verweist auf eine problematische Auslassung in der Begründung der Alternativposition. Die kategorische Begründung in Position I enthält eine eindeutige Antwort auf (3.) in dem Sinne, daß der menschliche Embryo von der Kernverschmelzung an Menschenwürde im Vollsinne hat und damit Träger eines kategorischen ethischen Anspruchs ist.[88] Darüber hinaus enthält Position I die Annahme, daß die Präimplantationsdiagnostik aufgrund der ihr inhärierenden Komponente der Lebensqualitätsbewertung gegen die Menschenwürde (sowohl des Embryos als auch der von Behinderten) verstößt. Diese Prämisse wird aber in der gesamten Stellungnahme nicht explizit erörtert, obwohl sie zwischen Position I und Position III strittig und für die Begründung der einzelnen Voten von entscheidender Bedeutung ist.

Der kategorische Einwand gegen die Präimplantationsdiagnostik läßt sich vollkommen unabhängig von Folgenabwägungen, und ohne den Umweg über die Binnenlogik der Elternverantwortung einzuschlagen, formulieren. Daher ist die Gesamtkomposition von Position I in der Makrostruktur inkohärent. Darüber hinaus bleibt im Detail der Argumentation an vielen Stellen unklar, wie die Begründungslinien verlaufen sollen. So ist erstens nicht zu sehen, wie sich das Prinzip der Menschenwürde zum Prinzip der Elternverantwortung verhält; zweitens wird nicht gezeigt, weshalb die Binnenlogik der Präimplantationsdiagnostik mit dem Prinzip der Elternverantwortung unvereinbar ist (denn schließlich gehört es zu letzterem wesentlich hinzu, die Lebensqualität der Kinder zu bewerten, zu achten und zu fördern); drittens schließlich bleibt auch der Zusammenhang von der Übernahme von Elternverantwortung und dem Prinzip reproduktiver Selbstbestimmung unscharf (denn der von Position II vorgeschlagene freiwillige Verzicht auf Elternschaft ist auch ein Fall reproduktiver Selbstbestimmung). Eine genauere Prüfung der einzelnen Argumente und Ableitungen innerhalb von Position I erforderte jedoch nicht nur einen großen exegetischen Aufwand, der an dieser Stelle nicht geleistet werden kann.[89] Eine solche Prüfung würde auch auf die inhaltliche Qualität der drei Positionen eingehen müssen, die nicht Gegenstand dieses Kapitels ist.

§ 3 Die zweite Stellungnahme des Nationalen Ethikrates: eine Gesamteinschätzung

Die Qualität der einzelnen Positionen: Den drei Positionen ist gemeinsam, daß sie nicht die Konsequenzen ihrer jeweiligen Argumentation für andere Anwendungsfälle über die Präimplantationsdiagnostik hinaus ziehen. Angesichts der von allen Mitgliedern des Nationalen Ethikrates getragenen Forderung nach einem »speziellen Fortpflanzungsmedizingesetz« (9) ist dies unbefriedigend, denn in einem solchen Gesetz käme es doch gerade auf die Kohärenz der Bewertungen und Regelungen von den verschiedenen Einzelproblemen an (die Frage nach dem Zusammenhang zur Abtreibungsregelung einmal außen vor gelassen).

Die logische Struktur von Position I ist undurchsichtig und argumentativ uneinheitlich, weil man offensichtlich versucht hat, vom Abstimmungsergebnis ausgehend zu denken. Deshalb sind auf der einen Seite in Position I alle Argumente versammelt, aufgrund derer Mitglieder des Nationalen Ethikrates zu dem Schluß gekommen sind, daß die Präimplantationsdiagnostik rechtlich zu verbieten ist. Da man diesen Schluß jedoch auf unterschiedliche Arten von Argumenten gründen kann, ergeben sich aus diesem vom Abstimmungsergebnis her operierenden Verfahren die argumentativen Mängel, die oben dargestellt worden sind. Auf der anderen Seite haben alle Vertreter, die für eine begrenzte Zulassung waren (Position III), ihre Überlegungen zu einer gemeinsamen Position zusammengetragen. Deshalb mußten die Punkte, hinsichtlich derer kein Konsens unter den Befürwortern der Präimplantationsdiagnostik besteht, offen gelassen werden (vor allem: Indikationsliste oder nicht). Dieses politisch angemessene Formulieren von Kompromißformeln mit dem Blick auf mögliche Mehrheiten hat, wie gezeigt, die argumentative Qualität der Stellungnahme nicht verbessert.

Die Gesamtkomposition der Stellungnahme: Schaut man nicht nur auf die Qualität der Argumentation innerhalb der drei Voten, sondern auch auf die Gesamtkomposition der Stellungnahme, dann muß man zu dem Ergebnis kommen, daß zentrale Fragestellungen, hinsichtlich derer zwischen den Vertretern der drei Positionen Dissens besteht, überhaupt nicht erörtert werden. Hierzu gehören z. B. die Frage nach dem Status des menschlichen Embryos, des Verhältnisses von Menschenwürde und Ehrfurcht vor dem menschlichen Leben oder auch die Frage nach der Verträglichkeit von Lebensqualitätsbewertungen und Menschenwürde. Diese Dissense betreffen also nicht nur unterschiedliche Einschätzungen von möglichen oder wahrscheinlichen Folgen, sondern zentrale Grundlagen der ethischen Bewertung. Auch wenn man von einer Stellungnahme nicht erwarten sollte, daß sie auf dieser fundamentalen Ebene eine konsensfähige Lösung findet, so sollte man doch zumindest fordern, daß in ihr die Problemlage so weit aufgeschlüsselt wird, daß man die zentralen Punkte von Divergenz und Konvergenz ausmachen kann. Diese Leistung der diskursiven Ermittlung von Konsensinseln und Dissenspunkten erbringt die vorliegende Stellungnahme leider nicht. Damit bildet sie allerdings die weltanschauliche Lage in Deutschland angemessen ab, weil diese Stellungnahme explizit zum Ausdruck bringt, daß eine direkte Diskussion der basalen Differenzen und eine rationale Erörterung der grundlegenden ethischen Voraussetzungen für die eigene Position, und damit eine diskursive Vermittlung zwischen den Lagern, derzeit weder möglich noch erwünscht zu sein scheint. Die philosophisch relevante Problemlage, die sich aus diesem Befund ergibt, läßt sich in die Frage kleiden, wie wir in unserer Gesellschaft mit dem faktischen Dissens in den grundlegenden bioethischen Fragen sinnvoll umgehen können.

Ein fundamentales Defizit: Die Gesamtanlage des Berichts folgt den Regeln eines pragmatisch politischen Diskurses, bei dem nach den erreichbaren Mehrheiten geschaut und Positionen unter Rücksicht auf die Möglichkeiten formuliert werden, durch Kompromißformeln Mehrheiten für die jeweils eigene Position zu finden. Im Gegensatz dazu wäre von einer philosophisch-ethischen Anlage des Berichts zu fordern, daß man von der Konsistenz und Plausibilität der Argumente ausgeht, nicht von der Mehrheitsfähigkeit der gefundenen Formulierungen.[90] Während im pragmatisch-politischen Diskurs die Formulierung vager Ergebnisse mit inhärentem Deutungsspielraum sinnvoll sein kann, um Mehrheiten zur Durchsetzung von Grundsatzentscheidungen zu gewinnen, kommt es im philosophisch-ethischen Diskurs darauf an, die Beweislasten, Prämissen und Konsequenzen der unterschiedlichen Positionen und Begründungen möglichst klar zu formulieren und explizit zu machen, um über die Konsense und Dissense rational sprechen und begründet entscheiden zu können.

Ganz in diesem Sinne hat der Nationale Ethikrat in seiner ersten Stellungnahme selbst seine »Aufgabe« formuliert:

> »Vom Ethikrat wird erwartet, daß er Stellungnahmen für politisches und gesetzgeberisches Handeln abgibt. In einem demokratischen Gemeinwesen schließt das einen öffentlichen Dialog ein. Jeder muß sich ein Bild von den Chancen und Risiken der neuen Techniken machen können, um sich auf dieser Grundlage ein eigenes Urteil zu den damit verbundenen ethischen Problemen bilden zu können. Zu diesem Zweck wird sich der Ethikrat darum bemühen, aktuelle Probleme *in ihren Voraussetzungen und Folgen* verständlich zu machen.«[91]

Mit der zweiten Stellungnahme hat der Nationale Ethikrat sein selbst gesetztes Ziel eindeutig verfehlt. Anstatt eine philosophisch-ethisch ausgearbeitete Stellungnahme vorzulegen, in der die Dissense und das komplexe Begründungsgeflecht so aufbereitet werden, daß sie in den politisch-pragmatischen Diskurs eingehen können, enthalten die drei Voten der zweiten Stellungnahme selbst bereits eine implizite politisch-pragmatische Dimension. Auf diese Weise wird die Chance vertan, den Unterschied der beiden Argumentations- und Diskussionsverfahren zur Erweiterung der politischen Debatte zu nutzen. Angesichts dieser vorauseilenden Anerkennung der Einflußfaktoren, denen eine ethische Erörterung im politischen Kontext zwangsläufig ausgesetzt sein wird, lautet – zumindest aus philosophischer Sicht – die entscheidende Frage:

Welchen Sinn hat ein *Ethik*rat als Instanz der argumentativen Aufbereitung komplexer Probleme aus ethischer Sicht, wenn diese Institution ihre Funktion nicht als philosophisch-ethische, sondern als pragmatisch-politische begreift?

ZWEITER TEIL

Person

IV. Der Begriff der Person im Kontext der Lebenswissenschaften

Wer sich mit ethischen Fragen in den Lebenswissenschaften beschäftigt, dem begegnet, vor allem in der deutschen Diskussion, der Begriff der Person auf prominente und vielfältige Weise. In Verbindung mit dem Begriff der Menschenwürde ist er eines der kräftigsten und wirkmächtigsten argumentativen Mittel, um in den gegenwärtigen Auseinandersetzungen Position zu beziehen. Dies läßt vermuten, daß wir mit dem Begriff der Person ein *Prinzip* in den Händen halten, d.h. ein deskriptiv, evaluativ und – vielleicht sogar – normativ reichhaltiges Konzept, welches unsere ethischen Wahrnehmungen leitet und unsere Begründungen stützt.

Natürlich wird man den Begriff der Person nicht auf alle Fragen der biomedizinischen Ethik, d.h. auf alle ethischen Probleme, die sich durch den medizinischen Eingriff in Leben ergeben, anwenden können. Wenn es um die Verteilung knapper Ressourcen geht, scheinen – zumindest auf den ersten Blick – Begriffe wie Gerechtigkeit, Solidarität oder Verantwortung einschlägiger zu sein. Auch für den weiten Bereich des Umgangs mit nichtmenschlichem Leben (Pflanzen, Tiere) ist es nicht naheliegend, den Begriff der Person heranzuziehen, auch wenn dies mittlerweile, z.B. für die Menschenaffen, gelegentlich vorgeschlagen wird (vgl. Gunnarsson, *Great Apes*).

Daraus folgt erstens, daß der Begriff der Person in diesen Kontexten nicht das alleinige Prinzip der biomedizinischen Ethik, sondern vielmehr nur eines von mehreren Prinzipien sein kann.[92] Die vielfältigen Verwendungen des Begriffs der Person zeigen zweitens, daß es sich hierbei weder um ein einfaches, noch um ein auf den ersten oder zweiten Blick klares Konzept handelt. Dies wiederum hat zur Konsequenz, daß eine philosophische Klärung der verschiedenen Ebenen und Aspekte des Begriffs der Person unabdingbar dafür ist, ihn in der Erörterung von ethischen Fragen in den Lebenswissenschaften sinnvoll und mit problemaufschließender Kraft zu verwenden.

Zu einer solchen Aufklärung und Bestimmung der möglichen Reichweite des Begriffs der Person sollen die folgenden Überlegungen beitragen. Dabei werde ich nach einigen einleitenden Bemerkungen erörtern, weshalb es in den Lebenswissenschaften in manchen Kontexten einen so heftigen Streit um die Verwendung des Begriffs der Person gibt (§ 1). Anschließend sollen notwendige Differenzierungen eingeführt werden, um auf dieser Basis aufzeigen zu können, worauf die Attraktivität eines angemessen differenzierten Konzeptes beruht (§ 2). Im abschließenden Teil wird dann anhand der Diskussion zweier prominenter Anwendungsbeispiele – die Frage nach der ethischen Zulässigkeit freiwilliger Euthanasie und die Frage nach der ethischen Relevanz von Patientenverfügungen – exemplarisch gezeigt, auf welche Weise ein differenzierter Begriff der Person für die Erörterung biomedizinischer Probleme hilfreich sein kann (§ 3).

§ 1 Der Streit um den Begriff der Person in den Lebenswissenschaften

Der Begriff der Person hat eine lange und ehrwürdige Tradition in Philosophie, Theologie und Jurisprudenz.[93] In der Theologie beispielsweise steht er für die Eigenschaften und Fähigkeiten, aufgrund derer der Mensch vor allen anderen ›Geschöpfen‹ ethisch ausgezeichnet ist: die Personalität des Menschen macht seine Gottesebenbildlichkeit aus. Auch im Recht kennzeichnet der Begriff der Person einen ausgezeichneten Status, der besondere Rechte verbürgt und spezielle Pflichten mit sich bringt. In der Philosophie findet sich der Begriff der Person zwar nicht immer dem Namen nach. Die mit der Personalität einhergehenden Eigenschaften und Fähigkeiten aber wurden und werden philosophisch analysiert und expliziert, sowie zur Grundlage von Überlegungen in theoretischer wie praktischer Philosophie gemacht. Auch in der praktischen Philosophie wird mit dem Begriff der Person, dem Status der Personalität oder auch den Konzepten des Charakters, der Persönlichkeit oder der Individualität, Originalität und Einzigartigkeit auf einen ausgezeichneten ethischen Status des Menschen verwiesen. Selbst wenn dies nicht immer vor dem Hintergrund eines theologischen Weltbildes geschieht, zeigt der Begriff der Person auch in der Philosophie einen zentralen Wesenszug des Menschen an: Die Vorstellung, ein personales Leben zu führen, gilt bis in unsere heutige Gegenwart hinein als Leitidee unserer Kultur und liegt solchen Wertvorstellungen wie Selbstbestimmung, Selbstverwirklichung oder auch dem Recht auf individuelle Lebensführung und Privatheit zugrunde.

Der Begriff der Person und die mit ihm verbundene ›Familie‹ von Eigenschaften, Fähigkeiten und Wertvorstellungen ist in unserer Kultur fest verankert und umfaßt ein großes Spektrum von Phänomenen. Dennoch, oder vielleicht auch: gerade deswegen, gibt es in der biomedizinischen Ethik sowohl einen Streit um den Begriff der Person selbst, als auch heftige Auseinandersetzungen, die unter Verwendung des Personbegriffs ausgefochten werden (vgl. Honnefelder, *Person*).

In der Abtreibungsdebatte beispielsweise wird der Schutz des ungeborenen Lebens genauso mit dem Begriff der Person und der mit Personalität einhergehenden Menschenwürde verteidigt, wie das Recht auf Selbstbestimmung der schwangeren Frau, in deren personale Autonomie und individuelle Lebensplanung man nicht mittels ethischer Reglementierung oder gar juristischer Verfolgung eingreifen solle. Auch im Streit um die Zulässigkeit freiwilliger aktiver Sterbehilfe wird, unter Rückgriff auf den Begriff der Person, von beiden Lagern Gegensätzliches begründet. Die Gegner sagen, daß eine Person nicht absichtlich durch aktives Eingreifen getötet werden darf, auch wenn sie es selbst, z. B. von einem Arzt, verlangt. Die Befürworter der Legalisierung freiwilliger aktiver Sterbehilfe dagegen sehen in dem autonomen Wunsch eines Patienten, aus einer für ihn unerträglichen Lage durch die möglichst schmerzfreie und in angemessener Weise durchgeführte Tötung erlöst zu werden, einen respektablen Ausdruck der Selbstbestimmung. Kritiker der Zulässigkeit von Abtreibungen oder der freiwilligen aktiven Sterbehilfe sehen in der Tötung ungeborenen und ›unschuldigen‹ menschlichen Lebens eine faktische Verletzung der

Menschenwürde; im Falle der Legalisierung von freiwilliger aktiver Sterbehilfe würde diese Mißachtung der Würde des Menschen ihrer Meinung nach zwangsläufig in einem ethischen, politischen und kulturellen Desaster enden müssen. Die deutsche Geschichte stelle hierfür einen schrecklichen Präzedenzfall bereit. Verteidiger der Zulässigkeit von Abtreibungen und freiwilliger aktiver Sterbehilfe sehen dagegen in religiöser bzw. moralisierender Indoktrination oder gar rechtlicher Reglementierung eine unzulässige Einschränkung des Rechts auf Selbstbestimmung und auf die eigene Lebensführung; die Würde der Schwangeren oder des Patienten, der um seine Tötung bittet, werden nicht gewahrt, wenn man sie dazu zwingt, unter medizinisch inadäquaten Bedingungen und in kriminalisierten Kontexten die Ausübung ihrer Autonomie anzustreben.

Auch die Auseinandersetzung um die ethische sowie gegebenenfalls auch rechtliche Zulässigkeit des Klonierens von menschlichem Leben ist geprägt durch einen impliziten oder expliziten Rückgriff auf Vorstellung personaler Individualität und menschlicher Würde. Menschen zu kopieren, austauschbar zu machen, oder durch die gentechnische Manipulation von Stammzellen menschliches Leben als bloßes Ersatzteillager heranzuzüchten, ist in den Augen der meisten mit der Würde des Menschen und dem Respekt vor der Person nicht zu vereinbaren (vgl. dazu auch meine Analyse im nächsten Kapitel).

Vorsichtige Versuche, die irregeleiteten und unzutreffenden Horrorvisionen einer gentechnischen Kopierfabrik oder einer Herde auszuschlachtender menschlicher Klone in das Reich der Phantasie zurückzuweisen, aus dem sie entsprungen sind, scheitern genauso regelmäßig wie der vorsichtige Hinweis auf die eigentümliche ›Schieflage‹ des absoluten Schutzes menschlicher Stammzellen in einer Gesellschaft, die sich zur Legalisierung der Abtreibung durchgerungen hat.

Es ist jetzt nicht mein Ziel, diese Debatten der biomedizinischen Ethik zu entscheiden. Wichtig ist vielmehr dreierlei: Erstens werden der Begriff der Person und einige mit ihm eng verbundene Vorstellungen in der ethischen, politischen und gesellschaftlichen Diskussion faktisch verwendet. Zweitens scheint dieses ›Person-Syndrom‹ vielschichtig zu sein und Auslegungen zuzulassen, die gegensätzliche Schlußfolgerungen nahelegen. Drittens ist der Begriff der Person weitgehend unstrittig verbunden mit der Anerkennung bzw. Zuschreibung eines ausgezeichneten ethischen Status, der durch den Begriff der Menschenwürde angedeutet und häufig als Recht auf Leben bzw. als absolutes Tötungsverbot zum Ausdruck gebracht wird. Während ich auf die ersten beiden Aspekte später noch eingehe (Teil II), möchte ich den dritten Punkt jetzt kurz erläutern.

Es gibt in der biomedizinischen Ethik einen mehrschichtigen Streit um den Begriff der Person, den man mit den folgenden drei Fragen entwirren kann:

(Q 1) Ist der Begriff der Person überhaupt brauchbar für die biomedizinische Ethik?
(Q 2) Kommt dem Status der Person überhaupt eine ethisch signifikante Bedeutung zu?
(Q 3) Ist X eine Person?

Diese drei Fragen hängen auf mehrfache Weise miteinander zusammen – bestimmte Antworten auf die eine Frage implizieren bestimmte Antworten auf die anderen Fragen. Ich möchte nun drei Arten des Streits um den Begriff der Person in der biomedizinischen Ethik unterscheiden.

Auseinandersetzungen um Experimente mit menschlichen Stammzellen oder befruchteten menschlichen Eizellen im Reagenzglas, Fragen nach der angemessenen Behandlung schwerstmißgebildeter Neugeborener oder irreversibel komatöser Patienten, aber auch der Streit um den ethischen Status von Menschenaffen oder Delphinen, wird häufig unter Rekurs auf Q 3 geführt. Die Diskutanten fragen dann nicht mehr direkt, was die ethisch richtige Handlungsweise oder der ethische Status von X ist. Diese ethischen Fragen werden ersetzt durch die anscheinend deskriptive Frage, ob es sich bei X um eine Person handelt. Beschränken wir uns im folgenden auf menschliches Leben und blenden ›potentielle‹ Personen[94] aus, so beruht der Streit um die Frage, ob z. B. eine befruchtete Eizelle im Reagenzglas eine Person sei, auf zwei Vorannahmen, die ich in Form zweier Schlüsse darstellen möchte:

Erster Schluß

(P 1) Personen haben ein Recht auf Leben.
(P 2) Nicht alle Menschen sind (zu allen Zeitpunkten ihrer Existenz) Personen.
→
(C I) Nicht alle Menschen haben (zu allen Zeitpunkten ihrer Existenz) ein Recht auf Leben.

Zweiter Schluß

(P 1) Personen haben ein Recht auf Leben.
(P 3) Alle Menschen haben (zu allen Zeitpunkten ihrer Existenz) ein Recht auf Leben.
→
(C II) Alle Menschen sind (zu allen Zeitpunkten ihrer Existenz) Personen.

Vergleicht man diese beiden Schlüsse, dann sieht man, weshalb der scheinbar deskriptive Streit um Q 3 auf einen entscheidenden ethischen Dissens hinausläuft. Vertreter beider Schlüsse teilen die Prämisse P 1 und damit die Auffassung, daß der Begriff der Person ethisch signifikant ist. Beide sind sich auch einig darüber, daß diese ethische Signifikanz von besonderer Art ist: Personen sind solche Wesen, die unter das Tötungsverbot fallen, denen ein Recht auf Leben zuerkannt werden muß. Drittens sind sich beide darin einig, daß nur der Status einer Person dieses Recht auf Leben begründen kann. Damit ist klar, daß Anhänger beider Schlüsse Q 1 und Q 2 in folgender Weise beantworten müssen: der Begriff der Person ist in der biomedizinischen Ethik brauchbar und der Status, eine Person zu sein, von entscheidender ethischer Signifikanz. Der Streit zwischen den Anhängern dieser beiden Schlüsse entsteht, weil die einen als zusätzliche ethische Prämisse akzeptieren, daß alle Menschen (zu allen Zeitpunkten ihrer Existenz) ein Recht auf Leben haben, während die anderen diese Annahme nicht akzeptieren. Übernimmt man die zusätzliche ethische Prämisse P 3, dann ergibt sich C II zwingend. Die anderen behaupten dagegen, daß es Phasen im Leben eines Menschen gibt, in denen er keine Person ist. Dies gilt z. B. für die ersten Lebensabschnitte als Embryo. Außerdem könne es auch sein, daß ein Mensch die für Personalität notwendigen Eigenschaften und Fähigkeiten wie z. B. Selbstbewußtsein zeitweilig oder dauerhaft verliert, wie dies bei irreversibel komatösen Menschen der Fall ist.[95] Akzeptiert man diese zusätzliche deskriptive Prämisse P 2, dann folgt C I.

Vor diesem Hintergrund entsteht ein Streit um den Begriff der Person, der zwei Formen annehmen kann: Zum einen geht es um die Frage, ob die Zugehörigkeit zur biologischen Gattung Mensch eine hinreichende Bedingung dafür ist, eine Person zu sein. Manchmal wird auch die These vertreten, daß Menschsein und Personsein zwei Eigenschaften sind, die *koextentional* sind, d. h. auf die gleichen Wesen zutreffen. Alle und nur Menschen sind (zu allen Zeitpunkten ihrer Existenz) Personen. Die Vertreter des anderen Lagers bestreiten dagegen die Koextensionalitätsthese und lassen sowohl zu, daß nichtmenschliche Lebensformen Personen sein können, als auch, daß es Menschen gibt, die (zu bestimmten Zeitpunkten ihrer Existenz) keine Personen sind. Neben diesem ersten Zweig der Auseinandersetzung, der sich zumindest an der Oberfläche um das richtige Verständnis unseres Begriffs der Person dreht, gibt es einen zweiten Diskussionsstrang. Hier wird unter Bezug auf besondere Fälle, wie z. B. menschliche Stammzellen, Embryonen oder irreversibel komatöse Patienten, darüber diskutiert, ob es sich bei diesem menschlichen Leben um Personen handelt oder nicht.[96] Wer meint, daß alle Menschen zu allen Zeitpunkten ihrer Existenz Personen sind, der wird entweder sagen müssen, zu dem fraglichen Zeitpunkt existiere noch kein individueller menschlicher Organismus, weil z. B. eine Stammzelle zwar menschliches Leben, aber noch kein Organismus ist. Oder er wird diesem menschlichen Leben Personalität zuerkennen müssen. Die Gegner werden demgegenüber darauf bestehen, daß ein Mensch zu Beginn seiner Existenz über keinerlei Eigenschaften und Fähigkeiten verfügt, die für Personalität notwendig sind. Der erste Strang der Diskussion dreht sich um die richtige Bedeutungsanalyse unseres Begriffs der Person bzw. um das Verhältnis von »Mensch« und »Person«. Der zweite läßt sich begreifen als Streit um die Anwendbarkeit des Begriffs der Person auf bestimmte problematische Fälle.

Die beiden Parteien im obigen Streit gehen davon aus, daß der Begriff der Person einen ausgezeichneten ethischen Anspruch begründet, der ein Recht auf Leben fundiert. Alternativ dazu gibt es ethische Modelle, in denen der Begriff der Person keine solche Rolle spielt. Entweder ist dies der Fall, weil die Kriterien, die in solchen Ethiken als entscheidend angesehen werden, vom Begriff der Person gänzlich unabhängig sind. Beispiele hierfür sind eine pathozentristische Ethik, bei der allein die Fähigkeit zu Schmerz- und Lustempfindungen relevant ist, sowie eine Ethik der Ehrfurcht vor allem Leben, die auf die Besonderheiten der Personalität keinen Wert legt. Oder man vertritt eine Ethik, in der nicht der Begriff der Person, wohl aber bestimmte Eigenschaften oder Fähigkeiten, die mit Personalität verbunden sind, als ethisch entscheidend angesehen werden. In einer solchen Ethik ist der Begriff der Person zwar kein Begründungsfundament, kann aber zumindest noch als Indikator für die eigentlich relevante ethische Grundlage benutzt werden.

Streitet man sich um Q 2, dann führt man eine allgemeine ethische und metaethische Auseinandersetzung darüber, was in unserem ethischen Denken als relevant zählen sollte. Daß der Begriff der Person und die mit ihm zusammenhängenden Vorstellungen in unserer Kultur faktisch eine zentrale Rolle spielen, ist dabei unstrittig. Kritiker an dieser Rolle des Begriffs der Person bestreiten diese Tatsache auch gar nicht, sondern sehen in ihr die Auswirkungen einer falschen ethischen Position. Vor allem dann, wenn die Koextensionalitätsthese mit ins Spiel kommt, wird der Vorwurf laut, es solle hier eine Bevorzugung der eigenen biologischen Gattung begründet werden, die sich ohne letztlich religiöse Vorstellungen wie die der Gottesebenbildlichkeit des Menschen nicht plausibel machen lasse. Dieser unter dem Stichwort »Speziesismusvorwurf« bekannt gewordene Einwand läßt sich zwar ausräumen, ohne den Begriff der Person seiner ethischen Signifikanz zu berauben, indem man die Koextensionalitätsthese aufgibt. Dennoch bestreiten auch dann noch manche Philosophen die ethische Bedeutung der Personalität, weil sie davon ausgehen, daß unser ethisches Denken z. B. am Prinzip der Leidvermeidung oder der Glücksvermehrung ausgerichtet sein sollte.

Auch ohne solche ethischen und metaethischen Fragen zu erörtern oder gar zu entscheiden ist es möglich, den Bedenken derjenigen, die der Personalität die ethische Signifikanz absprechen wollen, Rechnung zu tragen, indem man erstens die Koextensionalitätsthese aufgibt und die Bedingungen der Personalität ohne Rekurs auf die biologische Artzugehörigkeit bestimmt. Zweitens muß man, wenn man den Begriff der Person in den Lebenswissenschaften verwenden möchte, nicht zugleich auch die These vertreten, daß mit Personalität eine besondere Art von Rechten oder kategorischen Ansprüchen, die nicht gegen andere Ansprüche abgewogen werden können, einhergeht. Man kann das Prinzip der Person statt dessen gleichberechtigt neben anderen Prinzipien verwenden. Unter dieser Voraussetzung geraten die Kritiker, die ein alternatives Konzept zugrunde legen, ihrerseits in die Beweispflicht. Sie müssen nun ihre eigenen Grundlagen begründen, während die soeben angedeutete pluralistische Konzeption sich darauf zurückziehen kann, daß der Begriff der Person faktisch eine prominente Rolle spielt und diese auch so lange weiter spielen sollte, wie es nicht gelungen ist, eine alternative Ethik allgemeinverbindlich zu begründen.

Während die Kritiker, die dem Begriff der Person eine genuine ethische Signifikanz absprechen wollen, nicht behaupten, daß dieser Begriff unbrauchbar ist, neigen diejenigen, die auf Q 1 eine negative Antwort geben, zu genau dieser Schlußfolgerung. Sie ziehen aus den ersten beiden Arten des Streits um den Begriff der Person in der biomedizinischen Ethik den Schluß, daß er sich in diesem Kontext nicht sinnvoll gebrauchen läßt.[97] Die wichtigsten Kritikpunkte sind dabei:

- Die Liste der Kriterien für Personalität ist strittig, so daß man keine neutrale Grundlage in Händen hält. Vielmehr wird jede Partei ihren Begriff der Person so definieren, daß die gewünschten ethischen Resultate durch seine Anwendung herauskommen.
- Personalität wird von allen Beteiligten als das Haben bestimmter Eigenschaften und Fähigkeiten begriffen. Daher ist der Begriff der Person überflüssig, und man sollte in der biomedizinischen Ethik direkt auf diejenigen Eigenschaften und Fähigkeiten Bezug nehmen, die ethische Ansprüche begründen können.
- Der Begriff der Person führt zu Übervereinfachungen, da er zur Kennzeichnung eines ›Alles-oder-Nichts‹-Gegensat-

zes verwendet wird. Die schlichte Opposition Person versus Nichtperson ist jedoch für die komplexen Fragestellungen der biomedizinischen Ethik ungeeignet und führt zu unzulässigen Vereinfachungen der Problemstellung oder zu unfruchtbaren und unvermittelbaren Konfrontationen.

- Der Begriff der Person geht, vor allem in der analytischen Philosophie, auf eine Lockesche Konzeption personaler Identität zurück, die im Kontext lebenswissenschaftlicher Fragestellungen zu unplausiblen oder sogar ethisch inakzeptablen Konsequenzen führt.

Diese vier Kritikpunkte sind zum Teil berechtigt, betreffen dann jedoch nur einen undifferenzierten und inakzeptablen *Gebrauch* des Begriffs der Person. Daher können sie die Schlußfolgerung, dieser Begriff sei generell unbrauchbar für die biomedizinische Ethik, nicht tragen. Ich werde im nächsten Abschnitt einige der notwendigen Vor- und Rahmenbedingungen erläutern, deren Beachtung es erlaubt, den Begriff der Person differenziert, kontextsensitiv und mit problemaufschließender Kraft zu verwenden. Von den genannten vier Kritikpunkten wäre nur der letzte geeignet, sein Beweisziel – zumindest in modifizierter Form – zu erreichen. *Wenn* es der Fall wäre, daß in der analytisch orientierten biomedizinischen Ethik ausschließlich die Lockesche Tradition wirksam wäre, und *wenn* dieses philosophische Modell zur Behandlung irgendeines Problems in den Lebenswissenschaften prinzipiell ungeeignet wäre, dann müßte man Q 1 verneinen. Aber in der gegenwärtigen analytischen Philosophie spielen auch andere philosophische Traditionen eine Rolle, so daß die Kritik allein schon deshalb nicht zutrifft. Doch selbst wenn dem so wäre, würde daraus nur die Aufgabe erwachsen, den Begriff der Person im Kontext der Lebenswissenschaften unter Rückgriff auf das alltägliche Vorverständnis und/oder eine breite philosophische Tradition zu verwenden (vgl. Siep, *Person*). Für eine generelle ›Verabschiedung‹ dieses Begriffs gibt es daher keinen Grund, wohl aber für eine reflektierte und vorsichtige Handhabung.

§2 Der Begriff der Person: unverzichtbare Differenzierungen

Wenn man im Radio die Warnung hört, daß sich auf der A 1 zwischen Münster Nord und Münster Süd Personen auf der Fahrbahn befinden, dann stellt man sich eine Gruppe von Menschen vor, die sich dort aufhalten. Wird dagegen davon gesprochen, daß dort Tiere auf der Fahrbahn sind, denkt man vermutlich nicht an Menschen. Dies spricht auf den ersten Blick für die Koextensionalitätsthese, der zufolge die Gleichsetzung von »Mensch« und »Person« zur alltagssprachlichen Bedeutung dieser Begriffe gehört. Denkt man dann aber an die Meldung »spielende Kinder auf der Fahrbahn«, so kommen erste Zweifel, ob wirklich gilt, daß Menschen zu allen Zeitpunkten ihrer Existenz als Personen gezählt werden. Vor allem geht mit der Koextensionalitätsthese die Annahme einher, daß »Person« und »Mensch« den gleichen ethischen Status anzeigen. Hier müssen weitere Zweifel laut werden, denn offensichtlich geht es bei den besagten Meldungen des Verkehrsfunks nicht darum, die besagten Personen gegenüber den Kindern oder den Tieren irgendwie ethisch auszuzeichnen, sondern vielmehr darum, sprachlich auf sie Bezug zu nehmen. Für die Zwecke der ersten Warnmeldung scheint es nicht wesentlich zu sein, ob man von Personen oder von Menschen spricht. Man hätte vielleicht auch von Erwachsenen, Bauarbeitern, Freizeitsportlern oder Demonstranten sprechen können. Es geht nicht primär um die Anzeige des Status, eine Person zu sein, sondern um die sprachliche Bezugnahme auf Objekte der Rede. Vernimmt man dagegen die Meldung »Entlaufene Kuh mit Auto kollidiert. Personen kamen nicht zu schaden.« in den Nachrichten, wird man darauf aufmerksam gemacht, daß zwar ein Tier verletzt oder gar getötet worden ist, jedoch keine Personen. Bei solchen Meldungen wird der Begriff der Person nicht nur, und nicht einmal primär, dazu benutzt, um auf einzelne Objekte Bezug zu nehmen. Es geht vielmehr darum, mit dieser Bezugnahme den Status des adressierten Objekts anzugeben.

Dem Begriff der Person selbst kann man nicht ansehen, in welcher Funktion und Verwendungsweise er gebraucht wird, denn diese werden durch den Kontext festgelegt. Die gerade angeführten alltäglichen Beispiele zeigen jedoch deutlich, daß man bei der philosophischen Analyse und Inanspruchnahme des Begriffs der

Person nicht einfach nur eine Funktion oder eine Art der Verwendung zugrunde legen und die anderen ausblenden darf. Es ist vielmehr sinnvoll, bei der Verwendung des Begriffs der Person zwischen zwei logischen Funktionen und zwei Arten der Verwendung zu unterscheiden: zwischen der statusanzeigenden und der referierenden Funktion einerseits sowie der deskriptiven und der präskriptiven Verwendung andererseits. Kombiniert ergeben sich damit vier Möglichkeiten:

In der *deskriptiv-referentiellen* Verwendung dient der Begriff der Person primär dazu, sprachlich auf ein Einzelding Bezug zu nehmen, so daß die deskriptiven Elemente der Bedeutung des Personbegriffs, d. h. die Kriterien seiner Anwendung, sekundär sind. In der *deskriptiv-statusanzeigenden* Verwendung wird der Personbegriff primär dazu benutzt, eine Entität als zur Klasse der Personen zugehörige zu kennzeichnen, so daß hierbei gerade die Anzeige der für Personalität notwendigen und hinreichenden Bedingungen im Vordergrund steht. In der *präskriptiv-referentiellen* Verwendung liegt wiederum der Akzent auf der sprachlichen Bezugnahme auf ein Einzelding, während in der *präskriptiv-statusanzeigenden* Verwendung die Zuordnung einer Entität zu einer Klasse von Entitäten mit ausgezeichnetem ethischem Status im Vordergrund steht, wobei die für die Klassenzugehörigkeit notwendigen Eigenschaften und Fähigkeiten, die bei der deskriptiv-statusanzeigenden Verwendung des Personbegriffs dominieren, im Hintergrund verbleiben.

Neben diesen verschiedenen Weisen, in denen der Begriff der Person im Alltag gebraucht werden kann, muß man die verschiedenen Fragestellungen unterscheiden, die im Kontext der Philosophie mit dem Begriff der Person verbunden worden sind. Zumeist werden sie unter dem Obertitel »Identität der Person« zusammengefaßt. Damit kommt zusätzlich zu dem komplexen Begriff der Person nun ein weiterer, philosophisch ebenfalls zentraler Grundbegriff ins Spiel: »Identität«. Dieser Begriff weist ebenfalls, im Alltag wie in philosophischen Kontexten, eine große Komplexität auf. Ich möchte hier nur drei Aspekte herausgreifen, die für die Frage nach der Brauchbarkeit des Begriffs der Person in der biomedizinischen Ethik zentral sind.[98]

So spricht man gelegentlich von *qualitativer* Identität, wenn zwei Objekte zentrale Eigenschaften gemeinsam haben. Welche diese

Eigenschaften sind, hängt unter anderem wieder vom Redekontext, den Erkenntnisinteressen und dem Gesichtspunkt des Vergleichs ab. Der Begriff der Person kann in seiner Funktion als Statusanzeiger verwendet werden, um die qualitative Identität zweier Lebewesen zum Ausdruck zu bringen. Verwendet man »personale Identität« in diesem Sinne, dann zielt man auf die Bedingungen der *Personalität* ab.

Mit Bezug auf Personen müssen des weiteren zwei grundverschiedene Bedeutungen von »Identität« auseinandergehalten werden. Fragt man danach, wann ein bestimmtes Lebewesen begonnen oder aufgehört hat zu existieren, oder diskutiert man, welche Veränderungen eines Objekts damit verträglich sind, daß es weiterexistiert, dann verwendet man »Identität« in einem *ontologischen* Sinne. Vor allem in der anglo-amerikanischen Philosophie hat es im Anschluß an die Überlegungen von John Locke eine ausgedehnte Debatte um die Identität der Person in diesem Sinne der *Persistenz* gegeben.[99]

Vom ontologischen Sinn des Begriffs der Identität ist eine Konzeption der Identität zu unterscheiden, der hauptsächlich in der Psychologie und der Sozialphilosophie verwendet wird. Wenn man von dem Selbstverständnis einer Person spricht, in der sie ihr Selbstbild zum Ausdruck bringt, dann bezeichnet man dieses Selbstbild (oder diesen Entwurf) auch als die Identität dieser Person. Charakteristisch für diese *praktische* Konzeption von personaler Identität sind drei Merkmale: die *erstpersönliche* Perspektive – die Person drückt für sich und andere aus, wer sie ist und sein will; die *aktivische* Verfaßtheit – die Person führt ihr Leben unter Bezug auf ihre Identitätsvorstellung; und der *wertende* Charakter – die Person beschreibt oder erkennt nicht (nur), wer sie ist, sondern entscheidet auch, wer sie sein will. Personale Identität in diesem praktischen Sinne ist gemeint, wenn man von der *Persönlichkeit* spricht. Diese Persönlichkeit hat, genau wie die Persistenz, einen konstitutiven zeitlichen Kern. Allerdings ist in diesem Kontext damit die Biographie, die subjektiv erlebte Zeit gemeint, nicht einfach nur die zeitliche Ausdehnung eines raum-zeitlichen Objektes.

Diese drei Arten, personale Identität aufzufassen, lassen sich nun drei Problembereichen zuordnen, die sowohl in unserem alltäglichen Verständnis von Personen als auch im Kontext der Lebenswissenschaften präsent sind:

Die Frage nach den Bedingungen der *Personalität* zielt auf eine Analyse der Eigenschaften und Fähigkeiten, über die ein Individuum verfügen muß, um eine Person zu sein. Die Frage nach den Wahrheitsbedingungen für transtemporale Identitätsaussagen zielt auf die Relation der *Persistenz* sowie auf die Entwicklung der Kriterien zur Bestimmung von Beginn und Ende der raum-zeitlichen Existenz einer Person. Die Frage nach der Verfaßtheit der *Persönlichkeit* zielt auf eine Analyse der Strukturen des Selbst- und Zeitbewußtseins, die der aktiven Gestaltung der eigenen Biographie zugrunde liegen. Außerdem geht es in diesem Kontext – und nicht etwa im Kontext der Frage nach der Persistenz – auch um Identitätsbedingungen für die Persönlichkeit; diese Bedingungen werden z. B. benötigt, wenn man entscheiden möchte, ob man es im Fall psychischer Störungen mit einer Persönlichkeitsveränderung oder mit einem Persönlichkeitswechsel zu tun hat.

Mit der Unterscheidung dieser drei Problemfelder und den drei darin involvierten Auffassungen von Identität soll nicht die These aufgestellt werden, es handele sich hierbei um nicht weiter zusammenhängende Themen, die lediglich aufgrund terminologischer Mehrdeutigkeiten miteinander in Beziehung gesetzt würden. So gehören diejenigen Fähigkeiten, die zur Ausbildung einer Persönlichkeit notwendig sind, wie z. B. Selbst- und Zeitbewußtsein, auch zu den wesentlichen Bedingungen der Personalität. Umgekehrt resultiert die Aktualisierung der Fähigkeiten, die für Personalität notwendig und hinreichend sind, im Normalfall in der Ausbildung einer eigenen Persönlichkeit. Die Fragen nach der Bedingung der Personalität und der Verfaßtheit der Persönlichkeit verweisen damit aufeinander.

Im letzten Teil dieses Kapitels soll anhand der Erörterung zweier Beispiele plausibel gemacht werden, daß personale Identität im Sinne der Persönlichkeit ein Prinzip der biomedizinischen Ethik ist und sein sollte. Doch bevor dies gezeigt werden kann, möchte ich kurz skizzieren, welche Haltung m. E. gegenüber den anderen beiden Arten, personale Identität aufzufassen, angemessen ist.

Die Analyse von Bedingungen der *Persistenz* stellt ein metaphysisch-ontologisches Problem dar. Antworten in diesem Bereich können jedoch ethische Konsequenzen nach sich ziehen. Wenn auch der menschliche Leichnam nicht ohne jeden ethischen Status ist und nicht einfach wie eine beliebige Sache behandelt werden darf, so ist er in ethischer Hinsicht doch nicht mit einem Lebewesen oder einer Person gleichgestellt. So halten wir einerseits crash tests mit menschlichen Leichen zur Verbesserung der Sicherheit von Autos für ethisch unangemessen, würden es andererseits aber auch als ethisch falsch kritisieren, wenn jemand aus einem brennenden Wagen die Toten vor den noch lebenden Insassen herausholte. Auch menschliches Leben in Form von Zellen, Geweben oder Organen ist ethisch nicht vollkommen neutral bzw. bedeutungslos. Sein Status weicht jedoch wiederum von dem eines menschlichen Organismus oder gar einer menschlichen Person ab. Die Frage, wann ein Mensch zu existieren beginnt oder aufhört, ist zwar eine ontologische; die damit markierten Einschnitte sind zugleich aber auch Zeitpunkte, an denen die ethischen Ansprüche, die es zu respektieren gilt, sich ändern.[100]

Trotzdem fallen Fragen der Persistenz nicht in den Einzugsbereich des Begriffs der Person, weil sich Bedingungen der Persistenz nicht unter Rekurs auf diesen Begriff beantworten lassen.[101] Personalität und Selbstbewußtsein weisen irreduzibel werthafte Aspekte auf. Die Persistenz konkreter Objekte dagegen läßt sich analysieren als Kausalrelation, die in rein deskriptiver Weise erfaßt werden muß. Die Begriffe der Person, der Personalität oder auch der Persönlichkeit sind kategorial ungeeignet, diese Ebene der kausalen Relationen zu erfassen. Umgekehrt kann eine rein kausale Analyse die mit dem personalen Leben verbundenen werthaften Aspekte nicht erfassen. Im Rahmen einer *verstehenden* Auslegung und der Begrifflichkeit, die für eine Analyse der menschlichen *Person* geeignet ist, kommt die biologische Grundlage nicht angemessen in den Blick; im Rahmen des *erklärenden* Zugriffs und der Begrifflichkeit, die für eine Analyse der Persistenz des menschlichen *Organismus* angemessen ist, bleiben die personalen Aspekte unterbestimmt. Die daraus zu ziehende Konsequenz lautet: Die Analyse der Persistenz hat in erklärender Perspektive rein deskriptiv zu erfolgen und muß auf den rein biologisch verstandenen Begriff des Menschen beschränkt bleiben. Der Begriff der Person ist für die Analyse dieses Fragekomplexes ungeeignet.

Die Frage nach den Bedingungen der Personalität ist in der Philosophie einerseits heftig umstritten, andererseits gibt es jedoch auch einen zentralen Kern von Eigenschaften und Fähigkeiten, der nach Auffassung der meisten Philosophen, und auch nach normalem alltäglichen Sprachverständnis, unstrittig dazu gehört: Bewußtsein, Selbstbewußtsein oder Rationalität sind Beispiele für diesen weitgehend unkontroversen Kernbereich (vgl. Birnbacher, *Personenbegriff*). Läßt man extreme Konzeptionen, die zumeist aus theologischen Annahmen heraus oder aufgrund ethischer Vorannahmen formuliert werden, außen vor, so hat man mit dem Begriff der Personalität einen Bündelbegriff vor sich, der eine Liste von Eigenschaften und Fähigkeiten umfaßt, die in zweifachem Sinne vage ist. Zum einen kann diese Liste selbst je nach Kontext oder Kultur variieren; und zum anderen lassen die meisten der geforderten Fähigkeiten Graduierungen zu. Die erste Vagheit erlaubt es nicht, ein universales Konzept der Personalität zu formulieren, welches sozial, historisch oder kulturell invariant ist. Die zweite Vagheit zugunsten einer exakten philosophischen Theorie beheben zu wollen, ergäbe ein Paradebeispiel des Fehlers unangemessener philosophischer Präzisierung. Der Begriff der Person, verstanden im Sinne der Bedingungen der Personalität, ist gerade deshalb nützlich, weil er je nach Kontext variabel verwendbar und in seinem Bedeutungsgehalt flexibel ist. Auf diese Weise wird er im alltäglichen Sprachgebrauch benutzt und kann dort in den allermeisten Fällen verwendet werden, ohne daß seine Vagheit zu einem Problem wird.

Beläßt man es, wie ich vorschlagen möchte, bei dieser zweifachen Vagheit, weil ein konsensfähiger exakter Begriff ohnehin nicht zu erhalten sein wird, dann kann man mit dem Begriff der Person im Sinne der Personalität direkt an einen zentralen und faktisch gut verankerten Begriff unseres alltäglichen Ethikverständnisses anknüpfen. Jedoch darf man einen so beschaffenen Begriff nicht überstrapazieren, will man sich nicht eines schlechten Gebrauchs schuldig machen, der von Kritikern zu Recht angeprangert wird (vgl. oben die Diskussion von Q 1). Man sollte deshalb den Begriff der Person nur dort zur Beschreibung und Begründung heranzuziehen, wo seine Anwendung unstrittig ist. In den kritischen Bereichen des beginnenden menschlichen Lebens oder mit Bezug auf bestimmte nichtmenschliche Tiere beispielsweise ist diese Bedingung jedoch nicht erfüllt. Auf jeden Fall ist zu vermeiden, ethische Meinungsverschiedenheiten hinter der scheinbaren Faktenfrage zu verbergen, ob es sich bei einem Wesen um eine Person handelt oder nicht. Wenn man den Begriff der Person von bestimmten ethisch problematischen Kontexten fernhalten muß, weil es dort hinsichtlich der Möglichkeit seiner Anwendung keinen Konsens gibt, dann muß es für diese Kontexte andere einschlägige Begründungsprinzipien geben. Das von mir vorgeschlagene Vorgehen impliziert deshalb einen Pluralismus von begründenden Prinzipien, so daß auch der Versuch, biomedizinische Ethik allein unter Rückgriff auf den Begriff der Person zu betreiben, zurückgewiesen werden muß. Die Kontextsensitivität, Offenheit und Vagheit unseres Begriffs der Personalität läßt außerdem alle Versuche, mit dem Status, eine Person zu sein, kategorische ethische Ansprüche oder Rechte zu begründen, die prinzipiell nicht gegen andere ethisch respektable Ansprüche abgewogen werden können, unplausibel werden. Der Begriff der Person vermag ethische Aspekte zu benennen, die bei der Abwägung der relevanten Gesichtspunkte eines Problems angemessen berücksichtigt werden müssen. Eine Trumpfkarte, die jeden anderen Anspruch automatisch aussticht, ist er jedoch nicht.[102]

§3 Sterbehilfe und Patientenverfügungen: Zwei Fallstudien

Den Begriff der Person im Sinne von Personalität und Persönlichkeit als begründendes Prinzip in der Ethik zu verwenden, ist aus drei Gründen attraktiv. Zum einen stellt er ein *differenziertes* Konzept dar, welches faktisch in unserer alltäglichen ethischen Praxis angewandt wird. Zweitens ist er ein *material reichhaltiges* Konzept, so daß aus den alltäglichen Anwendungen zentrale ethische Wertvorstellungen ermittelt und philosophisch analysiert werden können. Im Gegensatz zu rein formalen Begriffen wie »gesollt« oder »gerecht«, denen zumeist nur abstrakte Inhalte oder gar nur philosophische Bestimmungen zugrunde liegen, kann man auf diese Weise eine Ethik entfalten, die an unsere alltäglichen Intuitionen und Begründungspraktiken anzuschließen erlaubt. Drittens stellen die mit dem Begriff der Person verbundenen Vorstellungen in unserer Kultur einen *zentralen Wert* dar. Das Ziel, eine eigene Persönlichkeit zu entfalten, und der Anspruch, ein eigenes Leben zu führen, gehören unbestritten zum Kernbestand unseres ethischen Selbstverständnisses. Im folgenden möchte ich an zwei Beispielen kurz verdeutlichen, in welcher Form sich der Rekurs auf den Begriff der Person im Sinne der Persönlichkeit und der biographischen Identität für die Behandlung biomedizinischer Fragen fruchtbar machen läßt.

1. Selbstbestimmt sterben

Wer von einem *Recht auf den eigenen Tod* spricht, der zielt auf ein Problem ab, welches in einer Kultur, die einerseits der individuellen Selbstbestimmung einen immer größeren Wert zuerkennt, die aber andererseits durch die Entwicklung medizinischer Optionen die Schere zwischen möglicher Lebensverlängerung und erreichbarer Lebensqualität immer weiter auseinander treten läßt, zunehmende Dringlichkeit gewinnt. Der grundlegende Konflikt, der die Auseinandersetzung um die ethische Bewertung und Legalisierung der aktiven Sterbehilfe prägt, läßt sich als Konflikt zwischen zwei fundamental unterschiedlichen Auffassungen hinsichtlich des Werts menschlichen Lebens begreifen: Auf der einen Seite stehen die Anhänger und Verteidiger einer Lehre von der *Heiligkeit des menschlichen Lebens*, denen zufolge menschliches Leben in all seinen Formen und Entwicklungsstadien einen *absoluten* Wert darstellt.[103] Diese Absolutheit schließt eine Abwägung mit anderen Werten aus. Weder der Arzt, noch die Gesellschaft, haben das Recht, das Leben eines Menschen als lebenswert oder als nicht mehr lebenswert zu bewerten. Dieses Bewertungsverbot schließt auch das jeweilige Individuum ein. Der Mensch hat nicht das Recht, seine eigene Existenz zu bewerten und gegebenenfalls zu beenden bzw. jemanden dazu aufzufordern, es zu beenden. Da jedes menschliche Leben auf dieser Grundlage einen absoluten und unverfügbaren Wert darstellt, kann es kein Recht auf den eigenen Tod geben.[104]

Auf der anderen Seite stehen die Vertreter einer *Ethik der Qualität des Lebens*, die einen solchen absoluten Wert aus zwei Gründen nicht anerkennen: Erstens läßt sich ein absoluter Wert in ihren Augen nicht ohne theologische oder metaphysische Prämissen begründen. Diese notwendigen Prämissen sind aber in einer pluralen Gesellschaft nicht allgemein akzeptiert und können daher auch nicht allgemeinverbindlich gemacht werden. Zweitens führt die Lehre von der Heiligkeit des menschlichen Lebens neben der problematischen Auszeichnung des *menschlichen* Lebens auch im engeren Kontext der biomedizinischen Ethik zu unplausiblen oder gar ethisch inakzeptablen Konsequenzen wie die unnötige Vermehrung menschlichen Leidens und die Mißachtung autonomer Wünsche, sterben zu dürfen oder Sterbehilfe zu erhalten.

Daher fordern die Verfechter einer *Ethik der Qualität des Lebens* erstens, den Wert des menschlichen Lebens als *intrinsischen*, d. h. nicht von äußeren Zwecken wie sozialer Nützlichkeit oder Erwünschtheit abhängenden, zugleich aber prinzipiell abwägbaren Wert anzusehen. Zweitens wird der Wert des Lebens im Rahmen dieser Ethik maßgeblich durch die subjektive Wertschätzung konstituiert, die eine Person ihrer eigenen Existenz zuerkennt. Wenn eine Person zu dem Schluß kommt, daß ihre eigene Existenz für sie selbst nicht mehr akzeptabel ist, und wenn sie den Wunsch nach aktiver Sterbehilfe äußert, dann ist darin eine legitime Ausübung ihrer personalen Autonomie zu sehen. Ist dieser Wunsch rational im Sinne einer nachvollziehbaren Bewertung und Entscheidung, dann liegt damit ein prima facie respektabler ethischer Anspruch vor. Da der intrinsische Wert gerade durch die Selbstbewertung der Person konstituiert wird, kann die Anerkennung des Wunsches zu sterben die angemessenste Weise sein, die Würde und die Persönlichkeit eines Patienten zu respektieren.

Die Debatte um die ethische und rechtliche Zulässigkeit der Sterbehilfe ist weit verzweigt. Sie ist durchsetzt von unsachlicher Polemik, versteckt wertendem Begriffsgebrauch, suggestiver Scheinargumentation und der Verwendung von irreführenden Beispielen. Eine angemessene Erörterung erfordert dem gegenüber die Analyse zentraler Unterscheidungen und Argumentationsformen wie die Differenzierung in (i) aktive und passive, (ii) direkte und indirekte sowie vor allem in (iii) freiwillige, nichtfreiwillige und unfreiwillige Sterbehilfe (siehe dazu Kapitel VIII). Auch die Unterscheidung verschiedener Modelle der Lebensqualitätsbestimmung ist, wie unsere Ausführungen in Kapitel I gezeigt haben, für eine adäquate Erörterung des Problems unverzichtbar.

So liegt der oben skizzierten Ethik der Qualität des Lebens einerseits die Vorstellung zugrunde, daß der Wert des menschlichen Lebens sich im Falle autonomer Personen maßgeblich aus dem subjektiven Wert ergibt. Davon zu unterscheiden ist das Modell eines objektiv lebenswerten Lebens, welches von der Perspektive des jeweiligen Menschen vollkommen unabhängig ist. Wer eine solche Ethik der Qualität des Lebens mit der historischen Ideologie des ›lebensunwerten‹ Lebens, die sich auf rassistische oder pseudowissenschaftliche Prämissen gründet, in einen Topf wirft, der zeigt entweder nur, daß er die vorliegende Argumentation nicht verstanden hat, oder aber, daß es ihm nicht auf rationale Argumentation, sondern auf Demagogie ankommt.[105]

Der Kritik an einer Ethik der Heiligkeit des menschlichen Lebens liegt andererseits die Behauptung zugrunde, daß die Unterscheidungen zwischen Tun und Unterlassen, beabsichtigter und in Kauf genommener Tötung oder aktiver und passiver Sterbehilfe nicht tragfähig sind. Dies muß detailliert gezeigt werden, wenn der Vorwurf begründet werden soll, daß eine Ethik der Heiligkeit des menschlichen Lebens zu einer unangemessenen Praxis führt.[106]

In diesem Kapitel kann eine solche Analyse nicht durchgeführt werden; mir ist an dieser Stelle vielmehr der Hinweis wichtig, daß den in diesem Buch entfalteten Überlegungen eine Ethik der Qualität des menschlichen Lebens zugrunde liegt, der auf der Konzeption der biographischen Identität der Person basiert (und nicht etwa auf einem kruden Hedonismus oder einer verkürzten Form von Präferenzerfüllungstheorien). Diese praktische Identität wird durch das wertende Selbstverhältnis einer Person erzeugt und ist zugleich die Basis und der Adressat unseres Respekts vor der Autonomie der Person. Ein solcher Zugriff auf die Frage der Sterbehilfe findet seine Grenze darin, daß er allein Fälle der *freiwilligen* Sterbehilfe, egal ob in Form aktiver Herbeiführung oder passiven Assistierens beim Suizid, erfaßt, bei denen ein autonomer Wunsch vorliegt. Der andere große Bereich der *nichtfreiwilligen* Sterbehilfe, der sich auf Menschen bezieht, die entweder (zum gegenwärtigen Zeitpunkt oder während ihrer gesamten Existenz) nicht zu autonomen Willensäußerungen in der Lage sind oder faktisch keinen

Wunsch äußern (oder geäußert haben), kann auf diesem Wege nicht erfaßt werden.[107] Dies zeigt jedoch nicht, daß das Prinzip personaler Identität für die biomedizinische Ethik generell unbrauchbar ist, auch wenn sich mit seiner Hilfe nicht alle Probleme behandeln lassen.

2. Patientenverfügungen als Instrument personaler Autonomie

Menschliche Personen zeichnen sich dadurch aus, daß sie über ein Wissen um ihre eigene zeitliche Existenz verfügen und sich wertend zu dieser Existenz verhalten. Außerdem ist es für menschliche Personen charakteristisch, daß sie in Lebensumstände kommen können, in denen sie nicht mehr zur Ausübung ihrer personalen Autonomie in der Lage sind. Weil wir dies vorhersehen können, und weil das Eintreten dieser Situation angesichts der sich verändernden Lebenserwartungen für jeden von uns aufgrund von Demenzerkrankungen im Alter oder den Fortschritten der Intensivmedizin sogar immer wahrscheinlicher wird, ist es sinnvoll, hier Vorsorge zu treffen. Eine der Möglichkeiten, die sich bietet, ist das Ausfüllen sogenannter Patientenverfügungen, in denen von einer Person – möglichst in Zusammenarbeit mit einem betreuenden Arzt – festgelegt wird, welche Behandlung sie in bestimmten Fällen, in denen sie aktual nicht mehr zu kompetenten Entscheidungen fähig sein wird, wünscht bzw. auch nicht durchgeführt haben möchte. Alternativ dazu kann man in einer solchen Verfügung auch bestimmen, welche Person als Stellvertreterentscheider gefragt oder welche Institution zur Wahrung der Interessen des Patienten herangezogen werden soll. Seinen autonomen Willen in Lebensabschnitte hinein zu verlängern, in denen man aktual nicht mehr zur Wahrung personaler Autonomie in der Lage ist, wird ermöglicht durch die biographische Identität von Personen, die sich durch den antizipierenden und wertenden Bezug auf die eigene Zukunft konstituiert. Patientenverfügungen dokumentieren, wie sich eine Person zu den in der Verfügung geschilderten Umständen verhalten hat und verdienen Respekt, weil sie Ausdruck der personalen Lebensführung sind (dies wird in Kapitel IX weiter ausgeführt).

In unserer Gesellschaft läßt sich gegenwärtig ein verstärktes Interesse von (potentiellen) Patienten an solchen Patientenverfügungen feststellen. Dies kann als zunehmendes Bedürfnis nach der Wahrung personaler Autonomie in möglichen zukünftigen Lebensabschnitten gewertet werden. Zugleich ist es sicher Ausdruck der Angst, dem Zugriff einer intensiven Medizintechnologie und einer Lebenserhaltung um jeden Preis schutz- und würdelos ausgeliefert zu sein. Auch auf Seiten der Ärzteschaft steigt zunehmend die Bereitschaft, solche Patientenverfügungen als prima facie bindende Dokumente personaler Selbstbestimmung anzuerkennen. Selbst wenn es bei der konkreten Umsetzung bzw. Interpretation im Einzelfall Probleme geben kann, und auch, wenn diese Verfügungen derzeit noch nicht rechtlich bindend sind, so belegt diese Entwicklung die wachsende Anerkennung des Werts personaler Autonomie: Patientenverfügungen sind aus Sicht der Ärzte attraktiv, weil sie den problematischen Bereich der Fälle, in denen es keine informierte Zustimmung bzw. autonome Entscheidung des Patienten gibt, verkleinern.[108] In einer Gesellschaft, in der das Recht auf Selbstbestimmung immer zentraler und auch für das medizinische Handeln zum Leitmotiv wird, muß jedes Instrument willkommen sein, das es erlaubt, den Geltungsbereich personaler Autonomie auszudehnen. Nicht in dem Sinne, daß sie alle anderen ethischen Gesichtspunkte automatisch dominiert, wohl aber in dem Sinne, daß sie zu einem ethisch relevanten und prima facie respektablen Faktor wird, für dessen Überstimmung es gewichtiger Argumente bedarf. Das Gewicht einer Patientenverfügung wird im konkreten Einzelfall desto größer sein, je besser die in ihr manifestierten Entscheidungen zur Biographie des jeweiligen Patienten passen.[109]

Die Kohärenz der Persönlichkeit verleiht diesen Wertentscheidungen Respektabilität, weil wir in der Achtung dieser Entscheidungen zugleich das Recht der Person achten, ihr Leben auf ihre eigene Weise zu führen.[110] Auch wenn das Prinzip des Respekts vor der personalen Autonomie und der biographischen Identität nicht das Allheilmittel für alle drängenden Probleme der biomedizinischen Ethik sein kann, so kann es doch in zentralen Bereichen diejenigen Wertvorstellungen und ethisch relevanten Aspekte artikulieren helfen, die zum Kernbestand des Wertekonsenses unserer Gesellschaft gehören. Auch wenn man vor Überschätzungen und

Überstrapazierungen seiner Leistungsfähigkeit warnen muß, gibt es bei vorsichtiger, differenzierter und kontextsensitiver Verwendung daher keinen guten Grund, auf den Begriff der Person im Kontext der biomedizinischen Ethik zu verzichten.

V. Klonieren und personale Identität

Ob als Roman, als Film, im Feuilleton, auf der Wissenschaftsseite oder in Form eines Fachbeitrags zur biomedizinischen Ethik – das Klonieren von Menschen ist ein »Modethema«. Dabei ist die Möglichkeit der technischen Durchführbarkeit derzeit noch so weit entfernt, daß ein »Gesetz gegen das Klonen von Menschen [...] genauso sinnvoll wie ein Einwanderungsverbot für Marsbewohner« zu sein scheint. Es muß daher als überraschend (und unüblich) erscheinen, daß dieses Experiment schottischer Tierzüchter nicht nur für einen Aufschrei des Entsetzens in der (westlichen) Welt gesorgt hat, sondern auch sofort Reaktionen von seiten der Politik hervorrief. Das Experiment wurde am 22.2.1997 gemeldet; innerhalb weniger Wochen, am 23.4.1997, hatte eine Expertenkommission in Deutschland eine Stellungnahme im Auftrage des Bundesforschungsministers erstellt und der Bundesminister (am 29.4.1997) eine Erklärung verlautbaren lassen, in der das Klonieren von Menschen als »Angriff auf Freiheit, Menschenwürde und Demokratie« gewertet wird, weshalb notwendige rechtliche Konsequenzen angekündigt werden. In den USA reagierte der Präsident »with astonishing speed« und beauftragte eine bereits bestehende National Bioethics Advisory Commission damit, in kürzester Zeit einen Bericht zur Einschätzung der neuen Lage sowie des Klonierens von Menschen zu erstellen, und sprach bis dahin einen »temporary ban on federal funding of human cloning research« aus. Der Bericht, »created in breathtaking ninety days«, erschien im Juni 1997 und fordert ein drei- bis fünfjähriges Moratorium, um Fragen des Risikos und weitergehende moralische Belange ausführlich erörtern zu können.[111]

Davis erklärt sich die schnelle Reaktion Bill Clintons als den Versuch, mit Blick auf die tiefsitzenden Ängste, die allein schon die Vorstellung des menschlichen Klonierens in der Bevölkerung der

USA hervorrufe, entschlossenes Handeln zu demonstrieren und eine weltweite Führungsrolle zu übernehmen (Davis, *Introduction*). Auch die Stellungnahme von Jürgen Rüttgers signalisiert dem bundesrepublikanischen Bürger, daß dergleichen Dinge von seiten der Bundesregierung auf jeden Fall, konsequent und schnell unterbunden werden, ja eigentlich in politischer Voraussicht schon im Vorfeld unter Strafe gestellt wurden, als eine derartige Möglichkeit noch gar nicht in Betracht gezogen werden mußte. All dies spricht dafür, daß die Vorstellung geklonter Menschen tiefsitzende ethische Intuitionen tangiert, und die Heftigkeit der Reaktionen spricht für die von Jens Reich angedeutete »Flucht vor tiefgreifenden Ängsten«.[112]

In diesem Kapitel wird es nicht um eine allgemeine Einschätzung der ethischen Aspekte des Klonierens von Menschen oder Tieren gehen. Das Ziel ist vielmehr, den Zusammenhang zwischen dem Klonieren des Menschen und der Identität der Person zu untersuchen; daher werden auch Fragen nach dem Klonieren von einzelnen Organen im folgenden nicht beachtet. Dabei soll anhand der Frage, ob Klonieren die Identität der Person gefährdet, der These nachgegangen werden, daß Vorstellungen von der Identität der Person zu den zentralen ethischen Intuitionen gehören, die durch das Klonieren tangiert werden und die »tiefgreifenden Ängste« auslösen. Das Ziel ist nicht in erster Linie eine ethische Einschätzung des Klonierens von Menschen, sondern besteht vielmehr darin, anhand der Analyse der vielfach unterstellten Verbindung von personaler Identität und Klonieren einen Einblick in die moralpsychologischen Zusammenhänge zu gewinnen.

Dazu möchte ich im ersten Teil kurz einige ethische Prämissen benennen, den Sinn der Rede von personaler Identität präzisieren und klären, um wessen personale Identität es eigentlich geht, die intuitiv bedroht sein soll (§ 1). Anschließend wird untersucht, in welchem Sinne die Identität der Person durch das Klonieren von Menschen bedroht sein könnte (§ 2). Abschließend wird kurz erörtert, welche ethischen Konsequenzen aus den Überlegungen dieses Kapitels zu ziehen sind (§ 3).

§1 Ethische Prämissen und begriffliche Klärungen

1. Welche Motive?

In der Stellungnahme von Rüttgers wird das Klonieren des Menschen als intrinsisch ethisch falsch eingeschätzt und kategorisch abgelehnt, weil es mit der Würde des Menschen und deshalb »mit unserer Werte- und Rechtsordnung« (*Klonieren*, S. 183) unvereinbar sei. Seine Argumentation steht dabei in einer kontinentalen Ethiktradition, in welcher der Begriff der Menschenwürde zentral ist und kategorische gegenüber abwägenden Beurteilungen dominant sind.[113] Demgegenüber läßt sich in der anglo-amerikanischen biomedizinischen Ethik die Tendenz zu dem Urteil beobachten, die ethische Akzeptabilität des Klonierens von Menschen von den konkreten Intentionen, Motiven und gesellschaftlichen Rahmenbedingungen abhängig zu machen (Steinbock, *Cloning*). Es kommt in einem solchen auf Abwägungen abzielenden Zugriff daher auf einen differenzierten Blick an, wenn man die ethische Zulässigkeit des Klonierens von Menschen prüfen möchte. Auch wenn es möglicherweise, wovon ich in diesem Beitrag ausgehe, nicht möglich ist, kategorische ethische Verbote in allgemeinverbindlicher Weise philosophisch zu begründen, können auf diese Weise immerhin ethisch relevante Gesichtspunkte und wichtige Unterscheidungen benannt werden.

Im Anschluß an Dena S. Davis (*Cloning*, S. 85 ff.) möchte ich daher zwischen zwei Arten von Motiven unterscheiden: *Logistische* Motive sind solche, in denen es allein darum geht, daß ein menschliches Individuum zur Existenz kommt, z. B. wenn sich ein Ehepaar nach Abwägung aller Optionen dafür entscheidet, durch Klonieren ein Kind ›in die Welt zu setzen‹. Davon unterschieden sind *Verdopplungs*motive, bei denen die genetische Replikation selbst der gewünschte Aspekt ist. Die Gründe dafür, eine solche genetische Verdopplung zu wollen, können – um mit den irrigen Vorstellungen zu beginnen – der Wunsch nach der Kopie eines berühmten Vorbildes oder des Ersatzes für ein verstorbenes Kind sein (irrig, weil auch beim Klonieren keine 100%-ige genetische Identität vorliegt und Gene die Identität nicht vollständig determinieren). Weniger irrig wäre das Motiv, einen potentiellen Organspender zu gebären; und der am wenigsten von den realen Möglichkeiten entfernte Grund besteht darin, durch die Auswahl des genetischen Materials bestimmte körperliche Merkmale, die gewünscht werden, beim Kind zu erzielen. Zwischen logistischen und Verdopplungsmotiven zu unterscheiden ist wichtig, da es alles andere als klar ist, daß immer nur der Wunsch nach einer exakten Kopie eines (berühmten) Originals das Motiv ist, und man daher nicht in jedem Fall davon ausgehen kann (oder muß), daß ein geklonter Mensch »nur akzeptiert [wäre] wegen der Übereinstimmung seiner genetischen Identität mit einer anderen und nicht um seiner eigenen ›fremden‹ Identität wegen« (so Eser et al., *Klonierung*, S. 175). Selbst wenn eine auf die intrinsische Falschheit bestimmter Intentionen abzielende kategorische Ablehnung in der philosophischen Ethik durchführbar ist, wäre sie mit Bezug auf das Klonieren von Menschen also möglicherweise nur für einen Teil der Fälle gültig. Mit Bezug auf unsere Fragestellung ist prima facie klar, daß gerade die Vorstellung eines ununterscheidbaren Doppelgängers den Bezug zur personalen Identität herstellt.

2. *Welche Identität?*

Die Rede von personaler Identität ist, wie im vorangegangenen Kapitel bereits ausgeführt, mehrdeutig und mit verschiedenen Fragestellungen in der Philosophie verbunden.[114] Daher müssen wir uns fragen, in welchem Sinne von ›Identität‹ das Klonieren eines Menschen die personale Identität gefährden könnte.

Personalität: Ist mit personale Identität gemeint, daß eine Entität zu der Menge der Personen gehört, weil sie die dazu notwendigen Eigenschaften und Fähigkeiten in genügendem Ausmaße aufweist, wird das Klonieren die Identität der Person nicht verletzen – Resultat eines bestimmten (Re-)Produktionsvorganges zu sein, kann, bei Vorliegen aller sonstigen Eigenschaften und Fähigkeiten, sicher kein Ausschlußgrund sein, aufgrund dessen einem geklonten Menschen der Status einer Person aberkannt werden müßte oder dürfte.[115]

Personale Identität im ontologischen Sinne: Ist mit Identität numerische und diachrone Identität gemeint, lautet die Frage, ob ein Klon und sein Doppelgänger ein oder zwei Individuen sind. Für den Fall, daß beide zu einem Zeitpunkt gleichzeitig existieren, lautet die Antwort klarerweise: zwei Individuen! Existiert das ursprüngliche Individuum nicht mehr, stellt sich die Frage, ob ein Klon mit seinem Vorgänger in der Zeit identisch oder ein separates Individuum ist. Auch dies ist klarerweise dahingehend zu beantworten, daß ein sogenannter ›Nachfolgeklon‹ sicherlich eine eigene separate Entität ist, da er sowohl hinsichtlich seiner physischen als auch hinsichtlich seiner psychischen Merkmale nicht in einer kausalen Kontinuitätsbeziehung zu seinem Vorgänger steht.

Personale Identität im biographisch narrativen Sinne: Personale Identität kann aber auch im Sinne des evaluativen Selbstverständnisses einer Person von ihrer Existenz durch die Zeit hindurch, also als narrative oder biographische Identität verstanden werden. Fragt man nach dem Charakter, dem Selbstbild oder der Persönlichkeit eines Menschen, oder fragt man danach, wer man selbst eigentlich ist oder sein will, dann bezieht man sich auf die biographische Identität einer Person (es ist diese Ebene der personalen Identität, die in Biographien und Autobiographien dargestellt wird). Nun ist die Frage, ob das ›Klonsein‹ damit unvereinbar ist, ein solches Selbstverständnis als Person auszubilden, vielleicht aufgrund eigener Überzeugungen des Klons, vielleicht aufgrund von Einstellungen und Erwartungen, die im sozialen Kontext an ihn herangetragen werden. Dieser Sinn von personaler Identität im Sinne eines sozial konstituierten, evaluativen Selbstverständnisses als einer Person, die ein *eigenes* Leben führt, ist am ehesten der Kandidat für die Rekonstruktion der Intuition, Klonieren gefährde die Identität der Person.

Personalität als Ideal: In einer vierten Verwendungsweise meint man mit Personalität oder personaler Identität keine faktisch vorliegenden psychischen Eigenschaften oder Fähigkeiten, sondern beschreibt ein Ideal, welches von normalen Personen angestrebt und in der Regel in hinreichendem Maße erfüllt wird. Dieses Ideal verlangt, ein kohärentes Überzeugungs- und Wunschsystem zu haben, stabile und verläßliche Charaktereigenschaften auszubilden und keine Überzeugungen, Wünsche oder Wertvorstellungen zu übernehmen, die nicht in rationaler und selbstbestimmter Weise erworben worden sind. Es ist in der biomedizinischen Ethik wichtig, diese ›ideale‹ Verwendung von der realistischen Verwendung des Personbegriffs zu unterscheiden und letztere zum Ausgangspunkt der ethischen Erörterung zu machen. Zumindest werde ich dies im folgenden voraussetzen und nur die narrative Identität der Person als in Frage kommenden Kandidaten in Betracht ziehen.

Wenn man also davon ausgeht, daß es die biographische oder narrative Identität ist, die mit der Vorstellung des klonierten Menschen in Konflikt gerät, dann muß als nächstes geklärt werden, um wessen Identität es geht. Möglicherweise ist es nicht (nur) die biographische Identität des Klons, sondern auch die anderer Personen, die hier bedroht ist.

3. Wessen biographische Identität?

In der Literatur werden verschiedene Szenarien entworfen, um die Frage der ethischen Zulässigkeit des Klonierens von Menschen zu diskutieren. Dabei wird der Fall der logistischen Motivation von den Kritikern zumeist ausgeblendet und die verschiedenen Varianten des Verdopplungsmotivs werden durchgespielt. In diesen Szenarien kommen verschiedene Agenten vor[116]:

(Fall I) X wünscht ein Kind Y mit dem genetischen Material des verstorbenen Z, Y ist der genetische Nachfolger von Z

(Fall II) X wünscht ein Kind Y mit dem genetischen Material des lebenden Z, Y ist der ›verspätete‹ Zwilling von Z

Für beide Arten von Szenarien lassen sich folgende drei Fälle unterscheiden:

(1.) Z ist X selbst.
(2.) Z ist ein ›besonderer‹ Mensch, der mit X in keiner näheren sozialen Beziehung steht.
(3.) Z steht mit X in einer näheren ›persönlichen‹ Beziehung.

Bei der Bewertung aller Szenarien gibt es noch einen weiteren zu beachtenden ›Agenten‹, den Beobachter B, der diese möglichen Szenarien betrachtet. Er wird sich zur ethischen Bewertung in die verschiedenen Agenten der Szenarien hineinversetzen und dabei seine eigenen Intuitionen hinsichtlich personaler Identität mitbringen.

Der grundlegende Unterschied zwischen den Fällen I und II besteht darin, daß in II der geklonte Mensch und sein genetisches Double (zumindest) eine Zeit lang gleichzeitig existieren, wenn auch die Existenz des Klons später beginnt, während in I keine solche zeitliche Überlappung vorliegt. Im ersten Fall spreche ich von einem genetischen Nachfolger, im zweiten Fall von einem ›verspäteten‹ Zwilling.

Die drei möglichen Fälle der beiden Szenarien erfassen die verschiedenen Verdopplungsmotive. So kann X, in grenzenloser Selbstüberschätzung seiner genetischen Werthaftigkeit (vgl. die Samenbanken für Nobelpreisträger oder Heroen der Kulturindustrie), in der irrigen Annahme, auf diesem Wege unsterblich zu werden, oder in der weniger irrigen Annahme, auf diesem Wege bestimmte seiner physischen Merkmale in der Welt auszubreiten, einen genetischen Nachfolger von sich selbst wollen (I.1); oder X kann aus diesen Gründen wollen, daß ein von ihm verschiedener Mensch Z einen solchen Nachfolger erhält (I.2). Schließlich kann das Motiv auch sein, den Verlust eines Menschen durch einen Nachfolgeklon zu kompensieren (I.3).

Die Fälle von Szenarium II lassen als Motiv zu, für sich selbst (II.1) oder für Z (II.2) die Gewißheit, daß die Maßnahme erfolgreich ist, zu haben (oder ein Double für irgendwelche nützlichen Zwecke). Vor allem aber läßt sich hier denken, daß ein solcher ›verspäteter‹ Zwilling als möglicher Organspender oder ähnliches für X selbst (II.1) oder für Z (II.2 und 3) gedacht ist.[117]

Es ist klar, daß für die ethische Bewertung dieser Fälle die unterschiedliche ethische Qualität der Verdopplungsmotive relevant ist (sofern man nicht eine rein konsequentialistische Ethik vertritt). So wird z. B. der eher altruistische Fall, in dem Eltern für ihr krankes Kind einen ›verspäteten‹ Zwilling zwecks Knochenmark- oder Organspende haben möchten, anders bewertet werden als der Fall, in dem jemand von und für sich selbst einen solchen Klon erzeugen lassen will. Für unsere Fragestellung ist aber nur relevant, wessen biographische Identität hier möglicherweise in Gefahr ist. Es gibt die Kandidaten X, Y, Z und B. Solange man den kulturellen Kontext konstant hält, kann man B unter der Bedingung, daß sein Selbstverständnis davon, was es heißt, eine biographische Identität zu haben, nicht von dem der anderen abweicht, vernachlässigen. Bs

Reaktion auf die verschiedenen Fälle wird allerdings nicht frei sein von seinen individuellen Wertvorstellungen und Charaktermerkmalen, so daß verschiedene Beobachter möglicherweise in einzelnen Fällen bei der Abwägung zu unterschiedlichen Resultaten kommen werden, die in ihrer jeweiligen Individualität begründet sind.

§2 Klonieren und personale Identität

Blendet man den Fall des hypothetischen ›Geklontwerdens‹, d.h. die ethischen Aspekte, die allein schon das Wissen um die Möglichkeit, geklont zu werden, aufweist, aus und hält das Verständnis von biographisch narrativer Identität zwischen den Beteiligten konstant, dann kommen die biographische Identität von X, Y und Z als möglicherweise gefährdete in Betracht.

Fragt man sich, in welchem Sinne die biographische Identität der beteiligten Personen gefährdet sein könnte, so ist generell auf die Gefahr für alle Beteiligten hinzuweisen, die in einer Instrumentalisierung des Klons (z.B. als eines Organspenders) besteht. Damit wird ein zentrales Element unseres normativen Selbstverständnisses tangiert: Personen sollen nicht nur als Mittel, sondern auch als Selbstzweck geachtet werden. Im Falle von logistischen Motiven ist allerdings nicht zu sehen, weshalb hier eine generelle Instrumentalisierung beabsichtigt sein oder vorliegen sollte. Auch in den Fällen der Verdopplungsmotivation muß man fragen, ob auf diese Weise X (bzw. Z) den Klon lediglich als Mittel ansieht, so daß dieser in seiner Würde und Selbstachtung gefährdet wäre, oder ob sie Y auch als individuelle Person respektiert. Im letzteren Fall, welcher der wahrscheinlichere ist, kann aus der möglichen Instrumentalisierung weder eine generelle Gefährdung eines zentralen Elementes unseres personalen Selbstverständnisses abgeleitet, noch darauf geschlossen werden, daß Y seine eigene Existenz als ausschließlich fremdbestimmt erleiden wird. Partielle Instrumentalisierung und die faktische Ausbildung einer biographischen Identität kollidieren nicht; es ist sogar fraglich, ob das Ideal der Persönlichkeit, im Gegensatz zum Ideal der Liebe beispielsweise, eine partielle Instrumentalisierung wirklich ausschließt. Das Argument, von der partiellen Instrumentalisierung generell auf die Verletzung der Menschenwürde des Klons zu schließen, geht daher fehl. Es hängt von den einzelnen Fällen und den konkreten Umständen ab, ob ein Ausmaß an Instrumentalisierung vorliegt, das ethisch inakzeptabel ist, oder nicht. Ein kategorisches Argument läßt sich so nicht begründen. Das Klonieren gehört sicher, wie entfremdete Arbeit auch, zu den Lebensumständen und Existenzbedingungen, die ein Maß an Instrumentalisierung, das die Ausbildung einer autonomen Persönlichkeit erschwert oder gar verhindert, erzeugen können; notwendig ist dies aber nicht. Erweitert man den Fokus von der personalen Identität auf die Frage nach einem normativen Selbst- und Naturverständnis, dann ist allerdings in der zunehmenden Technisierung der Natur, zu der das Klonieren von Tieren sicher gehört (und das von Menschen gehören würde), ein ethisch relevanter Aspekt.[118]

Es gibt aber zwei andere Weisen, einen Konflikt zwischen dem Klonieren von Menschen und biographischer Identität aufzuzeigen. Das erste Argument begründet diesen Konflikt damit, daß ein Zuviel an Wissen über die eigene Zukunft die Ausbildung einer eigenen biographischen Identität erschwert oder verhindert.[119] Dieser Einwand zielt auf die Identität des Klons Y, nicht auf die der anderen beteiligten Personen.

Das andere Argument versucht zu zeigen, daß es zwischen dem Anspruch von Individualität und Unverwechselbarkeit von Personen und dem Klonieren von Menschen einen Konflikt gibt. Dieser Konflikt kann potentiell bei allen Beteiligten entstehen.

1. Wer zu spät kommt …

Ein menschlicher Klon, egal ob als ›verspäteter‹ Zwilling oder als genetischer Nachfolger, wird immer der folgenden Situation ausgesetzt sein: Andere verfügen über Informationen (z. B. genetische Defekte) bezüglich seines genetischen Vorgängers, er selbst verfügt entweder ebenfalls über diese Informationen oder muß entscheiden, ob er über sie verfügen will oder nicht; außerdem besteht die Gefahr, daß er sich möglicherweise gegen diesen Wissenserwerb nicht wehren kann. Die zeitliche Verzögerung, die nicht nur beim Klonieren auftreten kann, sondern auch bei der späteren Implantation einer befruchteten und konservierten Eizelle, verringert das Unwissen einer Person über ihre genetischen Startbedingungen. Daher ist Jonas zuzustimmen, daß sich in diesem Kontext die Frage nach einem Recht auf Nichtwissen stellt.[120] Dieses Argument ist nicht dem Einwand ausgesetzt, hier werde ein vollständiger genetischer Determinismus vorausgesetzt (so etwa von Pechmann, *Klonen*, S. 46 f.). Es reicht aus, wenn sich das Wissen auf solche Merkmale beschränkt, die genetisch determiniert und für die Lebensführung eines Individuums von Belang sind. Zur biographisch narrativen Identität gehört der *Glaube* daran, sein eigenes Leben selbstbestimmt gestalten zu können. Diese konstitutive Bedingung wäre gefährdet, wenn das Ausmaß an wirklicher oder mutmaßlicher Prognose zu groß würde. Nicht das Recht auf eine genetisch einmalige Verfaßtheit, sondern das Recht darauf, sein Leben als zukunftsoffen und zu gestaltendes begreifen zu können, bildet den Zielpunkt der Kritik von Jonas. Und damit ist sicher ein zentrales Element biographisch narrativer Identität vom menschlichen Klonieren getroffen.

Jonas (*Klonieren*, S. 188 ff.) geht davon aus, daß ein dem geklonten Menschen aufgezwungenes Wissen auf jeden Fall nur zu seinem Nachteil sein wird, so daß er – anders als gleichzeitige Zwillinge – unter seiner Situation leiden und es schwer haben wird, sein Leben als sein eigenes und gestaltungsoffenes begreifen zu können (zur Situation bei gleichzeitigen Zwillingen vgl. Segal, *Cloning*). Mit bezug auf die Möglichkeit, eine biographische Identität auszubilden, ist der Einwand von Jonas jedoch zu stark. Zum einen wird die Autonomie der Person nicht generell durch dieses Wissen gefährdet, da die biographische Identität gerade darin besteht, sich zu diesen Startbedingungen und natürlichen Vorgaben verhalten zu können. Zweitens hängt es vom individuellen Charakter ab, ob ein solches Wissen als Einschränkung oder als Grundlage einer autonomen Lebensführung erlebt wird. Ein solches Wissen kann Planungssicherheit und Entscheidungskriterien genauso liefern wie eine Belastung für die eigene biographische Zukunft darstellen. Und drittens erstrecken sich die genetischen Dispositionen nicht auf alle Aspekte der Persönlichkeit und des eigenen Lebens, so daß der für biographische Identität konstitutive Glaube daran, *ein eigenes Leben zu führen*, auf diese Weise nicht unmöglich gemacht wird.

Jonas ist daher darin zuzustimmen, daß das Klonieren des Menschen – als Paradigma für die Humangenetik – eine philosophische Erörterung der Reichweite und Grenzen eines Rechtes auf Nichtwissen erforderlich werden läßt (siehe dazu auch Kapitel VII). Und es ist auch richtig, daß ein gewisses Maß an Nichtwissen (bzw. die Möglichkeit des Glaubens an eine offene Zukunft) notwendig sind, um ein Leben als Person zu führen. Dieses wird aber, solange man nicht einem strikten genetischen Determinismus verfällt, durch Klonieren nicht ausgeschlossen. Daher ist der Einwand von Jonas zwar berechtigt, trifft aber nicht nur speziell den geklonten Menschen. Eine generelle Unvereinbarkeit von Personalität und Klonieren ergibt sich auf diesem Wege nicht, wohl aber eine Spannung zwischen dem Glauben an die autonome Gestaltung des eigenen Lebens und dem Zuwachs an Wissen über die eigene genetische Identität. Diese Spannung nimmt bei ›verspäteten‹ Zwillingen und genetischen Nachfolgern sicher zu. Ob sie über ein vertretbares Maß hinausgeht, kann nur in konkreten Fällen entschieden werden.

2. *Aber mich gibt's nur einmal für Dich?*

Die biographische Identität einer Person bildet sich in sozialen Bezügen und »personalen Beziehungen« (LaFollette, *Personal Relationships*) aus, die zu einem großen Maße durch emotionale Bindungen konstituiert sind. Liebe ist dabei – in ihren unterschiedlichen Formen (vgl. Rorty, *Love*) – vielleicht die zentralste Bindung. In ihrer romantischen Form (vgl. dazu Izenberg, *Individuality*) zeichnet sie sich durch das Bedürfnis nach Anerkennung der unverwechselbaren Individualität aus. Die Frage: »Warum liebst Du mich?« stellt den so Gefragten vor ein unlösbares Dilemma: Nennt er Eigenschaften als den Grund seiner Liebe, wird die Fragende unzufrieden sein, weil sie nicht um irgendwelcher ihrer Eigenschaften, sondern um ihrer selbst willen geliebt werden will. Denn was würde passieren, wenn eine andere Person auftauchte, die diese Eigenschaften ebenfalls aufwiese? In der sprachanalytischen Philosophie hat man zwischen der Liebe *de dicto*, die sich auf Eigenschaften der geliebten Person richtet, und der Liebe *de re*, welche die Person in ihrer Individualität jenseits aller Eigenschaften zum Gegenstand hat, unterschieden (siehe Kraut, *Love*). Ob sich die Liebe von Alkmene auf ein Set von Eigenschaften, die Amphitryon hat, bezieht, oder auf ihn als solchen, ist eine Frage; *daß* unser modernes Verständnis von Individualität, Unverwechselbarkeit oder Partikularität (vgl. Bernstein, *Love*) sich in dem Bedürfnis manifestiert, um seiner selbst willen geliebt zu werden, ist dagegen evident. Damit stellt sich ein epistemisches Problem für den, dem diese Liebe abverlangt wird: Gesetzt den Fall, Alkmene würde mit einem hinsichtlich der intrinsischen Eigenschaften typidentischen Doppelgänger Z-Amphityron konfrontiert, der sich vom Original nur dadurch unterscheidet, daß er nicht dessen kausale Vorgeschichte hat, ansonsten aber über alle relevanten Informationen (Erinnerungen etc.) verfügt.[121] Macht Alkmene etwas falsch, wenn sie Z-Amphitryon liebt? Darf Amphitryon sich von Alkmene betrogen fühlen, an ihrer Liebe zu *ihm* zweifeln und dabei so argumentieren, sie liebe ja gar nicht ihn selbst, sondern nur sein Muster von Eigenschaften?[122] Hat Alkmene etwas falsch gemacht, obwohl sie aufgrund der (göttlichen) Täuschung entschuldigt ist? Klar ist, daß Amphitryon sich durch die Existenz von Z-Amphitryon in einem zentralen Element seiner biographischen Identität bedroht fühlen muß. Die Möglichkeit, in den für seine biographische Identität konstitutiven personalen Beziehungen durch einen Doppelgänger ersetzt zu werden, ist eine Bedrohung für *seine* personale Identität.

Wie steht es mit Alkmene?[123] Auch für sie stellt dieses Szenarium eine doppelte Bedrohung dar. Zum einen muß auch sie mit der Möglichkeit rechnen, durch eine Göttin ersetzt zu werden. Zum anderen ist sie dadurch, daß Amphitryon durch Z-Amphitryon ersetzt worden ist, in ihrer biographischen Identität gefährdet, weil die personalen Beziehungen zu Amphitryon selbst konstitutiv für ihre Identität sind. Das Doppelgängerszenarium bedroht daher nicht nur die Person, die ersetzt wird, sondern auch die Person, in deren Umfeld ein solcher Austausch stattfindet. Der historisch-externale Charakter der Liebe ist konstitutiv für die Partikularität, Individualität und Unaustauschbarkeit der Person. Die Substitution der sozialen Bezugspersonen untergräbt damit, obwohl aus der Binnenperspektive nicht feststellbar, die Identität der getäuschten Person.

Es ist sicher kein Zufall, daß in gegenwärtigen Beiträgen der Doppelgänger nicht göttlichen Ursprungs, sondern ein Klon ist, gleichsam ein Zeus im Zeitalter der biotechnischen (Re-)Produzierbarkeit (so etwa bei Kraut, *Love*, S. 428). Die Vermutung, daß die Vorstellung eines geklonten Menschen – in umgekehrter Richtung – die Intuitionen abruft, die im Fall der Alkmene im Spiel sind, liegt nahe. Sie läßt auch plausibel werden, weshalb die Angst- und Abwehrreaktion gegenüber dem geklonten Menschen so weit verbreitet ist: Sie berührt den Bereich emotionaler sozialer Beziehungen, die konstitutiv sind für die Ausbildung einer biographischen Identität. Auch der Klon selbst wird, weil er – anders als Zeus – seine Doppelgängerrolle nicht gezielt zur Erlangung eines Vorteils einnimmt, in seiner biographischen Identität verletzt. Es ist nicht er, um den es geht, sondern gemeint ist das Original, dessen Ersatz er ist. Dies reicht für die Liebe *de re* einfach nicht aus. Der Beobachter wird intuitiv die biographische Identität von X, Y und Z als bedroht erleben. Auch wenn im Falle des Klonierens eine zeitliche Verzögerung vorliegt, bleibt diese Intuition wach. Für den geklonten Menschen Y gilt, daß er der Ersatz oder der Doppelgänger ist. Für Z gilt, daß er entweder nach seinem Ableben durch einen genetischen Nachfolger ersetzt werden wird[124], oder aber, daß er schon zu Lebzeiten in seinem ›verspäteten‹ Zwilling den Konkurrenten heranwachsen sieht. Nur für den Auftraggeber X, sofern er nicht mit Z identisch ist, überlagern sich die Intuitionen im Falle des Klonierens einer Person, zu der eine konstitutive persönliche Beziehung besteht oder bestanden hat. Die Intuition einer potentiellen Gefahr, ersetzt zu werden, und das Gefühl einer faktischen Gefährdung durch ausgetauschte Bezugspersonen steht neben der Hoffnung, Ersatz für einen drohenden oder bereits eingetretenen Verlust zu erhalten. Kein Wunder also, daß das Verdopplungsmotiv auf seiten von X dort am reinsten und ungebremst zum Tragen kommt, wo zwischen X und Z keine die biographische Identität von X konstituierende persönliche Beziehung zu Z vorliegt. Hier wird die Hoffnung auf die Kompensation eines Verlustes nicht durch die gegenläufige Intuition gehemmt, die eigene biographische Identität zu gefährden.

Natürlich würde das Klonieren des Menschen nicht zu einem massenhaften Auftreten von Alkmenefällen führen. Die aufgeklärten Antworten auf die soeben geschilderten Intuitionen betonen zu Recht, daß es keine solchen Doppelgänger geben wird (stellvertretend Kitcher, *Jeden*). Aufgrund der Tiefe der hier angesprochenen Ängste und Intuitionen ist aber nicht zu erwarten, daß das Unbehagen wirklich verschwinden wird. Auch wenn die Intuition, daß das Klonieren von Menschen die biographische Identität der beteiligten Personen untergräbt, auf irrigen Annahmen beruht, wird sie sich schwerlich beseitigen lassen. Das manifestiert sich darin, daß man selbst nach kritischer Aufklärung und Entkräftung der auf diesen Intuitionen beruhenden Einwände daran festhalten möchte, lieber keine Menschen zu klonieren. Auch wenn die Argumente sich als schwach erwiesen haben, bleibt die dahinter liegende Intuition lebendig und stark.

§3 Fazit

Es gibt also (mindestens) zwei Weisen, auf die das Klonieren von Menschen unser Selbstverständnis von personaler Identität im Sinne der biographischen Identität gefährdet. Die *erste*, die das Klonieren generell mit den diagnostischen und prognostischen Möglichkeiten der Humangenetik und den alternativen Möglichkeiten der Reproduktionsmedizin teilt, besteht in einem möglicherweise unerwünschten Wissen um die eigene Zukunft. Diese Gefahr, die eine Diskussion um ein Recht auf Nichtwissen erforderlich macht, basiert nicht auf der fälschlichen Prämisse eines genetischen Determinismus der Persönlichkeit. Sie kann und muß losgelöst von der Frage nach dem Klonieren von Menschen diskutiert werden, da sie schon real ist. Sie lediglich mit Bezug auf das Klonieren von Menschen zu erörtern, hieße, sie nicht Ernst genug zu nehmen. Mag das Klonieren von Menschen auch ferne Zukunft sein, das Potential genetischen Wissens und die Möglichkeit ›verspäteter‹ Zwillinge sind es nicht. Ein kategorischer Einwand läßt sich auf diesem Wege nicht formulieren, wohl aber ein Anforderungskatalog an diejenigen sozialen Umstände, die vorliegen müssen, damit ein solches verfügbares Wissen nicht Freiheit, Chancengleichheit und Solidarität zerstört (vgl. Wiesing & Schonauer, *Prognose*). Die Frage, ob ein solches genetisches Wissen einer Person ihre Autonomie und ihr Recht auf eine offene Zukunft verletzt, läßt sich nicht generell beantworten: Autonomie und biographische Identität entstehen in der Art und Weise, in der ein Subjekt sich zu seinen (wie immer zustande gekommenen) natürlichen Vorgaben verhält. Wo der eine in einem größeren Wissen Freiheit gefährdet sieht, wird die andere möglicherweise eine größere Planungssicherheit und eine verbesserte Basis für Selbstbestimmung erblicken (siehe dazu Kapitel VII). Auf jeden Fall ist, aufgrund der Falschheit des genetischen Determinismus, genügend Variabilität übrig, um eine autonome Lebensführung mit einem genetischen Wissen um die eigene Zukunft vereinbar zu machen. Hier kann es keine generellen Rezepte geben. Philosophische Erörterungen können nur die Funktion haben, die möglichen Zusammenhänge und eventuelle begriffliche ›Fallstricke‹ aufzuzeigen.

Die *zweite* Weise, in der das Klonieren von Menschen mit der Identität der Person zu kollidieren vermag, setzt dagegen den irrigen Glauben an den genetischen Determinismus voraus. Das vor allem in der gegenwärtigen westlichen Kultur stark entwickelte Bedürfnis nach Nichtaustauschbarkeit und Unverwechselbarkeit, nach Originalität und Authentizität[125], kollidiert mit der Vorstellung eines Doppelgängers und ruft die Ängste hervor, auswechselbar zu sein. Wie tief dies in das Zentrum unseres Selbstverständnisses als individuelle Personen reicht, hat die Analyse des Phänomens der Liebe deutlich werden lassen. Auch wenn die Liebe als Emotion in ihren Erscheinungsformen selbst von dem historischen und sozialen Kontext abhängt (Rorty, *Love*) und damit wandelbar ist, liegt hier doch ein beträchtliches Konfliktpotential. Die Heftigkeit der Reaktionen auf das Klonieren von Menschen, auch wenn diese auf irrigen empirischen Voraussetzungen und surrealistischen Bildern aufruhen, spricht für die ›Tiefe‹ der aufgewühlten Ängste. Eine Korrektur der falschen empirischen Annahmen wird nur schwerlich in der Lage sein, diese Intuitionen auszublenden und damit das Unbehagen zu beseitigen. Selbst wenn dies gelänge, bliebe in Rechnung zu stellen, daß die Praxis des Klonierens von Menschen eine schleichende Erosion unseres Selbstverständnisses als individueller Personen nach sich zöge. Dieses Selbstverständnis ist zwar ohnehin wandelbar und damit kein geeignetes Fundament für die Begründung einer kategorischen Ablehnung. Dennoch sollten wir uns fragen, ob wir dieses Selbstverständnis und sein ethisches Potential preisgeben wollen. Eine Antwort hierauf erfordert eine gründliche Analyse der Konsequenzen, die sich in einer Gesellschaft mit größerem humangenetischem Wissen und weiterentwickelten Reproduktionstechniken für das Selbstverständnis von Personen möglicherweise ergeben werden.

Insgesamt konnten unter dem hier gewählten Blickwinkel nur einige der ethisch bedeutsamen Aspekte des Klonierens angesprochen werden. Der Fokus auf die Identität als Person beschränkte die Fragestellung mindestens auf menschliche Wesen und ließ daher die Problematik des Klonierens einzelner menschlicher Organe und das Klonieren von Tieren außen vor. Auch die Einordnung in den größeren Zusammenhang der Instrumentalisierung der Natur als solcher konnte in diesem Rahmen nicht erfolgen (Siep, *Dolly*). Die hier gewählte Perspektive läßt aber den Schluß zu, daß die zunehmende Technisierung auch der menschlichen Natur im menschlichen Selbstverständnis qua Person ihren Niederschlag finden wird. Mag hier auch vieles, vielleicht sogar das meiste, auf irrigen empirischen Annahmen und möglicherweise irrationalen Intuitionen beruhen, so berührt die Vorstellung des geklonten Menschen doch auf intime Weise unser Bild von uns selbst. Ob die tiefe Verankerung dieser Intuitionen für sich eine hinreichende Basis ist, das Klonieren des Menschen generell zu verbieten, vermag ich nicht zu entscheiden. Im Verbund mit den anderen Aspekten, die das Klonieren von Menschen (und Tieren) ethisch bedenklich machen, und angesichts der Tatsache, daß diese technische Option nicht ohne enormen Einsatz weiterer Ressourcen zu entwickeln sein wird, sofern sie überhaupt eine reale Option darstellt, erscheint es jedoch als angemessener, nicht auf diesem Wege weiterzuschreiten. Denn beides, sowohl die Verletzung unserer tiefsitzenden Intuitionen als auch deren Korrektur würden eine Revision unseres Selbstverständnisses erzwingen, die über das Maß hinausgeht, welches uns in der Humangenetik ohnehin schon – und mit besseren Gründen und Aussichten auf möglichen Nutzen – auferlegt wird. Bewertet man das Klonieren des Menschen daher insgesamt nicht nur aus der hier gewählten Perspektive, sondern aus der »Perspektive einer Theorie des guten Lebens« (von der Pfordten, *Klonierung*, S. 16), dann sollte man die Finger davon lassen.

VI. Selbst-Manipulation?

§1 Einleitung

Die technischen Möglichkeiten, die verschiedenen Funktionen des Gehirns zu beeinflussen, um auf diesem Wege eine Verbesserung der mentalen Prozesse zu erreichen, erweitern sich im Zuge des Erkenntnisfortschritts gegenwärtig enorm.[126] Solche aktiven Eingriffsmöglichkeiten gehen über die sich ebenfalls abzeichnenden Möglichkeiten der ›Messung‹ mentaler Vorgänge und die sich damit ergebenden Kontrollmöglichkeiten hinaus.[127] Denn diese Eingriffsmöglichkeiten lassen sich nicht nur dazu nutzen, mentale Fehlfunktionen oder Ausfälle bei kranken Personen zu kompensieren. Auch die Möglichkeit einer Verbesserung der mentalen Ausstattung von ›normalen‹ Individuen rückt in den Bereich des Möglichen.

Damit wirft die Option des Neuro-Enhancement einerseits die allgemeinen ethischen Probleme auf, die mit dem Einsatz neuer technischer Möglichkeiten oder Therapien immer verbunden und vom Problem des Enhancement abzukoppeln sind; dies gilt z. B. für Risikoabwägungen oder Fragen des gerechten Zugangs zu diesen Optionen (vgl. Farah et al., *Enhancement*). Darüber hinaus stellen sich speziellere Fragen, die im Kontext von Enhancement aber immer noch in allgemeiner Weise diskutierbar sind. Deutlich wird dies daran, daß sich die Argumente hier weitgehend analog zur Debatte um humangenetische Therapie und humangenetisches Enhancement strukturieren lassen.[128] Dies gilt z. B. für die Frage nach der ethischen Signifikanz des Unterschieds von Therapie und Enhancement[129], oder für die Frage nach der ethischen Signifikanz des Unterschieds von natürlichen Verbesserungsprozessen (Erziehung, mentales Training) und technischem Eingriff.[130] Die ersten Ansätze zur Diskussion des Neuro-Enhancement belegen, daß gegenwärtig die allgemeinen ethischen Aspekte des Enhancementproblems im Vordergrund stehen.[131]

Andererseits stellen sich im Bereich des Neuro-Enhancement jedoch auch spezifische Fragen, denn die mentale Ausstattung von menschlichen Individuen berührt in besonders enger Weise unsere Vorstellungen von personaler Identität. Unbestreitbar gehören das Erinnerungsvermögen oder die emotionale Verfaßtheit einer Person nicht nur, wie etwa die Grundausstattung mit kognitiven Funktionen, zu den allgemeinen Bedingungen der Personalität, sondern sie sind auch, in ihrer jeweils individuellen Ausprägung, konstitutive Bestandteile der Persönlichkeit einer Person. Die Möglichkeit, hier mittels technischer Optionen direkt einzugreifen, berührt daher unsere Vorstellung von dem Zustandekommen der individuellen Persönlichkeit einer Person. Genauer gesagt ergibt sich über die Einschätzung von Neuro-Enhancement als eine Form der (Selbst-) Manipulation ein Zusammenhang zu unseren Intuitionen bezüglich personaler Autonomie und Authentizität. Die damit einhergehenden spezifischen Fragestellungen betreffen dabei nicht in erster Linie die konkreten Aspekte der real bereits existierenden technischen Möglichkeiten, sondern verweisen auf konzeptuelle Spannungen in unseren Vorstellungen von personaler Identität und personaler Autonomie, die durch die Entwicklung von solchen Handlungsmöglichkeiten wie des Neuro-Enhancement spürbar werden und zu Konflikten innerhalb unserer ethischen Intuitionen führen.[132]

In diesem Kapitel möchte ich einige dieser zuletzt genannten konzeptuellen Spannungen aufzeigen und der Frage nachgehen, in welcher Form die sich unter dem Stichwort »Neuro-Enhancement« abzeichnenden Handlungsoptionen uns dazu zwingen, unsere Vorstellung von personaler Autonomie zu verfeinern oder gar zu modifizieren. Obwohl ich dabei im ersten Schritt auf die klassische Debatte um die Freiheit des menschlichen Willens Bezug nehmen werde, geht es mir in diesem Beitrag *nicht* um den Streit zwischen Kompatibilisten und Inkompatibilisten, sondern um den spezifischeren Zusammenhang von Neuro-Enhancement und personaler Autonomie.[133] Dieser aber stellt, wie ich im folgenden ausführen werde, sowohl in einer libertarianistischen wie in einer kompatibilistischen Konzeption der Autonomie ein Problem dar.

§2 Neuro-Enhancement und die Vereinbarkeit von Freiheit und Determinismus

1. *Verantwortung, Freiheit und Determinismus*

Eines der zentralen Probleme im Umkreis der Freiheit des Willens läßt sich durch folgende Frage ausdrücken: Ist die Freiheit, die wir in unserer ethischen und rechtlichen Praxis der Verantwortungszuschreibung unterstellen, mit der Wahrheit des Determinismus vereinbar oder nicht? Obwohl diese Frage zumeist mit Blick auf determinierende Naturgesetze formuliert wird, ist die hinter diesem Problem lauernde Intuition doch allgemeiner – die Determination könnte im Prinzip auch durch einen allmächtigen Gott oder durch ökonomische Gesetzmäßigkeiten erfolgen.

Um eine Antwort auf die Frage nach der *Vereinbarkeit* von Freiheit und Determinismus geben zu können, muß man keine Antwort auf die ganz andere Frage geben, ob unsere Welt (in irgendeinem näher zu spezifizierenden Sinne) determiniert ist. Klassischerweise sind Inkompatibilisten zumeist auch der Meinung, daß unsere Welt nicht determiniert und die für unsere ethische Praxis erforderliche Freiheit aktual realisiert ist (die libertarianische Position). Philosophen, die der Überzeugung sind, daß unsere Welt (in einem näher zu spezifizierenden Sinne) determiniert ist, vertreten zumeist die Position, daß unsere ethische Praxis nur eine Art von Freiheit erfordert, die auch in unserer determinierten Welt verwirklicht ist. Diese kompatibilistische Position wird häufig als weicher Determinismus charakterisiert, weil die Annahme der Determiniertheit dieser Auffassung zufolge keine negativen Konsequenzen für unsere Ethik hat (harte Deterministen kombinieren dagegen eine inkompatibilistische Antwort auf die Frage der Vereinbarkeit mit der These, daß unsere Welt determiniert ist – sie halten also an der Wahrheit des Determinismus fest, auch wenn dies gravierende Konsequenzen für unsere ethische Praxis hat).[134] Da nur der Libertarianismus[135] und der weiche Kompatibilismus weit reichende skeptische Konsequenzen für unser ethisches Selbstverständnis und unsere ethische Praxis vermeiden können, werde ich mich im folgenden auf diese beiden Optionen beschränken.[136]

Ich kann an dieser Stelle der Komplexität, welche die Diskussion zwischen Kompatibilisten und Inkompatibilisten erreicht hat, nicht gerecht werden. Die Tatsache, daß seit mehr als zweitausend Jahren immer wieder für beide Seiten Argumente entwickelt werden, spricht dafür, daß hier ein Konflikt tiefliegender Intuitionen im Spiel ist. Da ich in diesem Kapitel der Frage nachgehen will, ob und inwiefern die neuen Handlungsoptionen des Neuro-Enhancement Konsequenzen für unser Konzept von personaler Autonomie haben, möchte ich im ersten Schritt kurz die beiden Hauptargumente der Inkompatibilisten sowie die generelle Verteidigungsstrategie der Kompatibilisten skizzieren. Im zweiten Schritt werde ich dann meine These entwickeln, daß die Möglichkeit des Neuro-Enhancement ein Problem für unser Selbstverständnis von personaler Autonomie aufzuwerfen scheint, welches neutral ist gegenüber dem immerwährenden Streit zwischen weichen Kompatibilisten und Libertarianern.

2. Zwei inkompatibilistische Argumente

In der Diskussion um die Frage nach der Vereinbarkeit von Freiheit und Determinismus spielen zwei inkompatibilistische Argumente eine entscheidende Rolle: das *consequence argument* und das *manipulation argument*. Die Standardformulierung des ersteren lautet:

(CA) Wenn all unser Denken und Handeln die Wirkung von Faktoren ist, die jenseits unserer Kontrolle liegen (Ereignisse in der Vergangenheit vor Existenzbeginn des jeweils fraglichen Individuums und Naturgesetze), und wenn die Konsequenzen dessen, was nicht in unserer Kontrolle liegt, ebenfalls jenseits unserer Kontrolle liegen, dann hat niemand Kontrolle darüber, was er denkt und wie er handelt. Und deshalb ist niemand für irgend etwas verantwortlich. Somit sind Determinismus und Verantwortung unvereinbar.

Unstrittigerweise war und ist CA der zentrale Streitpunkt in der Diskussion. Für die Fragestellung dieses Kapitels ist es jedoch nicht weiter von Interesse, da die beiden determinierenden Faktoren, die in CA erwähnt werden, Naturgesetze und vergangene Ereignisse, die sich vor der Geburt eines fraglichen Individuums ereignet haben, nicht als menschliche Eingriffe verstanden werden. Diskutiert man das Problem der Vereinbarkeit von Freiheit und Determinismus auf dieser Ebene, dann kommen die Fragen, die im folgenden eine Rolle spielen, nicht in den Blick. Dies ist bei dem zweiten Argument anders.

(MA) Kompatibilistische Analysen von Freiheit und Verantwortung lassen zu, daß ein Handelnder verantwortlich sein kann, obwohl er vollständig determiniert ist. Aus diesem Grunde sind kompatibilistische Theorien nicht in der Lage, Subjekte aus dem Bereich des verantwortlichen Handelns auszuschließen, die einer globalen Manipulation unterliegen oder im Laufe ihrer Biographie unterlegen haben.

Anders als im Falle von CA geht es um Manipulationen (und nicht allgemein um Ereignisse im Zusammenspiel mit Naturgesetzen) und damit um menschliche Eingriffe.[137] Außerdem handelt es sich um Vorkommnisse, die sich innerhalb der Lebensspanne des fraglichen Individuums ereignen, also ab dem Moment, in dem ein menschliches Individuum zur Existenz kommt.[138] Damit liegt der Zusammenhang des klassischen Problems der Vereinbarkeit von Freiheit und Determinismus mit den neuen Handlungsoptionen des Neuro-Enhancement auf der Hand. Sie tangieren unser Verständnis von Freiheit und Verantwortung, weil sie als Fälle von Manipulation zu deuten sind. Aus diesem Grunde ist zu vermuten, daß die allgemeinen philosophischen Diskussionen um MA und die Frage nach der Bewertung von Neuro-Enhancement nicht ohne Berührungspunkte sein werden.

Schaut man sich den Zusammenhang von CA und MA in der inkompatibilistischen Argumentation an, so sieht man, daß MA nachgeordnet ist. Es verweist auf eine Konsequenz, die für Kompatibilisten als unvermeidlich hingestellt wird, wenn sie versuchen CA zu entkräften. Denn CA läßt sich nur entkräften, indem Fälle vollständiger Determination zugelassen werden, die zugleich Fälle verantwortlichen Entscheidens und Handelns sind. Genau dies aber, so MA, führt dazu, daß Kompatibilisten auch Fälle, in denen ein Subjekt der globalen Manipulation unterliegt, als Fälle verantwortlichen Handelns und Entscheidens zulassen müssen.

Aus diesem Grunde könnte man vermuten, daß CA das eigentliche Problem für die Frage nach dem Zusammenhang von Freiheit und Verantwortung darstellt, während MA dagegen nur einen philosophisch nicht weiter aufschlußreichen Nebenschauplatz eröffnet. Im folgenden Abschnitt möchte ich zeigen, daß dieser Eindruck täuscht. Sichtbar wird dies, wenn man sich die allgemeinen Argumentationsstrategien von Libertarianern und weichen Kompatibilisten verdeutlicht.[139]

3. *Jenseits von Kompatibilismus und Libertarianismus*

Die Argumentation der Libertarianer wird getragen von drei zentralen Überzeugungen: Erstens von der Annahme, daß die für unsere ethische Praxis notwendige Freiheit mit Determinismus unverträglich ist; zweitens von der Annahme, daß sich ein für unsere ethische Praxis notwendiges und hinreichendes Konzept von Freiheit entwickeln läßt, welches mit Determinismus unverträglich ist; und drittens von der Annahme, daß wir in einer indeterminierten Welt leben, in der Freiheit in für unsere ethische Praxis hinreichendem Maße aktual vorkommt.

Weiche Kompatibilisten gehen im Gegensatz dazu erstens von der Annahme aus, daß die für unsere ethische Praxis notwendige Freiheit nicht mit dem Determinismus als solchem unverträglich ist; und sie sind zweitens der Auffassung, daß sich ein für unsere ethische Praxis hinreichendes Konzept von Freiheit entwickeln läßt, welches mit dem Determinismus im Prinzip verträglich ist. Anders als ihre libertarianischen Gegenspieler können sie bezüglich der Frage der Determiniertheit der Welt eine agnostische Haltung vertreten.

Aus dieser Ausgangssituation heraus lassen sich die Argumentationsstrategien beider Lager in den Grundrissen herleiten. Zumeist tragen die Kompatibilisten die Beweislast, da die inkompatibilistische Intuition in aller Regel für plausibler gehalten wird als die kompatibilistische. Aus diesem Grunde entwickeln Kompatibilisten Modelle, die zeigen sollen, daß es auch in einer determinierten Welt Fälle von freiem und verantwortlichem Handeln gibt oder geben kann (die Determiniertheit der Welt ist also eine Voraussetzung, die um der Argumentationsstrategie willen gemacht wird). Da kein Kompatibilist auf die Annahme festgelegt ist, daß jedes menschliche Verhalten in einer solchen determinierten Welt als frei oder verantwortlich zu werten ist, bemüht sich der Kompatibilist darum, diejenigen Faktoren zu identifizieren, aufgrund derer ein bestimmtes Verhalten nicht mit Freiheit und Verantwortung verträglich ist. Kurz gesagt: Der Kompatibilist bemüht sich darum, die mit Freiheit und Verantwortung inkompatiblen Faktoren zu ermitteln, wobei er davon ausgeht, daß die Determiniertheit der Welt als solche nicht zu diesen Faktoren gehört.

Aufgrund der anfänglichen Beweislastverteilung treten nun die Libertarianer auf den Plan, indem sie diese kompatibilistischen Bemühungen einer Kritik unterziehen. Sie bemühen sich um den Nachweis, daß es nicht die von den Kompatibilisten angebotenen Faktoren sind, welche die Unverträglichkeit erzeugen, sondern eben die vorausgesetzte Determiniertheit der Welt selbst. Mit anderen Worten: Während der Kompatibilist unsere Unverträglichkeitsintuitionen auf die von ihm ausgemachten Faktoren lenkt, versucht der Libertarianer, die Determiniertheit selbst als unaufhebbare Quelle dieser inkompatibilistischen Intuition auszuzeichnen.

Letztlich geht es in der Diskussion um den Streit, der durch CA illustriert wird und der in den jeweils ersten Annahmen beider Lager zum Ausdruck kommt. In diesem Sinne ist MA ein nachgeordnetes Argument, welches von Libertarianern im Sinne einer reductio ad absurdum eingesetzt wird. Es soll zeigen, daß der Versuch, die Inkompatibilität von der Determiniertheit als solcher weg auf andere Faktoren zu lenken, zu dem absurden Resultat führen muß: Kompatibilisten sind, wenn MA stimmt, auf die Annahme verpflichtet, daß Fälle vollständiger Manipulation mit Freiheit und Verantwortung verträglich sind. MA steht also im Dienste des Nachweises, daß CA für Kompatibilisten eine unüberwindbare Hürde ist.

Die Tatsache, daß der Streit um CA bereits seit mehr als 2000 Jahren unentschieden geblieben ist, belegt nachdrücklich, daß es auf beiden Seiten der Debatte plausible Anfangsintuitionen gibt. Außerdem zeigt ein Blick auf die Debatte auch, daß sich hier ein argumentatives Patt eingestellt hat.

Für unsere Fragestellung läßt sich diese unbefriedigende Situation jedoch auflösen, wenn man sich Folgendes verdeutlicht: Zum einen finden sich in der kompatibilistischen Literatur, die versucht hat, MA zu entkräften, zwangsläufig Überlegungen mit dem Ziel, die mit Freiheit kompatible Determiniertheit menschlichen Handelns und Denkens von solchen Faktoren der Manipulation zu unterscheiden, die Freiheit und Verantwortung ausschließen.[140] Und zum anderen befinden wir uns mit unserer Fragestellung gleichsam auf neutralem Grund.[141] Denn genauso wenig, wie der Kompatibilist auf die Annahme verpflichtet ist, daß jedes determinierte Handeln oder Entscheiden mit Freiheit und Verantwortung verträglich ist, genauso wenig kann sich der Libertarianer auf die Annahme zurückziehen, daß es in einer indeterminierten Welt keine Fälle von Zwang oder Manipulation geben kann, die Freiheit und Verantwortung ausschließen. Zumindest sollte ein Libertarianer diese starke These nicht vertreten, wenn er eine Position entwickeln möchte, die unserer ethischen Praxis und den darin sich manifestierenden Intuitionen gerecht werden kann.[142] Damit muß in beiden Lagern eine Theorie entwickelt werden, die jenseits des Grundsatzstreites von Kompatibilismus und Inkompatibilismus die Rahmenbedingungen für die personale Autonomie von Menschen bestimmt.

Die Frage danach, welche Formen von Manipulation oder Zwang mit Freiheit und Verantwortung verträglich sind, und welche nicht, wird also durch die konkurrierenden Antworten auf CA nicht gegenstandslos, weshalb MA eine eigenständige philosophische Herausforderung darstellt. Natürlich ist es an dieser Stelle nicht möglich, eine vollständige Erörterung dieser Analysen durchzuführen. Im zweiten Hauptteil dieses Kapitels möchte ich statt dessen skizzieren, wie sich die ethischen Reaktionen auf die Möglichkeiten des Neuro-Enhancement in Bezug auf unser Selbstverständnis von Freiheit, Autonomie und Verantwortung einordnen lassen. Dabei wird sich zeigen, daß die Entwicklungen des Neuro-Enhancement eine prominente kompatibilistische Antwort auf MA untergraben, so daß die ethische und philosophische Relevanz dieser Entwicklungen sichtbar wird.

§3 Neuro-Enhancement und personale Autonomie

Den Zusammenhang von Neuro-Enhancement und personaler Autonomie kann man unter zwei Aspekten diskutieren. Zum einen ist zu fragen, ob die Tatsache, daß X durch andere Subjekte einem solchen Enhancement unterzogen wird (oder wurde), für sich genommen ausreicht, die personale Autonomie von X zu untergraben. Zum anderen ist zu klären, ob die Tatsache, daß X sich selbst freiwillig einem Neuro-Enhancement unterzieht, ausreicht, um die personale Autonomie von X zu untergraben.

Bevor diese beiden Fragen behandelt werden können, ist erst noch zu erklären, weshalb an dieser Stelle das Konzept der personalen Autonomie ins Spiel kommt.[143] Der Grund liegt darin, daß für die Verortung der intuitiven (oder auch begrifflichen) Spannung zwischen Neuro-Enhancement und Verantwortung der Begriff der Freiheit weder im Sinne der Handlungs- noch in dem der Willensfreiheit geeignet ist. Es wird sich vielmehr zeigen, daß nur unter expliziter Berücksichtigung der biographischen Dimension der personalen Lebensform sichtbar wird, weshalb Neuro-Enhancement ein ethisch und philosophisch aufschlußreiches Phänomen darstellt.

1. Neuro-Enhancement: Kontrolle, Manipulation und Zwang?

Um eine kompatibilistische Antwort auf MA zu finden, ist es notwendig, zwischen mit Freiheit verträglichen und mit Freiheit unverträglichen Manipulationen zu unterscheiden. Die beiden gegenwärtig leistungsstärksten und ausgearbeitetsten Ansätze von Alfred Mele und John Martin Fischer stimmen in dem Ergebnis überein, daß man hierzu nicht nur den aktualen Zwang oder die aktuale Manipulation in Betracht ziehen, sondern auch die Vorgeschichte einer Person mit einbeziehen muß.[144] Es ist denkbar, daß eine Person X zu einem Zeitpunkt t sich aufgrund ihrer Überzeugungen und Präferenzen frei zu einer Handlung entscheidet, ihre Autonomie aber dennoch eingeschränkt ist, weil diese Überzeugungen oder Präferenzen selbst in der Vorgeschichte von X aufgrund von Manipulationen erzeugt worden sind.[145]

Mele beschränkt sich in seiner Behandlung des Problems auf das Beweisziel, die prinzipielle Verträglichkeit von Determinismus und Autonomie aufzuzeigen, indem er starke hinreichende Bedingungen für Autonomie definiert, die in einer determinierten Welt erfüllt sein können und zugleich erklären, weshalb die von MA angesprochenen Fälle von Manipulation nicht mit Autonomie verträglich sind. Da es Mele um die Zurückweisung des Inkompatibilismus geht, entwickelt er keine notwendigen Bedingungen für personale Autonomie, so daß die Schwierigkeit bestehen bleibt, daß menschliche Personen in der Regel die von ihm als hinreichend ermittelten kompatibilistischen Bedingungen nicht erfüllen.

Bedenkt man, daß Menschen nur durch Sozialisation und Erziehung in die Lage versetzt werden, die für Autonomie notwendigen Fähigkeiten zu erwerben und einzuüben, wird schnell deutlich, daß MA eine echte Herausforderung für jede Theorie personaler Autonomie darstellt (nicht nur für kompatibilistische). Denn es geht darum herauszufinden, welche Manipulationen mit der Ausbildung personaler Autonomie verträglich sind und welche nicht. Unstrittig ist, daß ein Zwang zum Neuro-Enhancement, der gegen den erklärten Willen einer autonomen Person durchgeführt wird, mit deren Autonomie nicht vereinbar ist.[146] Schwieriger sind dagegen die Fälle von Neuro-Enhancement einzuordnen, die zu einem Zeitpunkt in der Biographie einer Person vorgenommen werden, zu dem diese Person noch nicht autonom gewesen ist.

Fischer hat das Problem gesehen, daß solche Eingriffe zur normalen Karriere einer menschlichen Person gehören, da Sozialisation und Erziehung ebenfalls überzeugungs- und präferenzenformierende Auswirkungen haben. Will man also nicht Sozialisation oder Erziehung generell als mit personaler Autonomie unverträgliche Manipulationen werten, muß man hier eine spezifische Differenz ziehen. Der Vorschlag, nur solche Beeinflussungen zuzulassen, welche die Entwicklung der für Autonomie notwendigen Fähigkeiten fördern oder zumindest nicht behindern, und welche mit der zukünftigen Ausübung dieser Fähigkeiten verträglich sind, liefert ein normatives Kriterium dafür, welche Fälle von Manipulation mit personaler Autonomie verträglich sind und welche nicht. Damit ist das Ziel der Manipulation, nicht die Tatsache der Beeinflussung als solcher, das Kriterium, anhand dessen die Verträglichkeit zu testen ist.[147]

Das Ergebnis unserer Überlegungen ist, daß nicht die Art der kausalen Beeinflussung, sondern das mit dieser Intervention angestrebte Ziel die Bewertungsgrundlage dafür ausmacht, ob die Manipulation einer Person mit deren Autonomie verträglich ist. So gesehen ist nicht ersichtlich, weshalb Neuro-Enhancement prinzipiell anders zu bewerten sein sollte als andere Sozialisations- oder

Erziehungsmaßnahmen, die ebenfalls das Ziel verfolgen, einem Menschen zu einer autonomen Lebensführung zu verhelfen.

Auf diese Weise kann die kompatibilistische Diskussion von MA also dazu beitragen, die ethischen Intuitionen zu spezifizieren, die eine Spannung zwischen Neuro-Enhancement und personaler Autonomie erzeugen. Es ist nicht die Tatsache des Eingriffs selbst, sondern die Sorge um die damit verbundenen Ziele, die ein solcher Eingriff verfolgt, welche unsere ethischen Intuitionen leitet. Natürlich stellen sich hier weitergehende Fragen nach gerechtem Zugang, Mißbrauchsgefahren oder auch Risiken. Da dies jedoch für Sozialisations- oder Erziehungsprozesse gleichermaßen gilt, kann hierauf keine prinzipielle Differenz begründet werden. Das Fazit muß also lauten, daß nicht die Art der Manipulation, sondern die damit verfolgten Ziele Gegenstand der ethischen Bewertung und unserer Diskussion sein sollten.

2. *Selbstmanipulation oder Manipulation des Selbst?*

Neuro-Enhancement kann, dies ist das Ergebnis unserer bisherigen Ausführungen, unter vielen Umständen als Gefährdung der personalen Autonomie eines Individuums angesehen werden, sofern es als Zwang oder Manipulation von Dritten durchgeführt wird. Die kompatibilistischen Diskussionen von MA zeigen aber auch, daß dies nicht in jedem Fall so sein muß. Wie sieht es aber mit den von einer autonomen Person selbst intendierten ›Verbesserungen‹ aus (seien sie selbst oder durch beauftragte Dritte durchgeführt)? Sind freiwillige, durch Neuro-Enhancement verursachte Veränderungen der Persönlichkeit mit der personalen Autonomie prinzipiell kompatibel oder nicht?

Durch Medikamente oder Drogen hervorgerufene Persönlichkeitsveränderungen, sei es als direkt intendierte Folgen der Selbstmanipulation, sei es als in Kauf genommene Nebenfolge von verbesserter Erinnerungsfähigkeit oder Veränderung emotionaler Grunddispositionen eines Menschen, rufen ethische Intuitionen auf den Plan, die zumindest zum einen Teil als spezifische Aspekte des Neuro-Enhancement angesehen werden können. Der andere Teil dieser Intuitionen betrifft Gerechtigkeitsintuitionen. Letztere beziehen sich primär auf die Frage, ob solche Verbesserungen kognitiver Fähigkeiten eine Wettbewerbsverzerrung darstellen oder nicht.[148] Solche Gerechtigkeitserwägungen sind für am Leistungsprinzip ausgerichtete Gesellschaften, in denen faktisch ungleiche Zugangsbedingungen zu Verbesserungsmöglichkeiten herrschen, offensichtlich ethisch relevant. In dieser Hinsicht scheint Neuro-Enhancement keine aus philosophischer Sicht relevanten Spezialgesichtspunkte aufzuweisen.

Wie die Debatten um humangenetische Verbesserungen oder die ethische Zulässigkeit von Doping aber auch zeigen, bleiben selbst unter der kontrafaktischen Bedingung der Chancengleichheit ethische Bedenken, die sich auf die Unnatürlichkeit der Art und Weise beziehen, in der die fragliche Verbesserung erzielt wird, bestehen.[149] Die von vielen geteilte, und von vielen (vor allem Philosophen) genauso vehement bestrittene Plausibilität von Natürlichkeitsintuitionen besagt, daß die Unnatürlichkeit oder künstliche (bzw. technische) Art der Intervention einen ethisch signifikanten Unterschied zu begründen erlaubt.[150] Auch hinsichtlich dieser Fragestellung wirft, soweit ich sehe, Neuro-Enhancement keine prinzipiell neuen Aspekte auf.

Es scheint aber, zumindest möchte ich diese These abschließend plausibel machen, so zu sein, daß die Vorstellung, eine Person ›verbessere‹ unter Zuhilfenahme von Medikamenten oder Drogen ihre eigene Persönlichkeit, eine Irritation auslöst, die mit unseren Vorstellungen von personaler Autonomie zusammenhängt. Der Einsatz solcher Mittel wird, wie am Beispiel von Prozac dokumentiert, von vielen Personen als Verdrängung ihrer eigentlichen Persönlichkeit, von vielen aber auch als Befreiung oder Aufdeckung ihrer eigentlichen Persönlichkeit erlebt (vgl. Kramer, *Glück*). In diesem Buch werde ich nicht versuchen, diesen Zusammenhang für eine umfassende ethische Bewertung des Neuro-Enhancement zu nutzen, sondern lediglich überlegen, worin die angedeutete, philosophisch relevante Irritation bestehen könnte.

Meines Erachtens gibt es zwei Quellen für die ethische Intuition, daß Selbstmanipulation via Neuro-Enhancement mit personaler Autonomie unverträglich ist. Die erste besagt, daß auf diesem Wege keine authentische Persönlichkeit erzeugt werden kann, welche eine notwendige Bedingung ist für personale Autonomie (wir können dies die *Authentizitätsintuition* nennen). Die zweite

Intuition bringt zum Ausdruck, daß wir vom Individuum selbst intendierte Veränderungen der eigenen Persönlichkeit als Ergebnis ernsthafter Anstrengungen begreifen können müssen, wenn sie ethisch respektabel sein sollen (wir können dies die *Erarbeitungsintuition* nennen).

Um die Authentizitätsintuition adäquat einschätzen zu können, müssen wir zuerst zwei Konzeptionen von Authentizität unterscheiden.[151] Bei der *reflexiven* Authentizität ist die Vorstellung leitend, daß die Elemente einer Persönlichkeit das Ergebnis einer reflexiven Wahl des fraglichen Subjekts sind: Idealerweise enthält eine reflexiv authentische Persönlichkeit keine Aspekte (Überzeugungen, evaluative Einstellungen), die nicht als Resultat einer Identifikation des Subjekts mit diesen Aspekten ausgewiesen sind. Die *vorreflexive* Authentizität dagegen enthält die Vorstellung einer ursprünglichen, nicht durch Reflexion oder äußere Einflüsse beeinflußten Manifestation der Persönlichkeit. Während das Ideal der reflexiven Authentizität mit dem Ideal personaler Autonomie konvergiert, hat vorreflexive Authentizität mit personaler Autonomie zwar gemeinsam, daß sich darin das evaluative Selbstverhältnis eines Subjekts manifestiert. Aber vorreflexive Authentizität impliziert gerade nicht personale Autonomie, auch wenn sie einen ethischen Grund für den Respekt der Integrität einer Persönlichkeit liefert.

Selbstmanipulation via Neuro-Enhancement ist mit reflexiver Authentizität offensichtlich vereinbar, da sich der absichtliche Einsatz solcher Mittel zur Persönlichkeitsveränderung (wie ja auch zur Bewahrung oder Stabilisierung der Persönlichkeit) als Anwendung reflexiver Authentizität deuten läßt. Natürlich wird man hier unter Hinweis auf sozialen Druck oder falsche Vorerwartungen die Autonomie der fraglichen Entscheidung in Zweifel ziehen können. Dies ist aber, man denke etwa an die Entscheidung zur Lebendspende, erstens kein spezifisches Problem des Neuro-Enhancement, und betrifft zweitens auch nicht die Authentizität der resultierenden Persönlichkeit. In dieser Lesart ist die Authentizitätsintuition also nicht plausibel.

Unterlegt man das Konzept der vorreflexiven Authentizität, wird die Sachlage komplizierter, da nun zwei Fälle zu unterscheiden sind. Wenn die erreichte Persönlichkeitsveränderung vom

Subjekt selbst als Verdrängung der ursprünglichen oder eigentlich eigenen Persönlichkeit erlebt wird, dann stellt sich eine Unverträglichkeit ein.[152] Wie bereits erwähnt, beschreiben viele Anwender von Prozac die Konsequenzen als Freilegung ihrer eigentlichen oder ursprünglichen Persönlichkeit, so daß Neuro-Enhancement lediglich als Hilfsmittel zur Realisierung des authentischen Selbst gelten kann. Und genauso wenig wie fleißiges Trainieren verhindert, daß ein Musiker den Blues authentisch spielt, genauso wenig ergibt sich auf diesem Wege eine prinzipielle Unverträglichkeit von Neuro-Enhancement und vorreflexiver Authentizität.

Es ist also plausibel anzunehmen, daß die Authentizitätsintuition keine generelle Unverträglichkeit von Neuro-Enhancement und personaler Autonomie begründen kann. Wie steht es aber mit der Erarbeitungsintuition?

Allgemein ist kaum bestreitbar, daß wir Charaktereigenschaften eines Subjekts vor allem dann als ethisch respektable (oder besonders lobenswerte) Aspekte einer Persönlichkeit ansehen, wenn wir sie als Resultat einer bewußten Anstrengung des Subjekts, um dessen Persönlichkeit es geht, begreifen. Analog zu sportlichen Höchstleistungen sind solche Charaktermerkmale respektiert, wenn sie sich als Ergebnis von Training, Beharrlichkeit und Disziplin einstellen. Ungeachtet der Frage nach der Chancengleichheit besteht hier unstreitig eine Differenz zu auf anderem Wege herbeigeführten Höchstleistungen.[153]

Fragt man sich, wie diese Differenz zwischen Enhancement/Doping und Persönlichkeitsarbeit/Training als ethisch signifikant ausweisbar ist, lassen sich, so mein Vorschlag, vier mögliche Aspekte benennen:

- der Wert der eigenen Leistung des Subjekts,
- die Stabilität oder Irreversibilität des Resultats,
- der Wert der Erfahrung, die das Subjekt bei der Arbeit macht,
- die in der Dauerhaftigkeit der Anstrengung sich manifestierende Ernsthaftigkeit des Subjekts.

Von diesen vier Aspekten ist nur der zweite vollkommen unplausibel, da sich die Resultate von Neuro-Enhancement und Persönlichkeitsarbeit hinsichtlich ihrer Stabilität oder Irreversibilität nicht unterscheiden müssen. Der erste Aspekt stellt eine direkte Parallele zur Diskussion um Doping her und wirft für Neuro-Enhancement daher keine spezifischen Gesichtspunkte ab. Denn selbst wenn man anerkennt, daß unsere westliche Gesellschaft der Anerkennung des Leistungsprinzips weitgehend verpflichtet ist, folgt daraus nicht zwingend, daß dieses Prinzip in allen Kontexten einschlägig sein muß. Plausibel ist vielmehr, daß es in manchen Kontexten gerade nicht als ethisches Differenzkriterium herangezogen werden sollte. Die letzten beiden Punkte scheinen mir dagegen stichhaltiger zu sein. Bezüglich des Werts der Erfahrung, die das Subjekt bei der Persönlichkeitsarbeit macht, ist allerdings zu unterscheiden zwischen der Erfahrung des Resultats und der Erfahrung des Prozesses der Realisierung des Resultats. Nur in letzterer Hinsicht kann eine echte Differenz behauptet werden. Allerdings reicht auch dies nicht aus, um Neuro-Enhancement generell als mit personaler Autonomie unvereinbar auszuweisen, denn es läßt sich für fast alle Fälle plausibel behaupten, daß nicht alle Aspekte einer Persönlichkeit ohne die Erfahrung ihrer Erarbeitung entwickelt werden. In Verbindung mit der sich in der eigenen Anstrengung manifestierenden Ernsthaftigkeit und Selbstbindung des Subjekts aber haben wir, so meine Vermutung, eine plausible Rekonstruktion für die intuitive ethische Differenzierung zwischen Neuro-Enhancement und eigener Persönlichkeitsarbeit. Doch auch wenn damit ein plausibler Kandidat für unsere ethischen Intuitionen gefunden worden ist, läßt sich daraus keine prinzipielle Antwort auf die Frage danach ableiten, ob Selbstmanipulation mittels Neuro-Enhancement mit personaler Autonomie verträglich ist oder nicht. Denkbar ist ja durchaus, daß das Bedürfnis nach Ernsthaftigkeit oder Selbstbindung auch unter Bedingungen des Neuro-Enhancement gestillt werden kann. So werden in vielen Fällen nicht alle Charaktereigenschaften durch solche Eingriffe modifiziert. Außerdem lassen sich, wenn eine Persönlichkeit erst einmal entwickelt ist, viele Weisen und soziale Kontexte denken, in denen ein solches Subjekt seine Ernsthaftigkeit und Verläßlichkeit manifestieren kann.

§4 Fazit

Die Möglichkeiten des Neuro-Enhancement werden, so mein Ergebnis, begriffliche Revisionen im semantischen Umfeld Person-Identität-Autonomie nach sich ziehen müssen. Diese neue technische Option wird auch dazu zwingen, in der Debatte zwischen Kompatibilisten und Libertarianern die Frontlinien und Argumentationsstrategien zu verändern. Außerdem legen unsere Überlegungen den Schluß nahe, daß es in diesem Kontext letztlich nicht um die Art der kausalen Einflußnahme geht, sondern um die hinter diesen Eingriffen stehenden Ziel- und Wertvorstellungen.

Das Ergebnis unserer Überlegungen ist daher, daß es keine prinzipiellen Einwände gegen Neuro-Enhancement geben wird, sondern letztlich die gesellschaftliche Implementierung dieser Praxis den Ausschlag geben muß, ob es sich um eine ethisch wünschbare Erweiterung unserer Autonomie oder um ein weiteres Einfallstor für Manipulation und Fremdbestimmung handelt. Auf jeden Fall zeigt sich, daß wir aus philosophischer Sicht unsere Begriffe von Personalität, Autonomie und Freiheit neu justieren und feiner bestimmen müssen, um die Verwirrung der Begriffe und Intuitionen aufzuklären, die einer sachlichen und angemessenen gesellschaftlichen Diskussion im Wege stehen. Nicht zuletzt hierdurch können Philosophen ihrer Verantwortung für die Zukunft unserer demokratischen Gesellschaft gerecht werden.

DRITTER TEIL

Autonomie

VII. *Informierte Zustimmung, informierte Verweigerung und Verweigerung der Information*

§1 Einleitung

Pluralismus, Liberalismus und das Primat individueller Freiheit sind zentrale Elemente des Selbstverständnisses demokratischer Gesellschaften. Als Grundwerte haben sie schrittweise in allen Bereichen des sozialen Lebens eine Orientierungs- und Begründungsfunktion übernommen. Auch der Bereich der Medizin bildet hier keine Ausnahme. Dies zeigt sich darin, daß das Konzept der informierten Zustimmung mittlerweile eine Führungsrolle in der medizinischen Ethik eingenommen hat, gelegentlich sogar als »oberster Grundsatz« der medizinischen Ethik bezeichnet wird.[154] Veränderungen dieses normativen Selbstverständnisses einer Gesellschaft, die sich im Wertewandel ausdrücken, gehen häufig mit wissenschaftlichem Erkenntnisfortschritt oder technologischen Innovationen einher. Technischer Fortschritt eröffnet nicht nur in aller Regel neue Handlungsmöglichkeiten, sondern bringt auch das Problem mit sich, zu diesen neuen Optionen ethisch Stellung nehmen zu müssen. Auch neues Wissen, das uns vornehmlich durch die Naturwissenschaften geliefert wird, kann zur Revision von Überzeugungen führen, die unseren Wertvorstellungen zugrunde liegen (Quante, *Autonomie und Heiligkeit*). Der Bereich des medizinischen Wissens und der medizinischen Technik bildet auch hierin keine Ausnahme. Neben der Intensivmedizin mit ihren Möglichkeiten der apparativen Lebensverlängerung und der Organtransplantation ist dabei die Humangenetik das wohl klarste Beispiel dafür, daß Wissensfortschritt oder neue technische Möglichkeiten auch neue Fragen aufwerfen und möglicherweise dazu zwingen, Grundbegriffe der Ethik beziehungsweise der Medizinethik zu überdenken und gegebenenfalls zu revidieren (Andrews et al., *Genetic risk*).

In diesem Kapitel geht es um die Frage, ob das Konzept der informierten Zustimmung im Kontext humangenetischer Beratung und Diagnostik an die Grenzen seiner Leistungsfähigkeit beziehungsweise seiner Tragfähigkeit für die medizinische Ethik gelangt ist, ob es der Ergänzung durch andere, »stützende« moralische Prinzipien bedarf, oder gar durch alternative ethische Grundbegriffe ersetzbar und in einer generellen ethischen Umorientierung verzichtbar geworden ist. Dazu wird im ersten Schritt das Konzept der informierten Zustimmung erläutert und auf seine ethischen Voraussetzungen und Folgen hin untersucht (§ 2). Anschließend werden die Aspekte der humangenetischen Beratung und Diagnostik benannt, die im Rahmen des Konzepts der informierten Zustimmung entweder nicht zu erfassen sind, oder gar zu ethisch nicht akzeptablen Konsequenzen führen. Diese Aspekte werden zu fünf Problemfeldern zusammengefaßt, in denen jeweils unterschiedliche Momente des Konzepts der informierten Zustimmung problematisch werden (§ 3).

Im letzten Abschnitt wird der Versuch unternommen, für diese fünf Problembereiche zu ethisch annehmbaren Lösungsvorschlägen zu gelangen. Es wird sich dabei zeigen, daß dafür unterschiedliche Argumentationsstrategien notwendig sind (§ 4).

§ 2 Das Konzept der informierten Zustimmung

Das Konzept der informierten Zustimmung gewinnt seine zentrale Bedeutung für die medizinische Ethik durch eine veränderte Auffassung der Arzt-Patienten-Beziehung.[155] In Abkehr von einer langen und einflußreichen »autoritären Tradition« (Brock, *Life*, S. 23), in der dem Arzt allein die Entscheidung über die mögliche Therapie zugestanden worden war, setzt sich ein Bild von der Arzt-Patienten-Beziehung durch, in der dem Patienten eine aktive Rolle zugestanden wird. Mögliche Alternativen der Behandlung sollen nun von Arzt und Patient gemeinsam erörtert werden, wobei dem Arzt die Aufgabe zukommt, den Patienten vor dem Hintergrund seines Fachwissens soweit wie möglich zu *informieren*. Der Patient hat seinerseits nun eine zweifache Aufgabe: Zum einen muß er die letztendliche Entscheidung treffen – im Normalfall ist eine Behandlung ohne die *Zustimmung* des Patienten nicht zulässig. Zum anderen liefert der Patient auch relevante nicht-medizinische Informationen, die dem Arzt nicht durch sein Fachwissen bekannt sind. Diese Informationen können Einfluß darauf haben, welche Entscheidung die rationalste für den jeweiligen Patienten ist. Bei diesen vom Patienten beizusteuernden Informationen handelt es sich in erster Linie um individuelle Wertvorstellungen und Lebenspläne, die als solche zwar nicht zur medizinischen Dimension des Problems gehören, gleichwohl aber gravierende Unterschiede für die Wahl der jeweiligen therapeutischen Optionen nach sich ziehen können. So könnte es beispielsweise sein, daß für eine schwangere Frau aus religiösen oder moralischen Gründen eine Abtreibung nicht in Frage kommt, obwohl dies der sicherste Weg wäre, ihr eigenes Leben zu retten. Ein anderer denkbarer Fall ist, daß ein Patient eine Nierentransplantation aus moralischen Gründen ablehnt. Ein bekannter und vielfach diskutierter weiterer Fall ist die Verweigerung einer Bluttransfusion aus religiösen Gründen. Aber nicht nur solche rigorosen Fälle machen deutlich, daß die Wertvorstellungen des Patienten für die Wahl einer Behandlungsform relevant sind. Betrachtet man den Fall, in dem zwei mögliche Therapieformen mit unterschiedlich hohem Wahrscheinlichkeitsgrad zum Erfolg führen, dann kann es durchaus sein, daß es für einen Patienten relativ zu seinen Wertvorstellungen und Lebensplänen rational sein kann, die riskantere Behandlung zu wählen, wenn das durch sie erreichbare Ergebnis besser zu seinen Überzeugungen und Wünschen paßt als das Ergebnis, welches durch die sicherere Therapie zu erzielen wäre. Zu dem Ergebnis zählen dabei auch die in Kauf zu nehmenden Nebenfolgen, die je nach Therapieform unterschiedlich ausfallen können und daher bei der Bestimmung des individuellen Wohls und der Wahl der für den einzelnen Patienten besten Therapieform mit ins Gewicht fallen. Auch die für die jeweilige Behandlung notwendigen Maßnahmen können an dieser Stelle relevant sein; die zu wählenden Mittel müssen, wenn sie zum Beispiel mit Wertvorstellungen des Patienten in Konflikt geraten, bei der Bestimmung des Wohls berücksichtigt werden. Die schwangere

Frau, die statt der sicheren Abtreibung eine alternative Behandlungsform wählt, die für sie selbst zwar riskanter ist, dafür aber eventuell das Leben des Embryos bewahren kann, handelt nicht irrational, wenn eine Zustimmung zu einer Abtreibung für sie ein derart schwerwiegendes Ereignis darstellte, welches ihr weiteres Leben massiv belasten würde. Diese Beispiele machen deutlich, daß die inhaltliche Bestimmung dessen, was als Patientenwohl oder als »Heilung« angesehen werden kann, nicht rein medizinisch bestimmbar ist: Gesundheit ist keine vollständig objektive oder objektivierbare Größe (Brock, *Life*, S. 25). Außerdem lassen sich diese inhaltlichen Bestimmungen nicht für alle Patienten verallgemeinern, da die Relevanz der (medizinischen) Gesundheit für das vollständige Wohlergehen von Patient zu Patient unterschiedlich groß sein kann (Ach & Quante, *good times*).

In der zentralen Bedeutung des Konzepts der informierten Zustimmung manifestiert sich auch eine veränderte Auffassung der gesellschaftlichen Funktion der Medizin. Die Tatsache, daß keine Behandlung ohne Zustimmung des Patienten begonnen werden darf, kann als Respektierung des Rechts auf Selbstbestimmung gedeutet werden. Und die Hinzuziehung der individuellen Wertvorstellungen des Patienten bei der Entscheidung für oder gegen mögliche Behandlungsarten ist eine weitere Konsequenz der Anerkennung des Autonomieprinzips und des Primats der individuellen Lebensführung.[156] Der Wechsel vom Primat des Nichtschadensprinzips zum Primat des Autonomieprinzips im Kontext der Medizinethik ist somit auch Ausdruck des generellen Wandels gesellschaftlicher Wertvorstellungen. Der einzelne gilt als sich und sein Leben aktiv bestimmendes, seine Werte autonom wählendes und freies Subjekt. Angewendet auf die Arzt-Patienten-Beziehung führt dies zum Konzept der informierten Zustimmung, bei welcher der Patient die Rolle eines aktiv mitwirkenden Teils übernimmt. Natürlich sind auf Seiten des Patienten auch gewisse Minimalfähigkeiten vorausgesetzt, damit er diese Rolle ausfüllen kann: Die Fähigkeit zu rationalen Entscheidungen und die Fähigkeit, die angebotenen Informationen in einem hinreichenden Maße zu verstehen, sind zwei der zentralsten in diesem Kontext.[157]

Mit diesem Primat des Autonomieprinzips gehen weitere inhaltliche Komponenten in die medizinische Ethik ein, die auch für das Konzept der informierten Zustimmung von Bedeutung sind. Zum einen wird die Arzt-Patienten-Beziehung als eine Zweierbeziehung aufgefaßt, deren fundamentales Ziel es ist, das individuelle Wohl des Patienten zu schützen und zu fördern (so Brock, *Life*, S. 25). Die Arzt-Patienten-Beziehung rückt damit aus dem sozialen in den privaten Raum. Gegenwärtige Tendenzen in der Medizin, die diesen Trend noch verstärken, verändern diese Beziehung gar zu einer vertraglich zu regelnden Dienstleistungsbeziehung. Diese Entwicklung manifestiert sich in der zunehmenden Verrechtlichung des Arzt-Patienten-Verhältnisses.

Zum anderen führen die Konzepte von Selbstbestimmung und autonomer Entscheidung dazu, daß Information zu einer an sich positiven Größe wird. Falsche oder fehlende Informationen über die Welt oder über sich selbst sind keine geeignete Basis für eine rationale und autonome Selbstbestimmung. Daher ist umgekehrt die Vermittlung von Informationen durch den Arzt für den Patienten eine entscheidende Vorbedingung für eigene autonome Entscheidungen. Ein Zuwachs solchen Wissens über sich selbst ermöglicht ein höheres Maß an Selbstbestimmung und autonomer Lebensführung.

§3 Informierte Zustimmung und die Besonderheiten genetischer Information

Genetische Diagnostik und Beratung weisen einige Besonderheiten auf. Diese sind zwar nicht ausnahmslos auf den Fall genetischer Information beschränkt, sondern treten in Einzelfällen auch in anderen Kontexten auf. Dennoch bilden die im folgenden untersuchten fünf Besonderheiten eine bedeutende Differenz. Anschließend soll dargestellt werden, auf welche Weise diese Besonderheiten genetischer Information mit dem Konzept der informierten Zustimmung in Konflikt geraten oder doch zumindest in Konflikt zu geraten scheinen.

Ein gravierender Unterschied zur herkömmlichen Diagnostik ist darin zu sehen, daß die genetische Diagnostik in vielen Fällen nicht zu einem Therapievorschlag führt, weil keine Therapien verfügbar sind. Alleiniges Ziel der Diagnostik ist in solchen Fällen die Weitergabe von Wissen über genetische Information. Diese Situation ist in einigen Aspekten analog zur Diagnose anderer nicht therapierbarer Krankheiten und auch zum Problem der Wissensweitergabe im Falle sterbenskranker Patienten (Veatch, *Patient*). Vor allem hinsichtlich der bei genetischen Defekten häufig fehlenden Symptome und der Tatsache, daß die Diagnose zu einem Zeitpunkt gestellt werden kann, an dem die Krankheit noch nicht ausgebrochen ist, bestehen hier aber auch wichtige Differenzen. Hinzu kommt, daß genetische Dispositionen häufig ein Element aus einem Geflecht von Ursachen für eine Krankheit sind, so daß die Prognose nur auf Wahrscheinlichkeitsangaben beruht. Die Mehrzahl dieser Aussagen weist zwar ein höheres Maß an Sicherheit auf als die in anderen Bereichen der Medizin, ist aber trotzdem von kategorial gleicher Art. Das genetische Wissen erhöht die Handlungsoptionen des Patienten nur so weit, wie dieser seine Lebensführung auf den wahrscheinlichen zukünftigen Eintritt einer Erkrankung ausrichten kann.

Die Möglichkeit, genetische Informationen und damit Prognosen über die eigene Zukunft zu erhalten, wirft auch bezüglich der Autonomie des Patienten einige schwierige Fragen auf. Es ergibt sich auf den ersten Blick die paradoxe Situation, daß ein Individuum unter Berufung auf seine Autonomie ein »Recht auf Nichtwissen« geltend machen kann. Als paradox erscheint diese Situation deshalb, weil im Autonomiekonzept implizit die Annahme enthalten ist, daß Informationen die Möglichkeit von Selbstbestimmung ermöglichen und den Grad von Autonomie erhöhen. Das im Kontext genetischer Information vieldiskutierte »Recht auf Nichtwissen« meint an dieser Stelle eine moralisch berechtigte Weigerung des Individuums, selbst Informationen über seinen eigenen Zustand zu erhalten. Wenn im folgenden vom »Recht auf Nichtwissen« in diesem Sinne die Rede ist, wird vom *Recht auf eigenes Nichtwissen* gesprochen.

Eine weitere zentrale Differenz zu anderen medizinischen Diagnosen besteht darin, daß das genetische Wissen häufig nicht durch die Untersuchung des fraglichen Patienten allein erlangt werden kann (Friedl & Lamberti, *Möglichkeiten*). In die Ermittlung werden genetische Verwandte mit einbezogen werden müssen. Neben diesem Fall der Notwendigkeit einer kollektiven Diagnoseerstellung ist auch das Problem zu beachten, daß möglicherweise ein genetischer Verwandter durch die erhobene Diagnose indirekt mitdiagnostiziert wird. An dieser Stelle kommt dann das Recht auf das eigene Nichtwissen mit Bezug auf den genetischen Verwandten ins Spiel.

Im Bereich der pränatalen Diagnostik oder der in Deutschland (noch) verbotenen Präimplantationsdiagnostik kommen als besondere Probleme Fragen bezüglich des moralischen Status von Embryonen und der moralischen Bewertung von Abtreibungen hinzu. Obwohl auch in diesem Punkt genetisches Wissen nicht absolut von anderen medizinischen Diagnosemöglichkeiten unterschieden ist, weist genetisches Wissen hier doch aufgrund seiner höheren Prognosesicherheit bei positiven Testbefunden ein erhebliches moralisches Konfliktpotential auf. Eltern werden vor die Frage einer möglichen Abtreibung (oder der selektiven Implantation im Falle der Präimplantationsdiagnostik) gestellt, wobei sie von einer hohen Wahrscheinlichkeit ausgehen müssen, ansonsten ein behindertes Kind zur Welt zu bringen.

Die erhöhte Diagnosesicherheit über Erkrankungsrisiken und Informationen darüber, daß bestimmte Personen genetische Defekte vererben und möglicherweise behinderte Kinder zur Welt bringen können, hat auch mit Bezug auf die Gesellschaft als solche moralisch relevante Aspekte. Zum einen stellt sich die Frage nach der solidarischen Verteilung des möglichen Erkrankungsrisikos in einer Gesellschaft, wenn die Individualprognosen immer sicherer werden und somit das potentielle Risiko des einzelnen zu erkranken, als Motiv für eine gemeinsame Absicherung zunehmend wegfällt.[158] Die Konsequenzen für das Versicherungswesen und das System der gesetzlichen Krankenkassen könnten gravierend sein. Darüber hinaus werden die durch die Präimplantations- und pränatale Diagnostik eröffneten Möglichkeiten sehr wahrscheinlich auch zu einer veränderten Einstellung gegenüber behinderten Menschen in einer Gesellschaft führen. Außerdem eröffnet sich hier das Konfliktfeld, ob es vielleicht moralisch legitimierbare Ansprüche der Gesellschaft als solcher an genetischem Wissen und, dem korrespondierend, individuelle Verpflichtungen gegenüber der Gesellschaft gibt. An dieser Stelle taucht das »Recht auf Nichtwissen« in seiner zweiten Funktion als Abwehrrecht gegen Ansprüche Dritter in der ethischen Diskussion auf. Wird das »Recht auf Nichtwissen« in diesem Sinne in Anspruch genommen, ist im folgenden vom *Recht auf das Nichtwissen anderer* die Rede.

Für das Konzept der informierten Zustimmung ergibt sich aus den soeben geschilderten Besonderheiten genetischer Diagnostik folgendes:

Von der Therapie zur Information. Das Konzept der informierten Zustimmung geht im Standardfall von der folgenden Situation aus: Ein Patient sucht die Hilfe eines Arztes und bekommt in einem ersten Schritt die relevante Information über seinen Gesundheitszustand, um dann im zweiten Schritt der vom Arzt vorgeschlagenen Therapie zuzustimmen, oder aber aus einer Mehrzahl möglicher Therapien unter Beratung des Arztes eine auszuwählen. In diesem zweistufigen Modell gilt der erste Schritt (die Information) als moralisch neutral oder gar als moralisch geboten, da durch die Information der zweite Schritt, die autonome Entscheidung des Patienten, ermöglicht werden soll. Im Kontext der genetischen Information ist eine Revision dieses Modells erforderlich: Weil es häufig nicht um die Zustimmung zu oder die Wahl einer Therapie geht, muß sich der einzuholende Konsens schon auf die Ermittlung und Offenlegung der Information als solcher ausdehnen.[159]

Informierte Zustimmung und die Doppelfunktion der Autonomie. Das Recht auf eigenes Nichtwissen scheint im Kontext genetischer Beratung und Diagnostik als Gegenspieler des Konzeptes der informierten Zustimmung aufzutreten, der auf dessen Grenzen aufmerksam macht. Die Diskussion um dieses vermeintliche Recht zeigt, daß sich hier ein Konflikt zwischen dem Erwerb genetischen Wissens und demjenigen Wert anzubahnen scheint, der die Basis der informierten Zustimmung liefert: die Selbstbestimmung (vgl. Chadwick, *Nichtwissen*). Wenn Autonomie Grundlage für das Konzept informierter Zustimmung ist, und wenn Information über die eigene Person eine der notwendigen Bedingungen für autonome Entscheidungen ist, wie soll dann ein Recht darauf begründbar sein, diese Information nicht haben zu wollen? Verteidiger wie Kritiker des Rechts auf eigenes Nichtwissen berufen sich direkt auf den Begriff der individuellen Selbstbestimmung. Es scheint daher unerläßlich zu sein, die Funktion des Autonomiebegriffs in diesem Kontext präziser zu bestimmen.

Informierte Zustimmung des Individuums und der Gruppe der Betroffenen. Dem Konzept der informierten Zustimmung liegt ein Modell der Arzt-Patienten-Beziehung als einer Zweierbeziehung zugrunde, das im Bereich der genetischen Information dort an seine Grenzen stößt, wo nicht nur ein einzelner Patient, sondern auch seine genetischen Angehörigen von der Erhebung der Diagnose oder dieser selbst mitbetroffen werden. Es ist zu fragen, ob es hier eine Möglichkeit gibt, das Konzept der informierten Zustimmung um eine Art konsensueller informierter Zustimmung aller unmittelbar von einer möglichen Diagnose Betroffenen zu erweitern.

Genetische Information und das »Subjekt« der informierten Zustimmung. Im Bereich der pränatalen Diagnostik (und auch der Präimplantationsdiagnostik) ist fraglich, ob durch die Annahme, daß zwischen Arzt und Schwangerer (evtl. beiden Elternteilen) eine informierte Zustimmung zustande kommen muß, nicht bereits gravierende moralische Vorentscheidungen getroffen werden, die zumindest diskussionswürdig sind. Sollte nicht vielmehr der betroffene Embryo, der ja getestet werden soll, der eigentliche Konsenspartner sein? In diesem Kontext muß geklärt werden, ob das Konzept der informierten Zustimmung hier auf den Arzt und die Schwangere (evtl. auf beide Elternteile) Anwendung finden kann, oder ob nicht vielmehr ein Modell der informierten Zustimmung im besten Interesse des Embryos an die Stelle des normalen und zumeist unausgesprochen vorausgesetzten Konzepts informierter Zustimmung treten sollte.

Informierte Zustimmung zwischen Individualismus und Gemeinschaft. Das Recht auf eigenes Nichtwissen tritt in seiner Abwehr des Zwangs, Informationen über die eigene Person erwerben zu müssen, als Gegenspieler des Konzepts der informierten Zustimmung auf. Das Recht auf das Nichtwissen anderer dagegen beruht gerade auf diesem Konzept und den darin implizierten Werten. Hier wird nämlich gegen gesamtgesellschaftliche Ansprüche oder die dritter Parteien (z. B. Versicherungsgesellschaften oder potentielle Arbeitgeber) geltend gemacht, daß ein Individuum ein Recht darauf hat, daß weder die Gesellschaft als solche noch Dritte ein Recht auf Zugang zu genetischen Informationen haben, sondern eine solche Informationsweitergabe stets der Zustimmung des betroffenen

Individuums bedarf. Grundlage dieses Rechts ist neben dem Wert der Selbstbestimmung, die innerhalb der Arzt-Patienten-Beziehung das Konzept der informierten Zustimmung stützt, der Anspruch auf Privatheit. Nun läßt sich zumindest auf den ersten Blick aber nicht von der Hand weisen, daß einige der gegen das Recht auf Nichtwissen anderer erhobenen Einwände eine gewisse Plausibilität haben (vgl. Chadwick, *Nichtwissen*). Zu fragen ist daher, ob die zunehmende Möglichkeit des Erwerbs genetischer Information den gesellschaftlichen Wertekonsens von dem liberalistischen, am selbstbestimmten Individuum orientierten Modell hin zu einer eher kommunitaristischen, am sozialen Wohl orientierten Ethik verschieben kann oder sollte, und ob ein solcher Wechsel im normativen Selbstbild einer Gesellschaft auch Auswirkungen auf das Konzept der informierten Zustimmung und das darin unterstellte Modell der Arzt-Patienten-Beziehung hat.

§4 Informierte Zustimmung als ethisches Prinzip: Ergänzung, Revision oder Preisgabe?

Schaut man sich die fünf soeben unterschiedenen und dargestellten Problemfelder an, so stellt man fest, daß sie mit Bezug auf das Konzept der informierten Zustimmung unterschiedliche Argumentationsstrategien erfordern. Es ist daher sinnvoll, für jeden der fünf Bereiche getrennt zu erörtern, welche Konsequenzen sich für das Konzept der informierten Zustimmung aus den jeweiligen Besonderheiten der genetischen Information ergeben.

Das Ziel dieser Erörterungen ist es, Vorschläge für eine ethisch annehmbare Praxis im Kontext humangenetischer Diagnostik und Beratung vorzulegen, die sich auf der Ebene des Konzepts informierter Zustimmung bewegen. Dabei handelt es sich nicht um faktische Mißstände, das heißt solche Fälle, in denen aus Bequemlichkeit oder aufgrund ökonomischer Interessen die durch das Konzept der informierten Zustimmung geforderten ethischen Standards nicht erfüllt werden. Solche Handlungsweisen werden durch das Konzept der informierten Zustimmung selbst als ethisch nicht gerechtfertigt ausgewiesen und stellen daher aus ethischer Sicht kein Problem dar. Im folgenden sollen vielmehr die sich aus diesem Konzept selbst ergebenden ethischen Probleme und Konflikte diskutiert werden.

1. *Informierte Zustimmung zur Information*

Vor der Möglichkeit zur Zustimmung kommt die Notwendigkeit der Information. Rationale Entscheidungen können nur auf der Grundlage zutreffender Informationen zustande kommen, das heißt: auch Autonomie setzt Information voraus. Dies scheint zu implizieren, daß Information als ethisch positiv oder zumindest doch als neutral anzusehen ist. Ein Arzt, der sich am Konzept der informierten Zustimmung orientiert, braucht daher erst bezüglich der Therapiewahl die Zustimmung des Patienten. Für die Korrektheit dieser Annahme spricht prima facie auch die Diskussion darum, ob sterbenskranken Patienten Informationen über ihren Zustand vorenthalten werden dürfen oder nicht (Veatch, *Patient*). Die Tatsache, daß der Rechtfertigungszwang nach allgemeiner Ansicht auf seiten des informationsverweigernden Arztes liegt, spricht dafür, daß ein Recht auf Information besteht. Doch der Schein trügt. Der in der Diskussion häufig hergestellte Bezug auf den Fall sterbenskranker Patienten ist irreführend, da aus dem Recht auf Information nicht folgt, daß das Erheben und Verfügbarmachen von Information in jedem Fall ethisch positiv oder zumindest neutral ist. Eine Differenz besteht darin, daß im Falle sterbenskranker Patienten in aller Regel bereits eine medizinische Behandlung im Gange und die relevante Information daher bereits erhoben worden ist. Bei der genetischen Diagnostik geht es hingegen um die Frage, ob eine solche Information überhaupt erhoben werden sollte. Und die Erhebung einer solchen Information kann nicht als ethisch neutral oder gar immer als positiv angesehen werden. Zum einen kann in den meisten Fällen vom Arzt keine Therapie vorgeschlagen werden, so daß die Information für den Patienten häufig keine Handlungsoption mit Bezug auf seine eigene (zukünftige) Krankheit eröffnet wird. Zum anderen können durch den Erwerb dieser Information dem Patienten Entscheidungszwänge auferlegt werden, wie beispielsweise im Fall der Schwangeren, die mit der Nachricht einer möglichen Behinderung des Kindes konfrontiert wird. Es muß daher an dieser Stelle darauf hingewiesen werden, daß aus dem Konzept der informierten Zustimmung nicht abzuleiten ist, daß der Arzt seine Information stets auf die Zustimmung des Patienten ausrichten muß. Im Gegenteil sollte seine Informationsstrategie so sein, daß sie neben der informierten Zustimmung des Patienten auch dessen »informierte Verweigerung« ermöglicht, damit der Patient, der um die möglichen Konsequenzen einer Informationserhebung weiß, auf eine Diagnose auch verzichten kann.[160]

Aus diesen Überlegungen folgt, daß das Konzept der informierten Zustimmung auf den Bereich der Informationserhebung ausgeweitet werden muß. Bereits für diesen ersten Schritt muß der Arzt die informierte Zustimmung erhalten. Neben die Zustimmung zur Therapie muß die Zustimmung zur Erhebung der Information treten. Diese naheliegende und auf den ersten Blick unproblematische Erweiterung des Konzepts der informierten Zustimmung wirft allerdings ein gravierendes Problem auf. Das Angebot des Arztes, Informationen zu erheben, kann selbst ethisch bedenklich sein, da der Patient aufgrund fehlender Symptome durch dieses Angebot auf eine mögliche Gefahr hingewiesen wird, die ihm ansonsten in keiner Weise bewußt ist. Das Angebot, eine möglicherweise folgenschwere Information zu erwerben, kann selbst bereits belastend sein und bedarf daher einer ethischen Rechtfertigung.

Ein Ausweg aus diesem Dilemma besteht darin, daß dieses Angebot als Standardmaßnahme und Routineangebot an den Patienten herangetragen wird, weil dadurch die individuelle Beunruhigung ausgeschaltet werden kann. Unter den faktisch immer vorliegenden Problemen der Mittelknappheit im Gesundheitswesen wird diese Forderung nur abgeschwächt umzusetzen sein. Aber auch die auf eine Risikogruppe beschränkte Standardmaßnahme wird mit weniger Beunruhigung aufgenommen werden als ein gezieltes individuelles Angebot des Arztes. In beiden Fällen ist allerdings zu beachten, daß der Patient auch einer Standardmaßnahme zustimmen muß.

In all den Fällen, in denen das Herantragen des Angebots zur Informationserhebung nicht ohne die implizite Offenbarung eines vagen Verdachts möglich ist, wird man im Einzelfall abwägen müssen, ob eine solche Beunruhigung bei einem einzelnen Patienten zu einem derartig großen psychischen Leiden führt, daß dieses Angebot ethisch unakzeptabel wird. In den allermeisten Fällen aber läßt sich ein solches Angebot zur Informationserhebung im Interesse des Patienten vermutlich rechtfertigen.

Es ist klar, daß mit diesem Informationsangebot dem Patienten eine gewisse Einschränkung seiner Autonomie zugemutet wird. Wenn man sich jedoch verdeutlicht, daß die bewußte Vorenthaltung dieses Informationsangebots ebenfalls eine Einschränkung der Autonomie des Patienten darstellt, wird ersichtlich, daß eine solche Zumutung die in aller Regel eher vertretbare Handlungsweise darstellt. Immerhin appelliert man dabei an die Fähigkeit des Patienten, über seine Situation selbst zu entscheiden, während man ihm umgekehrt nicht nur eine Entscheidung erspart, sondern ihm zugleich auch ein Stück Entscheidungsfreiheit vorenthält.

2. *Das Recht auf eigenes Nichtwissen: die Doppelfunktion der Autonomie*

Das Konzept der informierten Zustimmung und das gegen den Zwang, etwas wissen zu müssen, ins Feld geführte Recht auf das eigene Nichtwissen haben eine gemeinsame ethische Wurzel: den Wert der Autonomie. Wenn es nun den Anschein hat, daß im Kontext humangenetischer Diagnostik und Beratung beide zumindest in ein Spannungsverhältnis treten, wenn nicht gar sich gegenseitig ausschließen, dann muß man fragen, wie diese Situation entstehen kann. Prima facie reagiert das Recht auf eigenes Nichtwissen darauf, daß einem Individuum abverlangt wird, Informationen zur Kenntnis zu nehmen, über die es selbst nicht verfügen will. Damit ist auch gesagt, daß der Erwerb von Informationen nicht in jedem Fall positiv oder zumindest neutral sein kann, denn sonst gäbe es keinen Grund, das Recht auf eigenes Nichtwissen in Anspruch nehmen zu wollen. Mit dem oben vorgeschlagenen erweiterten Konzept der informierten Zustimmung, bei dem auch der Erwerb von Informationen nur nach vorhergegangener Information des Arztes und Zustimmung des Patienten erfolgen kann, kollidiert dieses Recht auf das eigene Nichtwissen nicht mehr. Denn natürlich kann ein Patient an dieser Stelle den Prozeß der Informationsvermittlung abbrechen und sich dabei auf sein Recht auf freie und informierte Verweigerung der Information berufen.

Der Anschein des Paradoxen, der dieses Recht auf das eigene Nichtwissen umgibt, bleibt dabei aber trotzdem bestehen. Wie kann ein Recht, das sich auf den Begriff der Autonomie beruft, plausibel begründet werden, wenn es den Verzicht auf eine der Vorbedingungen autonomer Entscheidungen beinhaltet? Kritiker dieses Rechts auf das eigene Nichtwissen argumentieren daher wenig überraschend häufig so, daß sie ein solches Recht als inkonsistent bezeichnen.

Der Versuch, das Recht auf das eigene Nichtwissen als nicht einmal sinnvoll formulierbar auszuweisen, scheitert daran, daß dabei von einer begrifflichen Mehrdeutigkeit Gebrauch gemacht wird. Hier gilt es, folgenden Unterschied zu beachten: auf der einen Seite steht das Ideal der Autonomie als einer vollständig rationalen und selbstbestimmten Lebensführung. Diesem Ideal werden wir alle in unserem Leben nur in mehr oder weniger hohem Maße gerecht. Auf der anderen Seite steht ein Autonomiebegriff, der eine Kompetenz zu hinreichend rationalen und selbstbestimmten Entscheidungen voraussetzt. Diese Kompetenz, die von Menschen im Normalfall im Laufe ihrer Kindheit erworben wird, kann bereichsspezifisch vorliegen. Ein Individuum kann mit Bezug auf alltägliche Dinge (Einkaufen, Kochen, Wahl der Kleidung etc.) autonom und mit Bezug auf andere Dinge (z. B. besonders schwierige Erbschaftsfragen) nicht autonom sein. Außerdem enthält dieser Kompetenzbegriff der Autonomie einen Schwellenwert, wobei die Schwelle, jenseits derer Autonomie aufhört, jeweils gesellschaftlich zu definieren und auch nicht ein für allemal festzulegen ist. Dieser Kompetenzbegriff von Autonomie bezieht sich in erster Linie auf einzelne Entscheidungen und möglicherweise auf Handlungskomplexe, nicht aber auf die gesamte Lebensführung eines Individuums.

Das Recht auf Selbstbestimmung und die menschliche Würde sind nun zwar sicherlich mit dem Ideal der Autonomie eng verknüpft. Die Basis für diese Rechte kann aber nur die Kompetenz zu hinreichend autonomen Entscheidungen sein, die wir im alltäglichen Leben demonstrieren. Das Ideal der Autonomie eignet sich nicht als Rechtfertigungsbasis, da es von Menschen faktisch nie erfüllt wird und daher als Rechtfertigungsgrundlage nicht herangezogen werden kann. Es ist aber nur dieses Ideal, das mit dem Recht auf eigenes Nichtwissen in Konflikt gerät. Unterstellt man dagegen den Kompetenzbegriff der Autonomie, löst sich der vermeintliche

Widerspruch auf. Auch in der faktisch immer vorliegenden Situation fehlender oder falscher Informationen kann, Extremsituationen ausgeschlossen, eine Entscheidung durchaus noch autonom sein. Die von den Kritikern behauptete Inkonsistenz des Rechts auf das eigene Nichtwissen läßt sich damit nicht aufrechterhalten, auch wenn es einzelne Entscheidungssituationen geben mag, in denen der Verzicht auf Informationen wirklich dazu führt, daß die Entscheidung nicht mehr als autonom angesehen werden kann.

3. *Kollektive informierte Zustimmung?*

Wenn die von einem Individuum erworbene genetische Information auch für ein anderes, genetisch verwandtes Individuum relevant ist, dieses Individuum aber keinen Zugang zu dieser Information zu haben wünscht, dann sollte im Vorfeld der Erhebung dieser Information ein Verfahren kollektiver informierter Zustimmung beziehungsweise Verweigerung durchgeführt werden. Auch hier ist es vertretbar, die einzelnen zur Teilnahme an einem Gespräch aufzufordern, um einen informierten Konsens zu erreichen, auch wenn eine solche Aufforderung eine Konfrontation mit möglichem relevanten Wissen beinhaltet.

Mit der Forderung, das Konzept der informierten Zustimmung von dem Zweier- auf ein Kollektivmodell umzustellen, wird anerkannt, daß auch der indirekt durch die genetische Information Betroffene ethisch beachtenswerte Ansprüche hat. Tritt allerdings ein Konflikt auf, wird also kein Konsens erzielt, sollten die einzelnen Individuen das Recht haben, ohne Zustimmung der anderen dieses genetische Wissen zu erwerben. Dabei sind von ärztlicher und von Seiten der Betroffenen aus alle Maßnahmen zu ergreifen, die eine direkte oder indirekte Weitergabe der erhaltenen Information ausschließen oder zumindest soweit wie möglich verhindern. Es muß allerdings klar gesagt werden, daß vor allem eine indirekte Weitergabe nur schwer zu vermeiden sein wird, wenn sich das genetische Wissen in den Entscheidungen und Handlungen des informierten Individuums niederschlägt.

Schwieriger gestaltet sich der Fall, in dem andere Individuen aktiv in die Erhebung des zu erwerbenden genetischen Wissens einbezogen werden müssen. Ist hier kein Konsens zu erzielen, stehen sich das Recht auf eigenes Wissen und das Recht darauf, keinen Test ohne eigene Zustimmung durchführen zu müssen, gegenüber. Man kann davon ausgehen, daß sich das Recht auf das eigene Wissen des einen Individuums und das Recht auf das eigene Nichtwissen des anderen Individuums in ethischer Hinsicht die Waage halten. Daher muß die Tatsache, daß mit einem erzwungenen Test ein massiver Eingriff in die Autonomie des Individuums und ein partielles Außerkraftsetzen des Prinzips der informierten Zustimmung verbunden ist, den Ausschlag zugunsten derjenigen Individuen geben, die ihre Mitwirkung auch nach dem Versuch, einen Konsens zu erzielen, nicht zusagen. Eine zwangsweise Durchführung des Tests ist in solchen Fällen mit Blick auf die medizinethischen Prinzipien ein schwerwiegenderer Schaden als die möglicherweise entstehenden Nachteile für das Individuum, dem an dieser Stelle ein Erwerb genetischen Wissens versagt wird. Der auf diese Weise entstehende moralische Schaden dürfte geringer sein als die (partielle) Preisgabe des Prinzips der informierten Zustimmung und der Autonomie des Individuums, vor allem wenn man bedenkt, daß der Test möglicherweise eine invasive Maßnahme sein wird und damit auch die körperliche Integrität des seine Mitarbeit verweigernden Individuums nicht beachtet wird.

4. *Informierte Zustimmung und die Entscheidung im besten Interesse*

Im Bereich der Präimplantations- und der pränatalen Diagnostik zeigt sich besonders deutlich die Notwendigkeit, das Konzept der informierten Zustimmung auf das zur Verfügung stellen von Information zu erweitern, da hier für die Schwangere (evtl. beide Elternteile) ethisch gravierende Entscheidungen (selektive Implantation, Abtreibung, Austragen eines wahrscheinlich behinderten Kindes) anstehen können.[161]

Kritiker betonen in diesem Kontext häufig, daß die Möglichkeit genetischer Diagnostik zu einer weiter schwindenden Akzeptanz behinderter Menschen in der Gesellschaft und damit auch der Entscheidung der Mutter (evtl. beider Elternteile), ein behindertes Kind auszutragen, führen wird. Im Rahmen dieses Beitrags kann auf die ethische Relevanz dieser Kritik nicht weiter eingegangen werden; sie enthält aber auch einen für das Konzept der informierten Zustimmung wichtigen Aspekt. Dieser wird sichtbar, wenn die Entscheidung zugunsten des Erwerbs der fraglichen Information ausfällt. Liegt die fragliche genetische Information vor und spricht eine Wahrscheinlichkeit dafür, daß der Embryo eine Behinderung aufweist, liegt die Gefahr nahe, daß der Schwangeren (evtl. beiden Elternteilen) eine implizite Wertannahme (des Arztes oder der Gesellschaft) als medizinische Information übermittelt wird. Man geht dann nicht mehr davon aus, daß hier die Entscheidung für oder gegen ein behindertes Kind gefällt werden muß, sondern nimmt die Diagnose als medizinisch begründetes Argument für eine Abtreibung. Die Schwangere (evtl. beide Elternteile) wird – aufgrund eines unterstellten Wertekonsenses – dann nicht mehr aufgefordert, eine Wertentscheidung zu fällen, obwohl es sich um eine solche handelt. Dies wird an den Berichten von Frauen sichtbar, die sich in einer solchen Situation gegen die Beendigung der Schwangerschaft und für ein behindertes Kind entscheiden. Sie können in den allermeisten Fällen mit dem Unverständnis des beratenden medizinischen Personals, sowie vermutlich auch von weiten Teilen ihres sozialen Umfelds, rechnen. Hier ist zu fordern, daß die Wertvorstellungen in dem Verfahren zur Erreichung einer informierten Zustimmung offengelegt und nicht als neutrale medizinische Fakten verschleiert werden.

Die Möglichkeiten humangenetischer Beratung und Diagnostik berühren an dieser Stelle das generelle ethische Problem, welcher moralische Status dem ungeborenen menschlichen Leben zukommt. Auch dieser Frage kann hier nicht weiter nachgegangen werden. Es sollte aber versucht werden, das Konzept der informierten Zustimmung diesem Problem gegenüber soweit wie möglich neutral zu halten. Daraus leitet sich die Forderung ab, nicht nur die Ansprüche der Schwangeren (evtl. beider Elternteile), sondern auch die des Embryos als ethisch relevant zu berücksichtigen. In das Verfahren zur Erlangung einer informierten Zustimmung sollten daher auch Überlegungen mit einfließen, die den Embryo als einen fiktiven Gesprächspartner ansehen. Solche Erwägungen können natürlich nur auf der Grundlage des intersubjektiv-rationalen Standards nach dem Modell der stellvertretenden Entscheidung im besten Interesse des Embryos durchgeführt werden.[62]

Die Einnahme einer solchen Perspektive im Prozeß der Erlangung einer informierten Zustimmung stellt eine Anerkennung der Tatsache dar, daß es in diesem Kontext nicht nur um die Schwangere (evtl. die Eltern), sondern auch um ein noch nicht geborenes menschliches Individuum geht, dem möglicherweise ethisch zu respektierende Ansprüche zukommen.

Auf diese Weise kann man die Frage nach dem letztendlichen moralischen Status des Embryos offenlassen. Sowohl die Schwangere (evtl. die Eltern) als auch der Embryo werden als Parteien mit ethisch relevanten Ansprüchen zugelassen; zwischen diesen gilt es abzuwägen. Wie der moralische Status des Embryos dabei letztendlich zu bewerten ist, kann an dieser Stelle genauso wenig diskutiert werden, wie die These, daß der moralische Status eines noch nicht implantierten Embryos (Präimplantationsdiagnostik) und der eines Embryos in vivo identisch sind.[163] Beide sollten als zur Teilnahme an der Konsensfindung berechtigte »Subjekte« der informierten Zustimmung angesehen werden. Das konkrete Gewicht der jeweiligen moralischen Ansprüche muß dann im Laufe des Prozesses durch die Resultate der Abwägungsfragen bestimmt werden. Dies scheint ein ethisch akzeptables Verfahren für die faktisch vorliegende Situation zu sein, die durch einen mangelnden gesellschaftlichen und philosophischen Konsens hinsichtlich des moralischen Status des ungeborenen menschlichen Lebens charakterisiert ist.

5. *Informierte Zustimmung, Autonomie und die Ansprüche der Gemeinschaft*

Das Konzept der informierten Zustimmung beruht auf dem Primat der individuellen Autonomie. Im Kontext der Auseinandersetzung um die ethischen Aspekte der Humangenetik finden sich auch Argumente, die darauf hindeuten, daß dieses Primat möglicherweise nicht länger zu rechtfertigen ist.[164] So ließe sich zum einen fragen, ob nicht neben den Ansprüchen der Schwangeren und des Embryos im gerade diskutierten Fall pränataler Diagnostik auch die Gesellschaft ein zu berücksichtigendes Interesse hat. Immerhin, so läßt sich argumentieren, wird ein behindertes Individuum vermutlich ab einem gewissen Zeitpunkt nicht mehr durch seine Eltern versorgt werden können, so daß soziale Leistungen der Gesellschaft erforderlich werden. Wenn die Möglichkeiten der frühzeitigen und zunehmend sicherer werdenden Diagnose von Behinderungen ausgeschöpft werden, ließen sich diese Kosten vermeiden. Führt dies etwa zu der Konsequenz, daß eine Entscheidung für ein behindertes Kind ethisch nur dann zu rechtfertigen ist, wenn die Eltern die Versorgung vollständig selbst finanzieren können? Und hat die Gesellschaft im anderen Fall nicht einen ethisch akzeptablen Anspruch darauf, bei der Inanspruchnahme von Solidarleistungen mitzuentscheiden?

In der Auseinandersetzung um das Recht auf das eigene Nichtwissen läßt sich, neben dem bereits geschilderten Versuch, dieses Recht als inkonsistent zu erweisen, auch ein ethischer Einwand vorbringen. Das Recht auf das eigene Nichtwissen führt, wenn dadurch zum Beispiel Erbkrankheiten weitergegeben werden, zu einer Belastung der Gesellschaft. Da das Gesundheitswesen nicht privat, sondern über Solidarleistungen finanziert wird, hat die Gesellschaft hier einen ethisch relevanten Anspruch darauf, Zugang zur genetischen Information zu erhalten, auch wenn das betreffende Individuum dies nicht wünscht. Dem Individuum kann dann eine Pflicht »zu wissen« auferlegt werden. Das Konzept der informierten Zustimmung wäre damit in diesem Kontext außer Kraft gesetzt und würde durch eine Sozialpflicht ersetzt.

Auch gegen das Recht auf das Nichtwissen anderer bei gleichzeitigem eigenen Wissen des Individuums lassen sich ethische Argumente anführen, welche die Interessen der Gesellschaft als solcher ins Spiel bringen. Das Versicherungswesen und der Arbeitsmarkt sind für eine moderne Gesellschaft zentrale Institutionen, an deren Funktionieren sie daher ein berechtigtes Interesse hat. Wenn nun aber ein Individuum durch das Verfügen über genetische Informationen gegenüber einer Versicherung oder einem Arbeitgeber Vorteile erlangen kann, weil diese durch das Recht auf das Nichtwissen anderer von diesem Wissen ausgeschlossen werden, dann wird die Basis zerstört, auf der diese Institutionen funktionieren. Auch diese Überlegungen scheinen zu einem ethisch akzeptablen Recht auf das Wissen anderer zu führen. Das Konzept der informierten Zustimmung wäre wieder außer Kraft gesetzt.

Der Konflikt, der sich hier bemerkbar macht, ist nicht auf die Humangenetik beschränkt, stellt sich in ihrem Kontext aber in verschärfter Form. Es ist eine unbestreitbare Tatsache, daß die Unvorhersagbarkeit individuellen Leidens zur Ausbildung sozialer Einrichtungen führt, in denen in solidarischer Weise den einzelnen, die ein solches Leiden trifft, geholfen wird. Die Erfahrung, daß es jeden treffen kann, ist sicher ein Motiv, sich an diesen Institutionen zu beteiligen. Genau diese Unvorhersagbarkeit des individuellen Risikos wird durch die Möglichkeiten humangenetischer Diagnostik zunehmend beseitigt. Damit fällt auch ein Argument für die Akzeptanz von Solidarleistungen (z. B. Beiträge zur Krankenkasse) weg. Daraus aber den Schluß zu ziehen, daß durch die zunehmende Sicherheit der Diagnose eine Pflicht zur solidarischen Mitarbeit des betroffenen Individuums im Sinne der gesellschaftlichen Interessen entsteht, geht in zweifacher Weise zu weit. Selbst unter der Voraussetzung, daß sich die Basis für solidarische Institutionen auflösen würde, wenn den Individuen keine sozialen Pflichten bezüglich genetischer Information auferlegt werden, folgt *erstens* nicht, daß man den Individuen solche Pflichten sozial auferlegen kann. Dies folgte nur, wenn die Individuen entweder eine unabhängig von diesem Zusammenhang bestehende ethische Pflicht zur Aufrechterhaltung dieser Gesellschaft hätten oder aber diese Gesellschaft aufrecht erhalten wollten. Ob sie eine solche Gesellschaftsform aber wirklich wollen würden, darf mit Recht bezweifelt werden. Selbst unter der plausiblen Annahme, daß die einzelnen nicht nur aus einem egoistischen Nutzenkalkül an der Gesellschaft partizipieren, folgt nicht, daß sie auch eine Gesellschaftsform wollen, in der ihre individuelle Autonomie einem anonymen Gesamtwohl geopfert wird. Die Chancen, solche ethische Pflichten gegenüber der Gesellschaft ohne Rekurs auf das Wollen der Individuen zu begründen, dürften ebenfalls gering sein.

Aber schon die Voraussetzung für die von mir kritisierten Überlegungen ist fehlerhaft. Denn es ist *zweitens* nicht gesagt, daß sich mit dem Wegfall eines Motivs für gesellschaftliche Solidarität jede Basis dieser Solidarität auflösen würde. Es mag sein, daß eine auf die Unvorhersagbarkeit von Risiken gegründete Solidarität, wie sie dem Versicherungswesen zugrunde liegt, schrittweise wegfällt. Jeder, der an einer Gesellschaft festhalten will, die der Autonomie und der individuellen Freiheit das Primat zugesteht, wird darin aber nur die Aufforderung erblicken, diese Solidarität auch ohne die Voraussetzung der individuellen Unsicherheit aufzubringen. Möglicherweise wissen wir irgendwann, aus welchen genetischen Gründen dieses Individuum ein behindertes Kind bekommen wird, oder aufgrund welcher Erbkrankheiten die Kinder dieser Eltern an einem genetischen Defekt leiden werden. Dies ist aber kein Grund, die Solidarität mit diesen Individuen aufzukündigen. Solidarität hört nicht dort auf, wo das Risiko, selbst von einem individuellen Leiden getroffen zu werden, nicht besteht. Gerade umgekehrt kann man sagen, daß sie dort im eigentliche Sinne allererst entsteht. Wenn wir an einer Gesellschaft interessiert sind, die den Individuen ein größtmögliches Maß an autonomer Lebensführung ermöglicht, haben wir, gerade auch mit Blick auf die Zukunftsaussichten der Humangenetik, ein starkes Motiv, diese Art von Solidarität ein- und auszuüben.

VIII. Sterbehilfe

§1 Einleitung

Ethische Probleme, die sich im medizinischen Umgang mit Sterben und Tod ergeben, berühren nicht nur die Spezialinteressen von philosophischen Ethikern, Moraltheologen oder Juristen. Sie rufen auch ein großes öffentliches Echo hervor, welches durch Anzeigenserien in Zeitungen, Feuilletonartikel, Talk-Shows oder auch abendfüllende Spielfilme zusätzlich genährt wird. Während in Deutschland die Diskussion um die Abtreibung, anders als z. B. in den USA, in den letzten Jahren nicht[165] primär im Zentrum der gesellschaftlichen Auseinandersetzung gestanden hat, gehören die Fragen um die moralischen Grenzen des medizinischen Handelns im Bereich der Sterbehilfe zu den umstrittensten. Unvergessen sind die sogenannte »Singer-Affäre«, die danach durch die Kontroverse um die Aufnahme des Hirntodkriteriums in das vor mehr als zehn Jahren verabschiedete Transplantationsgesetz sowie durch die Empörung über den Entwurf einer Bioethikkonvention der Europäischen Union überlagert worden ist.[166] Es ist offenkundig, daß der medizinische Umgang mit Sterben und Tod ein Konfliktfeld darstellt, das sowohl generelle Ängste provoziert als auch Ausdruck eines basalen Wertedissenses ist. Auf der einen Seite wird ein »Recht auf den eigenen Tod« reklamiert, das den Ärzten die Pflicht auferlege, dem einzelnen Patienten einen selbstbestimmten und »würdigen Tod« zu ermöglichen.[167] Auf der anderen Seite wird vor inhumanen Tendenzen einer »Hochleistungsmedizin« gewarnt, die vor dem Hintergrund einer säkularisierten und atomisierten modernen Gesellschaft sowie im Rahmen der gegenwärtig bestehenden ökonomischen Krise direkt in die Wiederkehr der moralischen Katastrophe der NS-Diktatur münden werde, wenn man nicht eine absolute moralische Grenze uneingeschränkt verteidige: die Unzulässigkeit der direkt aktiven Herbeiführung des Todes durch medizinisches Handeln. Während es für die einen darum geht, der Autonomie des Patienten endlich auch im Bereich des Sterbens und des Todes zum Durchbruch zu verhelfen, sehen die anderen in diesem Versuch einen Dammbruch, der die Grundlagen der abendländischen Kultur gefährdet. Entsprechend heftig prallen die Positionen im öffentlichen ›Diskurs‹, aber auch in fachwissenschaftlichen Diskussionen aufeinander.

Die ethischen Probleme im medizinischen Umgang mit Sterben und Tod haben sicherlich zu allen Zeiten Aufmerksamkeit erregt. Dennoch lassen sich einige Faktoren benennen, die diesen Fragenkomplex zu einem gegenwärtig in den westlichen Demokratien dominierenden gesellschaftlichen Konfliktfeld werden lassen.

Da ist zum einen der gesamtgesellschaftlich beobachtbare Wandel hin zu einer pluralistischen und weitgehend säkularisierten Gesellschaft. Religiöse Vorstellungen einer Unverfügbarkeit auch des eigenen Lebens lassen sich nicht mehr allgemeinverbindlich voraussetzen. An ihre Stelle tritt der Wert der Selbstbestimmung, der – aufgefaßt als formale Kompetenz von Subjekten zu autonomen Entscheidungen – besser zur individualistischen und pluralistischen Gesellschaft paßt. Auch im Bereich der Medizin hinterläßt dieser Wandel Spuren: An die Stelle der tradierten Konzeption des Arzt-Patienten-Verhältnisses tritt die Vorstellung der Interaktion zwischen autonomem Patienten und Arzt, die sich in der Priorität des Modells der informierten Zustimmung manifestiert. Es liegt auf der Hand, daß angesichts einer solchen Umwertung der Werte sowohl auf Seiten der Ärzte als auch auf Seiten der Patienten das ›Recht‹ auf einen selbstbestimmten Tod plausibler und vehementer eingefordert wird als unter den Rahmenbedingungen einer paternalistisch orientierten ärztlichen Ethik.

Zum anderen werfen Entwicklungen innerhalb der Medizin selbst die Frage nach dem selbstbestimmten Tod auf. Der medizinisch-technische Fortschritt führt dazu, daß es immer häufiger Lebensumstände gibt, in denen Lebensverlängerung und Lebensqualität auseinandertreten und sich die Frage nach den Grenzen der ›Apparatemedizin‹ und das Bedürfnis nach der Neudefinition der Funktion ärztlichen Handelns einstellt.[168] In einer Gesellschaft, in der immer mehr Menschen aufgrund ihres hohen Alters als Patienten oder als Angehörige mit den Möglichkeiten der Intensivmedizin konfrontiert werden, ist zu erwarten, daß der sich hier anbahnende Konflikt weiter an Bedeutung zunehmen wird. Gestärkt werden diese Tendenzen noch durch das in der deutschen Bevölkerung weitverbreitete Mißtrauen gegen technologische Innovationen, das sich auch auf die neuen medizinisch-technischen Entwicklungen und damit auf die gesamte ›Apparatemedizin‹ ausdehnt.[169] Die moderne Medizin ist dabei, auch aufgrund immanenter Entwicklungen, davon betroffen, daß Wissenszuwachs und technischer Fortschritt längst nicht mehr generell als positiv oder wertneutral eingeschätzt werden. Da diese Grundhaltung von vielen Ärzten geteilt wird, die sich selbst gegen den technischen Imperativ der Umsetzung des Machbaren um des Machbaren willen aussprechen, wirkt dieser Einstellungswandel nicht nur als äußerer Druck auf die Institution der Medizin, sondern führt auch intern zu Orientierungsproblemen.

Diese beiden Entwicklungstendenzen: Dominanz des Autonomieprinzips und generelle Technikskepsis rufen gegensätzliche Reaktionen hervor. In dem Vorwurf an die Medizin, »Gott spielen zu wollen«, drückt sich nicht nur eine Abwehr gegen paternalistische Tendenzen der »Halbgötter in weiß« aus, sondern auch die Intuition der Unverfügbarkeit des menschlichen Lebens und Sterbens. Diese steht in einem Spannungsverhältnis zu der Forderung nach einem selbstbestimmten Tod, so daß sich bei vielen der an der Diskussion beteiligten Parteien konfligierende Motive aufweisen lassen.

Nähert man sich aus philosophischer Perspektive der Frage, ob sich die direkt aktive Herbeiführung des Todes im Bereich medizinischen Handelns rechtfertigen läßt, so sind vorab einige Klärungen erforderlich.

In der Auseinandersetzung ist eine Vielzahl ethischer und metaethischer Hintergrundannahmen wirksam, die gegenüber dem Problem nicht neutral sind. So kann es, selbst unter gemeinsamer Verwendung von zentralen Begriffen wie »Menschenwürde«, »Autonomie« oder »Intention«, aufgrund divergierender methodischer und inhaltlicher Prämissen zu fundamentalen Differenzen kommen, die sich nur gelegentlich auf die abweichende Einschätzung empirischer Daten zurückführen lassen.

Viele der zur Klassifikation verwendeten Begriffe (»Töten«, »Sterbenlassen«, »Sterbehilfe«, »assistierter Suizid« etc.) und Unterscheidungen (»aktiv vs. passiv«, »gewöhnliche vs. außergewöhnliche Maßnahmen«, »Tun vs. Unterlassen« etc.) werden in zwei fundamental verschiedenen Weisen gebraucht. Zum einen dienen sie als *rein deskriptive* Begriffe, die einen Phänomenbereich strukturieren sollen, um die einzelnen Fallgruppen anschließend ethisch bewerten zu können. Zum anderen werden sie mit einem *normativen* Einschlag verwendet, so daß z. B. Tötungshandlungen, die als ethisch erlaubt gelten, als Fälle von Sterbenlassen klassifiziert werden. Oder es werden medizinische Maßnahmen deswegen als »außerordentlich« klassifiziert, weil deren Nichtaufnahme oder Abbruch als ethisch erlaubt oder gar geboten angesehen wird.

Die philosophische, moraltheologische und juristische Literatur zum Thema hat verschiedene Klassifikationsschemata vorgeschlagen, die – je nach Hintergrundannahmen – geeignet sein sollen, die relevanten ethischen Unterschiede im Gegenstandsbereich zu treffen oder die ethisch richtigen Grenzen zu ziehen (so z. B. die Unterscheidung zwischen aktiver und passiver Sterbehilfe, die Einteilung in freiwillige, nichtfreiwillige und unfreiwillige Euthanasie oder die Differenzierung zwischen intendierten und bloß vorhergesehenen Folgen einer Handlung oder einer Unterlassung). Diese unterschiedlichen Klassifikationen ermöglichen es Diskussionsteilnehmern, die auf der allgemeinen Ebene ihrer jeweiligen ethischen Theorien entgegengesetzte Positionen vertreten, bei der Bewertung konkreter Einzelfälle zu gleichen Handlungsanweisungen zu kommen. Diese werden dann allerdings im Rahmen der jeweils in Anschlag gebrachten begrifflichen Unterscheidungen auf fundamental verschiedene Weise beschrieben (als Beispiel für diesen Effekt siehe Freeman & Pellegrino, *Managment*).

Mit den folgenden Überlegungen versuche ich, das Problem der ethischen Bewertung von medizinischen Handlungen, die eine direkte aktive Herbeiführung des Todes darstellen, aus philosophisch-ethischer Sicht zu analysieren, so daß theologische oder juristische Aspekte nicht erörtert oder berücksichtigt werden. Außerdem behandele ich das Problem im Rahmen der biomedizinischen Ethik. Daher kann die Perspektive der ärztlichen Ethik zwar berücksichtigt, nicht aber zur alleinigen Bewertungsgrundlage gemacht werden. Standesethische Gesichtspunkte und auch solche Argumente, die das Problem aus der Sicht des handelnden Arztes darstellen, erfassen nur einen Ausschnitt der zu berücksichtigenden, ethisch relevanten Aspekte.

Im nächsten Abschnitt (§ 2) werden die verschiedenen traditionellen Begriffs- und Fallunterscheidungen vorgestellt und wird die von mir verwendete Terminologie festgelegt. Danach frage ich zuerst, welche Gründe prima facie für die Annahme sprechen, die direkt aktive Herbeiführung des Todes im Bereich medizinischen Handelns sei ethisch zu rechtfertigen (§ 3). Anschließend (§ 4) setze ich mich mit zwei prominenten Argumentationsweisen auseinander, die für sich in Anspruch nehmen, ein kategorisches Argument gegen die ethische Zulässigkeit von solchen medizinischen Handlungen zu liefern, in denen der Tod eines Menschen intendiert wird. Da sich derart starke Begründungsansprüche vor dem Hintergrund einer säkularen und pluralistischen Gesellschaft generell nicht rechtfertigen lassen, wird in den darauffolgenden beiden Abschnitten untersucht, ob es intrinsische (§ 4) oder extrinsische (§ 5) ethische Gründe gibt, welche die Prima-facie-Plausibilität der ethischen Zulässigkeit direkt aktiver Herbeiführungen des Todes durch medizinisches Handeln überstimmen können. Das Ziel dieser Überlegungen ist dabei, fehlerhafte Argumentationsmuster aus der Diskussion zu verbannen und die Falschheit einfacher »Ja-Nein«- und die Notwendigkeit differenzierter Antworten aufzuweisen, bei denen der Urteilskraft des Mediziners eine unersetzliche Rolle zuerkannt wird.

In Deutschland[170] hat sich, vor allem aufgrund der historischen Belastung des Wortes »Euthanasie« durch den Nationalsozialismus, der Begriff »Sterbehilfe« etabliert. Semantisch ist »Sterbehilfe« gegenüber der Kennzeichnung »Euthanasie« in einer Hinsicht vorzuziehen: Während das Kriterium »guter Tod« nicht festlegt, für wen der Tod »gut« sein soll, enthält »Hilfe« eine solche auf das Wohl des jeweiligen Patienten bezogene Implikation. Damit ist eine ausschließlich oder primär am Wohle anderer orientierte Handlungsweise ausgeschlossen, auch wenn z. B. Gesichtspunkte wie die berechtigten Interessen von Angehörigen dann hinzugezogen werden können, wenn die Annahme plausibel ist, daß die Berücksichtigung im Interesse des Patienten liegt, gelegen hat oder gelegen hätte.

In einer anderen Hinsicht weisen »Euthanasie« und »Sterbehilfe« gleichermaßen eine Unklarheit auf: Es bleibt offen, wie der Standard des Guten oder des Patientenwohls festgelegt wird. Zum einen gibt es Fälle, in denen die subjektiven Einschätzungen des Patienten rational nicht begründbar und seine Wünsche nicht in seinem »besten Interesse« sind. Zum anderen gibt es Patienten, die ihre Autonomie irreversibel verloren haben, zu keinem Zeitpunkt ihres Lebens autonom gewesen oder gegenwärtig nicht zu autonomen Entscheidungen in der Lage sind. Für diese können »das Gute« und »das Wohl« nicht mittels der aktualen subjektiven Einschätzungen und Wünsche bestimmt werden. Gegebenenfalls muß es sogar vollständig unabhängig davon festgelegt werden, weil die fraglichen Patienten zu keinem Zeitpunkt ihres Lebens zur Ausbildung solcher subjektiven Einschätzungen und Wünsche in der Lage gewesen sind. Da solche Konstellationen unbestreitbar eintreten können, kann der Standard für die Festlegung des Guten oder des Wohls nicht allein das subjektive Überzeugungs- und Wertemuster des jeweiligen Patienten sein. Damit stellt sich die Frage, wie weit eine »objektivierende« inhaltliche Bestimmung dieser Bewertungsgrundlage gehen kann.

In einer dritten Hinsicht stellt »Sterbehilfe« einen semantischen Bezug her, der inadäquat ist. Es gibt Patienten, die nicht in einem Sterbeprozeß begriffen sind, so daß ihnen auch keine Hilfe beim

Sterben geleistet werden kann. Man könnte vielleicht sagen, daß ihnen geholfen wird, den Sterbeprozeß einzuleiten, aber dies ist sicherlich nicht die geläufige Konnotation von »Sterbehilfe«. Patienten, die sich z. B. in einem Persistent-Vegetative-State befinden, oder solche mit einer Querschnittlähmung im Nackenbereich und nicht behebbaren Schmerzen, befinden sich nicht im Sterbeprozeß. Gleiches gilt für Patienten, die aufgrund psychischer Erkrankungen einen Tötungswunsch äußern. Hier von Sterbehilfe zu sprechen, ist irreführend. Umgekehrt kann das Festhalten an der Kennzeichnung allein auch nicht als Argument für die Forderung angeführt werden, in solchen Fällen müsse das Leben der Patienten weitergehen. Dies schließt allerdings nicht aus, daß es andere Argumente gibt. Es ist daher sinnvoll, den Terminus »Sterbehilfe« zu ersetzen durch die Wendung »Hilfe bei der Herbeiführung des Todes«.[171]

Dabei verwende ich »Herbeiführung des Todes« in einem deskriptiven Sinn. Eine Handlung als Tötung zu beschreiben, heißt nicht ohne weiteres, sie als ethisch unzulässig zu bezeichnen. Als Töten fasse ich dabei sowohl solche Handlungen auf, die durch direkte physische Einwirkungen auf einen Menschen den Tod herbeiführen, als auch mittelbares Herbeiführen durch absichtliches Schaffen von geeigneten Umständen und negative Verursachungen durch absichtliche Unterlassungen. Dies deckt sich mit dem juristischen Aspekt der Zurechenbarkeit, allerdings ohne die negative ethische Konnotation.[172]

Der durch den Bestandteil »Hilfe« hergestellte Bezug zum Wohl oder zu dem für den Patienten Guten ist so zu verstehen, daß eine Handlung dann als ein Fall von »Hilfe bei der Herbeiführung des Todes« gilt, wenn das Motiv des Handelnden die Achtung des Patientenwohls und die Herbeiführung eines für den Patienten guten Zustands ist und sein Handeln auf intersubjektiv nachvollziehbaren Überlegungen (Fakten- und Wertentscheidungen) beruht. In diesem Sinne ist »Hilfe bei der Herbeiführung des Todes« kein Erfolgsbegriff, d. h. er trifft nicht nur dann zu, wenn die Handlung wirklich zum Wohle des Patienten ist. Er ist aber auch nicht in dem Sinne subjektiv, daß die Annahme des Handelnden ausreicht, um seine Handlung entsprechend zu klassifizieren. Auch auf der Basis einer auf intersubjektiven Bewertungsmaßstäben aufruhenden

Klassifikation kann man zwischen vermeintlicher und wirklicher Hilfe differenzieren. Die faktische Förderung des Wohls oder des für den Patienten Guten kann zwar eine Wahrheits- nicht aber eine Rechtfertigungsbedingung sein.

Eine der geläufigsten Differenzierungen ist die zwischen freiwilliger, nichtfreiwilliger und unfreiwilliger Sterbehilfe. Eine Tötungshandlung gilt als *freiwillig*, wenn sie aufgrund der autonomen Willensentscheidung des Patienten, getötet zu werden, vollzogen wird.[173] *Unfreiwillig* sind alle die Tötungshandlungen, die gegen den autonomen Willen des Patienten durchgeführt werden. *Nichtfreiwillige* Tötungshandlungen sind diejenigen, die an Patienten vollzogen werden, die entweder nicht zu autonomen Willensäußerungen in der Lage sind oder sich faktisch nicht äußern, obwohl sie zu einer autonomen Äußerung fähig wären.[174]

Mit dieser Klassifikation wird eine moralisch relevante Unterscheidung vorgenommen, die vor allem der Dominanz des Autonomieprinzips Rechnung trägt. In den meisten Fällen, wie auch in diesem Kapitel, geht es in den Auseinandersetzungen, die um die moralische Bewertung der Herbeiführung des Todes im Bereich medizinischen Handelns ausgetragen werden, primär um den Fall einer Herbeiführung aufgrund eines auf einer autonomen Entscheidung des Patienten beruhenden Tötungswunsches. Die Fälle nichtfreiwilliger Herbeiführungen des Todes durch medizinisches Handeln (z. B. schwerstgeschädigte Neugeborene, Patienten im Persistant-Vegetative-State) gelten demgegenüber allgemein als ethisch weitaus problematischer, wenngleich es hier die Ausnahme der Abtreibung gibt. Herbeiführungen des Todes gegen den Willen des Betroffenen dagegen werden, mit wenigen nicht auf das medizinische Handeln bezogenen Ausnahmen wie die Selbstverteidigung, allgemein als ethisch unzulässig angesehen. Auch in unseren folgenden Überlegungen wird das Problem der freiwilligen Herbeiführung des Todes durch medizinisches Handeln im Vordergrund stehen. Dennoch ist die soeben vorgestellte Dreiteilung zuerst einmal als rein deskriptiv zu verstehen. Die Frage danach, wie die einzelnen Rubriken ethisch zu bewerten sind, ist ohne weitergehende Annahmen nicht zu beantworten.[175]

Die (zumindest in Deutschland) vielleicht geläufigste Unterscheidung ist die zwischen aktiver und passiver Sterbehilfe oder Töten und Sterbenlassen. Mit ihr wird in vielen Fällen beansprucht, ein deskriptiv eindeutiges Unterscheidungsmerkmal in den Händen zu haben, das gleichzeitig eine ethisch relevante Grenze markiert. Sterbenlassen oder passive Sterbehilfe gilt gemeinhin in bestimmten Fällen als ethisch zulässig oder gar geboten und wird auch praktiziert, während aktive Sterbehilfe oder Töten demgegenüber als ethisch verboten angesehen wird. Gerade unter den Bedingungen der modernen Medizin aber erweist sich die Unterscheidung als problematisch, wenn mit ihr der doppelte Anspruch einer deskriptiv und ethisch eindeutigen Grenzziehung erhoben wird.

Verschiedene Faktoren tragen dazu bei, daß diese Differenzierungen argumentativ problematisch und schwer durchschaubar werden. Erstens findet sich im ethischen Common sense die Annahme, Tun sei prinzipiell ethisch gravierender als Unterlassen (vgl. die umfassende Darstellung in Birnbacher, *Tun*). Zweitens wird die Unterscheidung von »Tun versus Unterlassen« mit der Differenzierung in »aktiv versus passiv« gleichgesetzt. Drittens wird, in bezug auf das hier zu diskutierende Problem, die Unterscheidung zwischen Töten und Sterbenlassen mit den anderen beiden Unterscheidungen identifiziert. Dies zeigt sich nicht nur in der gebräuchlichen Differenzierung zwischen aktiver und passiver Sterbehilfe, sondern auch darin, daß die moralische Ungleichwertigkeit von Töten und Sterbenlassen, die von den meisten Ärzten als zentral anerkannt wird, mit dem Unterschied zwischen Tun und Unterlassen oder dem von aktivem Eingreifen und passivem Geschehenlassen begründet wird.

Nun ist es aber nicht so, daß sich die Faustregel des Common sense, Tun sei generell ethisch gewichtiger als Unterlassen, halten läßt. Auch Unterlassungen sind, wenn sie absichtlich geschehen, eine Form von Handlungen, und ihr ethischer Wert muß nicht prinzipiell höher sein als der von Handlungen, die eine Intervention beinhalten. Dies hat ja, wie schon erwähnt, auch seinen Niederschlag im juristischen Begriff von Töten gefunden. Außerdem läßt sich die Unterscheidung »aktiv/passiv« nicht eindeutig auf die Unterscheidung »Tun/Unterlassen« abbilden. Dies gilt besonders unter den Bedingungen menschlichen Handelns in Kombination mit dem Einsatz von Maschinen.

Damit ist die Standardbegründung für die ethische Ungleichwertigkeit von Töten und Sterbenlassen nicht mehr aufrechtzuerhalten. Es gibt keine auf der Ebene der kausalen Verursachung allein verankerte moralische Differenz.[176] Diejenigen, die für eine ethische Gleichwertigkeit von aktiver und passiver Sterbehilfe plädieren, sind daher der Meinung, mit dem Aufweis der Unhaltbarkeit der Standardbegründung zugleich jedes Argument zugunsten einer ethischen Differenz ausgehebelt zu haben. Genau genommen müssen diejenigen, welche die ethische Differenz begründet beibehalten wollen, jedoch nur eine alternative Begründung vortragen. Die Frage ist also, ob sich die Unterscheidung zwischen Töten und Sterbenlassen unabhängig von den Differenzierungen zwischen Tun und Unterlassen oder zwischen aktiv und passiv als ethisch signifikant begründen läßt (oder ob es möglich ist, auf einer anderen als der Ebene kausaler Intervention der Aktiv-Passiv-Unterscheidung einen Sinn zu verleihen). Die These, die ethische Differenz zwischen Töten und Sterbenlassen sei bedeutend, ist daher vereinbar mit der Verabschiedung einer Begründung, die sich auf die Differenzierungen in Tun und Unterlassen bzw. aktiv und passiv stützt.[177] Gibt es aber überhaupt jenseits dieser Unterschiede eine deskriptiv ausweisbare Differenz zwischen Töten und Sterbenlassen?

Thomas Fuchs hat diese Frage bejaht und weist darauf hin, daß sich dieser Unterschied erst auf einer »biologischen Ebene« (*Töten*, S. 85) und nicht schon auf der rein physikalischen Ebene der Kausalverhältnisse erfassen läßt. Während das Sterben die »irreversible Desintegration des Organismus« als Ergebnis eines Krankheitsprozesses meint, sei eine Tötung, man könnte nach Fuchs auch von einem »unnatürlichen Tod« sprechen, ein Ereignis, »wo der Organismus von einer äußeren Einwirkung oder Noxe gewissermaßen überwältigt wird« (*Töten*, S. 84). Anders als beim Krankheitsprozeß habe im Falle einer Tötung der Organismus keine Gelegenheit mehr, »eine prozeßhafte organismische Reaktion, einen Reintegrationsversuch« vorzunehmen. (ebd.) Mit dieser Unterscheidung gelingt es, einen phänomenalen und nicht schon wertenden Unterschied zwischen Handlungen des Sterbenlassens und Tötungshandlungen zu erfassen. Auf diese Weise »gewinnen wir den eigentlichen Begriff des Tötens, nämlich als einer dem Organismus äußerlichen, ihn unmittelbar tödlich schädigenden Einwirkung.«

(ebd.) Sterbenlassen bedeute demgegenüber, »einem bereits begonnenen, innerorganismischen Desintegrationsprozeß seinen Lauf zu lassen, ohne die zentralen Lebensfunktionen zu stützen bzw. zu substituieren.« (ebd.)

Diese Unterscheidung erfüllt ihre Funktion, einen deskriptiv erfaßbaren Unterschied zwischen Töten und Sterbenlassen aufzuzeigen, hinreichend für unsere jetzigen argumentativen Zwecke.[178] Denn wenn es gelingt, den Unterschied zwischen Töten und Sterbenlassen deskriptiv zu erfassen, dann stellt sich sofort die Frage, ob damit auch eine ethisch signifikante Differenz getroffen worden ist. Abgesehen davon, daß mit dieser Unterscheidung ethisch möglicherweise inakzeptable Lebensumstände, die keine Fälle von Sterben sind (z. B. der Persistant-Vegetative-State oder unbehandelbare Schmerzzustände), gar nicht erfaßt werden können, ist zu fragen, weshalb das Töten per se ethisch negativ zu bewerten sein soll.

§3 Gute Gründe für die ethische Zulässigkeit der direkt aktiven Herbeiführung des Todes eines Menschen durch medizinisches Handeln

Prima facie scheint die Beweislast bei denjenigen zu liegen, die einen kategorischen ethischen Unterschied zwischen Tötungshandlungen und Sterbenlassen behaupten, dergestalt, daß es unter allen Umständen unzulässig ist, den Tod eines Menschen durch ärztliches Handeln direkt aktiv herbeizuführen. Denn auf der Ebene der rein kausalen Beschreibung allein läßt sich, gerade unter Bedingungen technischer Hilfsmittel, keine generelle ethische Differenz zwischen aktivem Eingreifen und passivem Geschehenlassen mehr mit dem Common sense rechtfertigen. Die Qualifizierungen »aktiv« und »passiv« lassen sich hier vielmehr nur noch in einem auf die Handlungsabsichten bezogenen Sinne verstehen. Eine Herbeiführung des Todes ist dann als direkt aktiv zu bezeichnen, wenn sie auf einer Absicht des Handelnden beruht, d.h. wenn der Handelnde aufgrund seiner Entscheidung, durch seine Handlung den Tod eines Menschen herbeizuführen, aktiv an dem Geschehen beteiligt ist. Dies kann aber ohne Zweifel sowohl durch Vollzugs- als auch durch Unterlassungshandlungen geschehen. Davon unterschieden sind indirekt aktive Handlungen oder Unterlassungen, in denen der Tod nicht intendiert, sondern nur in Kauf genommen wird.

Wenn wir nach dem ethischen Status direkt aktiver Herbeiführungen des Todes eines Menschen durch ärztliches Handeln fragen, dann muß »direkt aktiv« im Sinne von »absichtlich« verstanden werden.[179] Eine solche absichtliche Herbeiführung des Todes eines Menschen ist nie ausnahmslos als ethisch falsch eingeschätzt worden. Selbstverteidigung, Tötungshandlungen in gerechtfertigten Kriegen, Todesstrafe, Abtreibung oder auch der sogenannte Gnadentod sind intuitiv und zumeist auch theoretisch gerechtfertigt worden. Diejenigen, die eine absichtliche Tötungshandlung eines Menschen in allen Fällen für kategorisch falsch halten, stehen daher mit weiten Teilen des Common sense in Konflikt und tragen deshalb die Beweislast zu zeigen, daß unser Prima-Facie-Urteil auf einem ethischen Irrtum beruht. Die alternative Strategie ist es, den Nachweis einer spezifischen Differenz zwischen ethisch zulässigen und ethisch unzulässigen Tötungshandlungen zu erbringen und zu zeigen, daß die absichtliche Herbeiführung des Todes eines Menschen durch ärztliches Handeln im Gegensatz zu anderen Tötungshandlungen kategorisch ethisch unzulässig ist.[180] Im folgenden werden zwei prominente Argumentationsweisen diskutiert, die diese beiden Strategien verfolgen.[181]

§ 4 Zwei prominente kategorische Gegenargumente

Eine in den gegenwärtigen bioethischen Auseinandersetzungen prominente Position ist die Lehre von der »Heiligkeit des Lebens«. In ihrer generellen, z. B. von Albert Schweitzer vertretenen, Form bezieht sie sich auf alles Leben überhaupt. Im Kontext der biomedizinischen Ethik ist die eingeschränkte Version der Heiligkeit des *menschlichen* Lebens relevanter, um die allein es im folgenden gehen soll. Die These ist, daß das menschliche Leben eine dem menschlichen Werturteil prinzipiell entzogene Wertdimension hat, die es verbietet, Menschen absichtlich zu töten. Die theologischen Ursprünge dieser These sind offenkundig, und es ist daher problematisch, in einer pluralistischen Gesellschaft auf einer solchen Basis Konfliktregelungen allgemeinverbindlich begründen zu wollen.

Dennoch zeigt sich, daß diese Annahme zumindest in der westeuropäischen Kultur tief verankert ist und die Diskussion offen oder unterschwellig leitet (vgl. Dworkin, *Life*). Vertreter säkularer Ethikbegründungen fordern dagegen den Übergang von einer Ethik der Heiligkeit des menschlichen Lebens zu einer an die Autonomie des Individuums angebundenen Ethik der Qualität des Lebens (vgl. Quante, *Autonomie und Heiligkeit*). Sie versuchen außerdem, den Nachweis zu führen, daß auch die Anhänger der Lehre von der Heiligkeit des menschlichen Lebens in ihren Antworten auf konkrete Fragen auf implizite Lebensqualitätsurteile angewiesen sind, die durch eine scheinbar wertneutrale Begrifflichkeit maskiert werden, z. B. »Vergeblichkeit der Behandlung« oder »gewöhnliche versus außergewöhnliche Maßnahmen« (vgl. Kuhse, *Sanctity*). Darüber hinaus lautet der Vorwurf, die Einschränkung auf das menschliche Leben sei willkürlich und ohne den Rekurs auf eine theologische Prämisse der Gottesebenbildlichkeit des Menschen nicht begründbar, ohne in einen Speziesismus zu verfallen. Die Versuche, die Lehre von der Heiligkeit des menschlichen Lebens von ihren religiösen Ursprüngen zu emanzipieren und durch eine historische Besinnung auf die unterschiedlichen ideengeschichtlichen Quellen diejenigen Bestandteile ausfindig zu machen, die auch unabhängig vom jüdisch-christlichen Weltbild akzeptabel sein können, sind problematisch.[182] Selbst wenn es gelingt, einen solchen nichtreligiösen Kern der Lehre freizulegen, der dann zumeist unter der Kennzeichnung des absoluten Wertes menschlichen Lebens geführt wird, bleibt das Problem des Speziesismusvorwurfs bestehen. Vor allem kann eine derart abgeschwächte Position nicht mehr beanspruchen, ein kategorisches Tötungsverbot zu begründen. Plausibel ist dann vielmehr nur noch, der Analyse Dworkins zu folgen und anzuerkennen, daß der intrinsische Wert des menschlichen Lebens in unserer Kultur eine hohe Akzeptanz besitzt, aber durchaus gegenüber anderen Werten wie dem der auf der Autonomie der Person beruhenden Menschenwürde abgewogen werden kann.[183] Der intrinsische Wert des menschlichen Lebens kann z. B. als Erklärungsgrundlage dafür herangezogen werden, daß ein Embryo ethisch zu berücksichtigen und ein Schwangerschaftsabbruch auch in den ersten Lebenswochen ethisch problematisch ist. Die modifizierte Konzeption eines Abwägungen zulassenden intrinsischen

Wertes des menschlichen Lebens ist eher geeignet, die prima facie ethisch relevanten Gesichtspunkte zu erfassen, als allein auf der Autonomie oder den Interessen der Beteiligten beruhende Argumentationen. Auch der Speziesismusvorwurf greift hier nicht mehr, da die so verstandene These nicht impliziert, daß nur das menschliche Leben einen ethisch relevanten Wert besitzt. Der Preis für diese Abschwächung ist allerdings, daß auf diese Weise ein kategorisches Verbot von Tötungshandlungen nicht zu begründen ist. Zudem ergeben sich, sobald Abwägungen zugelassen werden, automatisch Fragen nach der Qualität des jeweiligen individuellen Lebens.

Die erste Strategie, ein kategorisches Verbot der aktiven Herbeiführung des Todes eines Menschen unter Rekurs auf die These der Heiligkeit des menschlichen Lebens zu begründen, scheitert daran, daß sie sich vor dem Hintergrund einer weitgehend säkularisierten Gesellschaft nicht ausreichend begründen und damit auch nicht zur Grundlage allgemeinverbindlicher Regelungen machen läßt. Außerdem steht diese Lehre vor der Schwierigkeit, mit den ethischen Intuitionen und der gesellschaftlichen Realität zu konfligieren, da nicht jede Tötungshandlung als ethisch falsch angesehen wurde und wird.

Mit einer zweiten Argumentationsfigur wird daher vielfach versucht, unter Rekurs auf das Modell der Doppelwirkung zu zeigen, daß es einen ethisch relevanten Unterschied zwischen der absichtlichen (= direkt aktiven) und dem nicht beabsichtigten, sondern nur in Kauf genommenen (= indirekt aktiven) Herbeiführen des Todes eines Menschen gibt. Die These ist nun, daß eine absichtliche Tötung, in welcher der Tod eines Menschen als Ziel oder als Mittel angestrebt wird, kategorisch ethisch falsch ist. Die (oder einige der) vom Common sense als prima facie zulässig angesehenen Tötungshandlungen werden dieser zweiten Strategie zufolge dadurch ethisch zulässig, daß sie keine Fälle *absichtlichen* Tötens sind.[184]

Diese Argumentationsstrategie führte, wenn erfolgreich durchführbar, dazu, daß die ethisch relevante Grenze zwischen absichtlichen Herbeiführungen des Todes (direkte aktive Sterbehilfe) und bloß vorhergesehenen bzw. in Kauf genommenen Herbeiführungen des Todes (indirekte aktive Sterbehilfe) verliefe.[185] Da sich dieser Unterschied nicht auf der Ebene der Kausalrelationen mit der Differenz von Tun und Unterlassen gleichsetzen läßt, muß der relevante Unterschied in den Handlungsgründen verankert sein. Die entscheidende Frage ist daher, weshalb ein absichtliches Herbeiführen des Todes eines Menschen kategorisch falsch sein sollte. Von der kausalen Konnotation befreit, kann diese Rekonstruktion des ethischen Unterschiedes nicht mehr beanspruchen, mit der Prima-facie-Einschätzung des ethischen Common sense übereinzustimmen.[186] Die dem ganzen Argument zugrundeliegende Annahme ist, daß eine absichtliche Herbeiführung des Todes eine explizite oder implizite Bewertung des Lebens eines menschlichen Individuums enthält. Folge man – im Falle freiwilliger Herbeiführungen des Todes – dem Tötungswunsch des Betroffenen, so akzeptiere man dessen Bewertung seiner eigenen Existenz als nicht mehr lebenswertes Leben. Darüber hinaus bewerte man selbst dessen Existenz als nicht mehr lebenswert, wenn man die von dem Betroffenen vorgenommene Bewertung als rational akzeptiere.[187] Bei nichtfreiwilligen Herbeiführungen des Todes kommt es auf jeden Fall zu einer expliziten Bewertung der Lebensqualität des betroffenen Individuums. Auch in solchen Fällen, in denen ein intersubjektiver Maßstab des Guten oder des Wohls angelegt werden muß, geht es um das Wohl, allerdings aus der Sicht des betroffenen Individuums bzw. um das für das jeweilige Individuum Gute. Die Objektivierung betrifft nur den epistemischen Zugang, nicht den Wertmaßstab selbst.

Blendet man die sicherlich zu starke These aus, daß schon die autonome Entscheidung eines Individuums ein hinreichender Grund ist, einem Tötungswunsch nachzukommen, greifen diese Argumente. Die direkt aktive Herbeiführung des Todes enthält implizit oder explizit eine Bewertung der subjektiven Qualität des jeweiligen Lebens. Fraglich ist nur, weshalb dies allein ausreichen soll, um die fragliche Handlung kategorisch ethisch falsch werden zu lassen. Ein kategorisches Verbot jeder Bewertung der Qualität eines menschlichen Lebens führt letzten Endes wieder auf die Lehre von der Heiligkeit des menschlichen Lebens zurückführt und teilt alle bereits angesprochenen Probleme mit dieser Konzeption.[188]

Neben diesem prinzipiellen Einwand wirft die Lehre von der Doppelwirkung weitere Schwierigkeiten auf, die auch derjenige noch auszuräumen hat, der an der fundamentalen Prämisse der Heiligkeit des menschlichen Lebens und des daraus abgeleiteten

Verbots der Lebensqualitätsbewertung festhält. Diese Schwierigkeiten ergeben sich, sobald man versucht, auf diesem Fundament den ethischen Unterschied zwischen zulässiger indirekt aktiver und verbotener direkt aktiver Sterbehilfe zu begründen. Da ich schon die fundamentale Prämisse nicht als Begründung eines kategorischen Verbots akzeptiere, seien diese Probleme hier nur kurz benannt:

Die gesamte moralische Differenz wird erstens an die Intentionen des Handelnden geknüpft. Dies erscheint angesichts der epistemischen Unsicherheit, diese Intentionen sicher zu ermitteln, als problematisch, und muß überdies als eine unbefriedigende Verengung der moralisch relevanten Aspekte der Handlung auf die Qualität des Willens angesehen werden. Zweitens kann die Annahme, die Unterscheidung zwischen intendierten und bloß vorhergesehenen Folgen stelle eine moralisch tragfähige Differenzierungsbasis dar, nicht überzeugen. Sie steht im Widerspruch zu unserer rechtlichen und ethischen Bewertungspraxis, in der ein weiter Intentionsbegriff verwendet wird, der neben dem evaluativ positiv Intendierten auch die vorhergesehenen Folgen einschließt. Dieser weite Intentionsbegriff ist die Basis der Bewertung; die These, die Herbeiführung des Todes als positiv evaluierte sei unzulässig, als bloß in Kauf genommene dagegen zulässig, kann daher nicht überzeugen.[189] Die den kategorischen Begründungsversuchen zugrundeliegende Annahme ist drittens, daß jede schwächere Begründungsbasis »arbiträr«[190] und letztlich nicht sicher ist. Diese Annahme ist unplausibel, wenn mit ihr gemeint ist, daß auf intersubjektiver rationaler Übereinkunft aufruhende ethische Begründungen nicht ausreichen können, eine humane gesellschaftliche Praxis zu begründen oder zu schützen.[191] Abwägungsfragen mögen schwierig sein und in konkreten Einzelfällen sogar zu unbefriedigenden Ergebnissen führen. Dennoch läßt sich daraus nicht ableiten, daß nur kategorische Begründungsformen einen hinreichenden Schutz bieten. Eine solche Annahme würde letztlich den Ermessensspielraum und die ethische Urteilskraft der Beteiligten ausblenden; außerdem zeugt sie von einer massiven Skepsis in die Tragfähigkeit demokratisch konstituierter Regelungen.

Ich komme damit insgesamt zu dem Schluß, daß sich ein kategorisches Verbot jeder Tötungshandlung auf der Basis der Lehre von der Heiligkeit des menschlichen Lebens in einer säkularen und demokratischen Gesellschaft nicht begründen läßt.[192] Auch der Versuch, unter Zuhilfenahme der Lehre von der Doppelwirkung zwischen indirekt und direkt aktivem Herbeiführen des Todes eines Menschen eine kategorische ethische Grenze zu ziehen, scheitert.[193] Damit ist aber noch nicht entschieden, ob es nicht plausible Einwände gegen die direkt aktive Herbeiführung des Todes eines Menschen gibt, die einen weniger starken Begründungsanspruch erheben. Während sich die kategorischen Argumente generell auf die direkt aktive Herbeiführung des Todes eines Menschen richten, zielen diese schwächeren Begründungsformen auf ethisch relevante Eigenschaften der an der Handlung beteiligten Individuen ab. Daher ist es an dieser Stelle wieder präziser, von dem Problem der direkt aktiven Herbeiführung des Todes eines Menschen *durch medizinisches Handeln* zu sprechen. Die kategorischen Argumente lassen diese Spezifikation außer acht und beanspruchen, auf allgemeinerer Ebene ein Verbot jeder direkt aktiven Herbeiführung des Todes eines Menschen begründen zu können. Bei den Begründungsversuchen, die sich auf intrinsische ethische Aspekte der fraglichen Situation beziehen, ist dies anders.

§ 5 Intrinsische Gegenargumente?

Während kategorische Argumente dazu dienen sollen, die absichtliche Herbeiführung des Todes eines Menschen als ethisch falsch auszuweisen, ungeachtet dessen, wer der Handelnde ist, beziehen sich intrinsische[194] Begründungsversuche auf Eigenschaften des Situationstyps bzw. der daran beteiligten Individuen. Daher ist es entscheidend, im folgenden den Situationstyp wieder einzuschränken auf die direkt aktive Herbeiführung des Todes eines Menschen durch medizinisches Handeln. Daran beteiligt sind Mitglieder des medizinischen Teams (Ärzte und Pfleger) sowie das betroffene Individuum. Ist der Patient nicht in der Lage, seinen Tötungswunsch aktual hervorzubringen und liegt keine Patientenverfügung vor, muß möglicherweise ein Patientenanwalt hinzugezogen werden (diese Komplikation wird im folgenden ausgeblendet). Ansonsten stellt sich das Problem der nichtfreiwilligen direkt aktiven Herbeiführung – eine Situation, die sich hinsichtlich ihrer ethisch relevanten Aspekte von der ersteren unterscheidet.

1. *Freiwillige direkt aktive Herbeiführung des Todes eines Menschen durch medizinisches Handeln*

Hier liegen als ethisch relevante intrinsische Aspekte die (aktuale oder verläßlich dokumentierte) autonome Entscheidung des betroffenen Individuums, das Berufsethos des beteiligten Mitglieds des medizinischen Behandlungsteams sowie dessen jeweilige individuellen ethischen Überzeugungen vor.[195] Ein Versuch, dem prima facie zu berücksichtigenden Tötungswunsch nicht zu folgen, bezieht sich auf das ärztliche Berufsethos.[196] Ein solches Argument besagt z. B., daß das absichtliche Herbeiführen des Todes mit der »Sinnorientierung des ärztlichen Handelns« unvereinbar sei (Fuchs, *Töten*, S. 84 ff.). Damit wäre eine solche Handlung für einen Arzt *qua Arzt* ausnahmslos verboten. Dennoch ist diese Begründung in unserem Sinne nicht kategorisch, sondern nur intrinsisch, da sich nun zwei Optionen ergeben. Entweder man überläßt die Tötungshandlung einem anderen Berufsstand des medizinischen Personals (z. B. Pflegern) oder man hält den auf dem Autonomieprinzip aufruhenden Tötungswunsch für derart stark, daß aus ihm eine das Berufsethos überstimmende ethische Verpflichtung abgeleitet werden kann.[197] Eine dritte Möglichkeit, die Tötungshandlung an jemanden zu delegieren, der kein Mitglied des medizinischen Personals ist, bliebe offen, wenn gezeigt werden kann, daß die direkt aktive Herbeiführung des Todes eines Menschen durch medizinisches Handeln aus intrinsischen Gründen ethisch falsch ist.

Selbst wenn sich also, wie von Würmeling nahegelegt, die Ärzteschaft darauf festlegte, die direkt aktive Herbeiführung des Todes durch medizinisches Handeln sei mit ihrem Berufsethos unvereinbar, bliebe die Möglichkeit, daß andere Berufsgruppen eine derartige Inkompatibilität nicht sehen.[198] Aber es ist fraglich, ob sich aus dem Berufsethos des Arztes allein ein solches den Arzt absolut bindendes Verbot begründen läßt. Es gibt Fälle, in denen ein Patient unter seinem Weiterleben nur noch leidet und die Verweigerung der Sterbehilfe daher für ihn ein Übel ist. Der Vollzug eines Tötungswunsches ist in solchen Fällen mit dem Nichtschadensprinzip auf jeden Fall vereinbar.[199] Die Vorstellungen des Gnadentodes oder des Todes als Erlösung sind sicher auch für das ärztliche Ethos keine inkompatiblen oder fremden Elemente. Der Rekurs auf das ärztliche Standesethos reicht daher nicht aus, um die direkt aktive Herbeiführung des Todes eines Menschen durch medizinisches Handeln ethisch auszuschließen. Sie beruht auf einer nicht nachvollziehbaren[200] Einschätzung des ärztlichen Selbstverständnisses, oder auf dem Rekurs auf fundamentalere Wertvorstellungen.

Aber auch wenn aus dem Berufsethos des Arztes die ethische Unzulässigkeit der aktiven Herbeiführung nicht folgt, kann als weiteres intrinsisches Merkmal der Situation die jeweilige biographische Identität des beteiligten Arztes angeführt werden. Aufgrund seiner persönlichen Wertvorstellungen, die zu den intrinsischen Aspekten der Situation gehören, kann ein Arzt den Tötungswunsch als für ihn aus Gewissensgründen inakzeptables Ansinnen zurückweisen.

Intrinsische Begründungen können im Fall des Vorliegens eines autonomen Tötungswunsches letztlich nur begründen, daß ein Arzt für sich selbst das Recht hat, diesem Ansinnen nicht nachzukommen. Eine generelle intrinsische, sich auf das ärztliche Berufsethos stützende Begründung ist dagegen – ohne impliziten Rekurs auf kategorische Begründungsmuster – im Falle der freiwilligen absichtlichen Herbeiführung des Todes nicht plausibel.

Weitere in die Abwägung einzubeziehende intrinsische Aspekte, deren Gewichtung jeweils von den konkreten Einzelfällen abhängt, sind die Mindestanforderungen an eine autonome Entscheidung (u. a. Information, rationale Nachvollziehbarkeit der Fakteneinschätzung, psychische Verfassung) und die prognostizierbare gesundheitliche Entwicklung des betroffenen Individuums. Beruht ein Tötungswunsch z. B. auf einer falschen Information, auf einer falschen Einschätzung der (mit einiger Sicherheit prognostizierbaren) weiteren Entwicklung oder auf einer offensichtlich rational nicht begründbaren Angst vor medizinischen Maßnahmen, dann liegen gute, aus der individuellen Situation ableitbare intrinsische Gründe vor, einem Tötungswunsch nicht nachzukommen.

2. *Die nichtfreiwillige direkt aktive Herbeiführung des Todes eines Menschen durch medizinisches Handeln*

Die öffentliche Diskussion beschäftigt sich schwerpunktmäßig mit Fällen, in denen ein autonomer Tötungswunsch vorliegt. Aber zunehmend entwickelt sich auch ein Problembewußtsein dahingehend, daß es Fälle nichtfreiwilliger Tötungen gibt, die zumindest prima facie nicht ethisch verboten zu sein scheinen. Dies gilt vor allem für schwerstgeschädigte Neugeborene (vgl. Zimmermann et al., *Behandlungspraxis*). Hier stehen als intrinsische Größen, da ein autonomer Tötungswunsch nicht vorliegt, nur das individuelle Selbstverständnis des Arztes und das ärztliche Ethos (bzw. das anderer medizinischer Berufsgruppen) neben der Lebensqualität des betreffenden Individuums.[201] Aufgrund des fehlenden autonomen Tötungswunsches wiegen die anderen intrinsischen Faktoren schwerer. Trotzdem lassen sich auch in diesem Fall aus dem Nichtschadensprinzip allein keine Gründe ableiten, die eine direkt aktive Herbeiführung des Todes für den Arzt aufgrund seines Berufsethos kategorisch ausschließen. Zu den beachtenswerten Schwierigkeiten im Bereich der freiwilligen Herbeiführung des Todes kommt hinzu, daß nun an die Stelle der intersubjektiv nachvollziehbaren Lebensqualitätsbewertung dessen, der getötet werden möchte, ein objektiver Bewertungsmaßstab (»best interest standard«, objektives Interesse) angelegt werden muß, der wesentlich schwieriger zu begründen ist. Selbst in den Fällen, in denen ein Patientenanwalt eine Stellvertreterentscheidung vornehmen kann, weil das betreffende Individuum in seiner vorherigen Existenz Wertvorstellungen ausgebildet und mitgeteilt hat, kommen erschwerend Probleme der Überprüfbarkeit hinzu. Damit sind intrinsisch begründbare ethische Differenzen benannt, die aber selbst nicht ausreichen, diese Fälle kategorisch auszuschließen. Es ist vielmehr zu fordern, einen objektiven Bewertungsmaßstab durch Offenlegung der medizinischen Praxis sowie einen interdisziplinären Diskurs zu entwickeln und abzusichern.[202] Wichtig ist dabei, daß die Eigeninteressen von Angehörigen nicht als intrinsische Aspekte gezählt werden. Außerdem muß deutlich gemacht werden, daß ein objektiver Bewertungsmaßstab der Lebensqualität eines Individuums nichts anderes meint als eine intersubjektive, und in diesem Sinne objektive Ermittlung der subjektiven Lebensqualität (mit dem Grenzfall der irreversibel komatösen und der Patienten im Persistant-Vegetative-State[203]). Auf keinen Fall geht es um einen Standard, der in dem Sinne objektiv ist, daß er ohne Rekurs auf die Perspektive des betreffenden Individuums auskommt (vgl. Teil I dieses Buches).

Die intrinsischen Gründe gegen die direkt aktive Herbeiführung des Todes durch medizinisches Handeln wiegen in den nichtfreiwilligen Fällen schwerer als in den freiwilligen Fällen, da neben dem Wegfall des positiv zu beachtenden autonomen Tötungswunsches zusätzliche Begründungslasten entstehen. Dennoch können diese Argumente in keinem Fall ausreichen, diese Handlungstypen kategorisch als ethisch falsch auszuweisen. Es kommt vielmehr auf eine den Einzelfall berücksichtigende Bewertung der Situation und eine Abwägung konkurrierender ethischer Ansprüche an. Eine direkt aktive Herbeiführung des Todes eines Menschen läßt sich daher weder kategorisch noch intrinsisch als in jedem Falle ethisch falsch bezeichnen. Sollten sich die Mitglieder der medizinischen Berufe allerdings auf den Standpunkt stellen, eine solche Handlung sei mit dem Berufsethos von Ärzten (oder Pflegern) nicht vereinbar, müßte eine andere Personengruppe diese Handlungen vollziehen. Meiner Auffassung nach läßt sich ein derartiger Rückzug auf das Berufsethos nicht ohne Rekurs auf kategorische Argumente plausibel machen. Diese kategorischen Gründe selbst sind ihrerseits in einer pluralistischen Gesellschaft letztlich nicht allgemeinverbindlich begründbar. Es bleibt die berechtigte Möglichkeit, daß ein Arzt jeweils für sich persönlich bekundet, eine solche Handlung sei nicht mit seinen Wertvorstellungen vereinbar. In allen anderen Fällen müssen ethische Abwägungen ergeben, ob eine direkt aktive Herbeiführung des Todes in einem konkreten Fall zulässig ist, oder nicht. Es ist allerdings noch zu diskutieren, ob nicht vielleicht extrinsische Gründe dafür sprechen, die direkt aktive Herbeiführung des Todes eines Menschen durch medizinisches Handeln generell als ethisch falsch einzuschätzen.

§ 6 Extrinsische Gegenargumente?

Extrinsische ethische Aspekte, d.h. solche Aspekte, die sich nicht auf Eigenschaften der unmittelbar an dem Situationstypus beteiligten Individuen oder der Handlung zurückführen lassen, müssen in zwei Arten unterteilt werden. Zum einen geht es um die Frage, ob es ethisch relevante Ansprüche von Individuen oder Institutionen gibt, die nicht unmittelbar an der Situation beteiligt sind. Zum anderen geht es um extrinsische Gründe, die sich auf den vielleicht prominentesten Argumenttyp in der biomedizinischen Ethik stützen: auf sogenannte Schiefe-Ebene-Argumente.

1. Berechtigte Ansprüche dritter Parteien?

Bisher habe ich die Angehörigen eines Individuums, das einen Tötungswunsch geäußert hat, nur mittelbar mit einbezogen, wenn sie als Stellvertreterentscheider oder als Patientenanwalt für den aktual nicht mehr äußerungsfähigen Betroffenen sprechen. Dabei ist zu beachten, daß diese Angehörigen (zumindest idealerweise) *nicht* ihre eigenen Interessen vorbringen. Auch im Falle der nichtfreiwilligen Herbeiführung des Todes, gerade im Bereich schwerstgeschädigter Neugeborener, sowie in dem Fall, daß keine Willensäußerung des betroffenen Individuums überliefert ist, kommen neben dem medizinischen Personal Angehörige als Entscheider im besten Interesse in Betracht.[204] Zu fragen ist nun, ob es ethisch relevante Aspekte gibt, die sich direkt aus den Ansprüchen der Angehörigen selbst ergeben. In diesen Fällen geht es darum, ob es Ansprüche Angehöriger gibt, die den autonomen Tötungswunsch ethisch überwiegen können. Meines Erachtens kann dies im Falle des Vorliegens eines autonomen Tötungswunsches nicht der Fall sein.[205]

Anders ist dies in den Fällen, in denen kein autonomer Tötungswunsch vorliegt. Hier ist zu fragen, ob die Ansprüche Angehöriger eine Entscheidung im besten Interesse überwiegen können. Die eine Richtung (der Tod liegt nicht im besten Interesse des fraglichen Individuums) ist ethisch sicher unzulässig.[206] Fraglich ist aber, ob nicht Ansprüche Angehöriger schwerwiegend genug sein können, ein Leben entgegen des besten Interesses des Patienten nicht zu beenden. Hier kommt es genau auf die Art der Ansprüche und das faktische Ausmaß des Leidens des betreffenden Individuums an. Läßt man finanzielle Versorgungsinteressen einmal außen vor, die in aller Regel eine solche Entscheidung nicht rechtfertigen können, dann bleiben psychische und weltanschauliche Gründe übrig. Hier wird, allein schon wegen der ansonsten zu befürchtenden Konsequenzen für die Institution der Medizin, der Weg des Sterbenlassens am ehesten ethisch akzeptabel sein.[207] Diese Einschätzung beruht allerdings auf graduellen, also nicht auf kategorischen ethischen Unterschieden und kann daher nur als Prima-Facie-Urteil gelten.

Weitere Interessengruppen, die Ansprüche im Kontext der direkt aktiven Herbeiführung des Todes eines Menschen anmelden könnten, kommen durch Allokationsfragen ins Spiel. Es liegt in der Natur der Sache, daß dies nur die Konstellation der nichtfreiwilligen aktiven Herbeiführung des Todes betreffen kann, da eine Aufrechterhaltung der Behandlung und Pflege (z. B. eines Patienten im Persistant-Vegetative-State) Kosten verursacht und die Ansprüche anderer Patienten tangieren kann. Man darf die Augen nicht davor verschließen, daß der Verzicht auf die direkt aktive Herbeiführung eines Todes unter den – real stets gegebenen – Bedingungen der Mittelknappheit an anderer Stelle im Gesundheitswesen immer dazu führen wird, daß berechtigte Ansprüche anderer Parteien (Patienten oder Angehörige) nicht erfüllt werden können. Dennoch können diese Zusammenhänge nicht zur Rechtfertigung dafür dienen, ein Leben zu beenden, wenn dies nicht im besten Interesse des betroffenen Individuums liegt. Andernfalls würde eine ohnehin schwache und schützenswürdige Gruppe von Menschen eines fundamentalen Schutzes beraubt. Eine solche Praxis ist weder mit den Grundwerten eines solidarischen Gesundheitswesens noch mit den Grundwerten einer die Würde des menschlichen Individuums und den intrinsischen Wert des menschlichen Lebens respektierenden Gesellschaft vereinbar.

Damit lassen sich extrinsische Gründe der ersten Art nicht als zusätzliche relevante Aspekte anführen. Die Frage nach der ethischen Zulässigkeit entscheidet sich nicht an den Interessen Dritter. Es bleibt zu klären, ob extrinsische Gründe der zweiten Art hinreichend stark genug sein können, die Bewertung der direkt aktiven

Herbeiführung des Todes eines Menschen durch medizinisches Handeln zu beeinflussen.

2. *Die Schiefe-Ebene-Argumente*

In ihrer einzig plausiblen Form verweist diese Art von Argumenten auf kausale Folgen, die daraus erwachsen, daß eine bestimmte Handlungsweise als ethisch akzeptabel eingeführt wird (analog für Verbote).[208] Diese Folgen sind dann entweder so gravierend, daß sie die ethische Prima-Facie-Bewertung umzudrehen in der Lage sind, oder aus einer ethisch indifferenten Handlung eine ethisch eindeutige werden lassen. Schiefe-Ebene-Argumente sind in der bioethischen Auseinandersetzung, auch in der Auseinandersetzung um die ethische Bewertung der direkt aktiven Herbeiführung des Todes eines Menschen durch medizinisches Handeln, sehr prominent. Obwohl sie im Prinzip auch als positive Argumente fungieren könnten, die auf gewünschte Folgen einer scheinbar ethisch indifferenten oder gar prima facie ethisch falschen Handlung mit dem Ziel hinweisen, die Bewertung umzudrehen, spielen sie in unserem Kontext nur die Rolle, auf negative Folgen hinzuweisen.

Autoren wie Finnis oder Gormally sehen den Untergang des Abendlandes drohen und die Grundlagen der Zivilisation überhaupt in Gefahr, wenn die absichtliche Tötung eines Menschen aufgrund einer Lebensqualitätsbewertung als ethisch zulässig angesehen würde: Die Geißel des Nationalsozialismus steht vor der Tür oder geht bereits um in Europa. Zumindest mit dem ärztlichen Ethos sei eine absichtliche Tötung nicht vereinbar: »Der Arzt, der einen Menschen auch auf dessen Wunsch hin tötet, gerät durch sein Tun in eine Handlungsorientierung und Gesinnung, die in der letzten Konsequenz die Achtung vor der Person aufheben muß« (Fuchs, *Töten*, S. 86).

Die Frage ist allerdings, welcher Art dieses »muß« sein soll und wie es begründet werden kann. Als empirische Prognosen über psychologische Konsequenzen oder gesellschaftliche Entwicklungen sind solche Argumente keine philosophischen und ihre Plausibilität kann nur mit sozialpsychologischen oder soziologischen Erklärungsmodellen geprüft werden.[209] Trotz ihrer Beliebtheit sind derartige Argumente, vor allem aufgrund des Fehlens empirischer

Daten, daher in vielen Fällen ›ungedeckte Schecks‹. Ihr faktischer Beitrag für die Diskussion besteht entweder darin, ethische Vorurteile der Beteiligten zu illustrieren, oder aber, unterschwellige Ängste zu mobilisieren. Prinzipiell können Schiefe-Ebene-Argumente in Abwägungskontexten sehr wohl begründende Funktion übernehmen. Diese kann, im Falle des Fehlens eines autonomen Tötungswunsches, hinreichend sein, auf direkte aktive Herbeiführungen zugunsten von passivem Sterbenlassen zu verzichten oder – wie im Falle von komatösen oder Patienten im Persistant-Vegetative-State – keinen Behandlungsverzicht zuzulassen. Dort aber, wo ein autonomer Tötungswunsch vorliegt, können Schiefe-Ebene-Argumente nur die Einführung von Sicherheitsmaßnahmen begründen.

Auch diese extrinsischen Begründungen tragen also nur in sehr begrenztem Maße dazu bei, die ethische Falschheit der direkt aktiven Herbeiführung des Todes eines Menschen durch medizinisches Handeln nachzuweisen. In den meisten Fällen fehlt die empirische Datenbasis, und der Hinweis auf die bloß logische Möglichkeit einer schiefen Ebene reicht sicherlich nicht aus. Ohne hier eine Einzelüberprüfung der unzähligen konkreten Schiefe-Ebene-Argumente durchführen zu können, die sich ohnehin in vielen Fällen auf eine das zu Beweisende voraussetzende Einschätzung »diese Gefahr erscheint mir plausibel/erscheint mir nicht plausibel« hinauslaufen müßte, sei daher gesagt, daß auch extrinsische Gründe dieser Art, wenn sie denn überhaupt plausibel sind, nur *ein* Faktor in der allgemeinen Abwägung sein können.

Als Fazit bleibt festzuhalten, daß sich ein kategorischer oder prinzipieller ethischer Unterschied zwischen den verschiedenen Formen der Sterbehilfe nicht begründen läßt. Die deskriptiven Unterschiede sind für sich nicht hinreichend, ethische Unterscheidungen zu begründen. Eine Analyse der verwendeten Terminologien und eine Prüfung der verschiedenen Argumenttypen zeigt, daß die Aufgabe der philosophischen Ethik nur sein kann, die jeweiligen relevanten Gesichtspunkte herauszustellen, die es dann stets gegeneinander abzuwägen gilt. Wie diese unterschiedlichen Aspekte des hier behandelten Problems einzuschätzen sind, kann nur in einem interdisziplinären Gespräch geklärt werden. Die Gewichtung der relevanten Aspekte zueinander muß letztlich dem gesellschaftlich-politischen Diskurs und dem Gesetzgeber überlassen werden.

IX. Verlängerte Autonomie

Im Sommer des Jahres 2009 hat der deutsche Bundestag die dritte Änderung des Betreuungsrechts auf den Weg gebracht, womit eine lang andauernde Diskussion zum Abschluß kommt. Am Ende hat sich eine liberale und den Geltungsanspruch von Patientenverfügungen generell stärkende Version durchgesetzt. Dies läßt sich als klares Indiz dafür ansehen, daß nicht nur das Bedürfnis nach Selbstbestimmung auch am eigenen Lebensende in zunehmendem Maße als legitimer Ausdruck personaler Autonomie anerkannt wird. Es läßt auch die Vermutung zu, daß die letztlich auf einer mit dieser personalen Autonomie nicht verträglichen Deutung von Menschenwürde beruhenden prinzipiellen Bedenken nicht konsens- oder mehrheitsfähig gewesen sind.

Der stetige Fortschritt im Medizin- und Gesundheitssektor bringt die Möglichkeit des Auseinandertretens von medizinisch ermöglichtem Überleben und verbleibender Lebensqualität mit sich. Und die steigende Lebenserwartung führt zu immer häufigeren und längeren Phasen des Weiterlebens ohne personale Autonomie (z. B. im Falle von Demenzerkrankungen etc.) für immer mehr Mitglieder unserer Gesellschaft. Dies führt dazu, daß die gesellschaftliche und individuelle Auseinandersetzung mit solchen durch mangelnde personale Autonomie und Lebensqualitätsverlust gekennzeichneten Lebensabschnitten zunimmt. Und Patientenverfügungen scheinen für diesen Kontext ein probates Mittel zu sein, die eigene Autonomie in Lebensabschnitte hinein zu verlängern, in denen man aktual nicht mehr zu kompetenten Entscheidungen in der Lage sein wird.[210]

In diesem Kapitel möchte ich zwei grundlegende Arten von Einwänden gegen die Legitimität von Patientenverfügungen erörtern und zeigen, daß sie auf nicht haltbaren Prämissen beruhen. Da diese grundlegenden Einwände und Bedenken in der gesellschaftlichen Debatte immer wieder auftauchen und den Blick von den ethisch eigentlich gravierenden Fragen ablenken, ist es wichtig, sich über diese Einwände und über die ihnen zugrunde liegenden Voraussetzungen Klarheit zu verschaffen. Auf diese Weise eröffnen wir einen unverstellten Blick auf die eigentlichen Probleme, denen wir uns gesellschaftlich in der Zukunft im Umgang mit Demenzerkrankungen und der zunehmenden Anzahl von pflegebedürftigen Menschen zu stellen haben. Außerdem zeigen die jetzt folgenden Überlegungen die Leistungsstärke der Konzeption von personaler Autonomie und Menschenwürde, die in den vorherigen Kapiteln dieses Buches entfaltet worden ist.

§1 Einwände

Neben den drei Arten von ethischen Einwänden (kategorische, intrinsische und extrinsische) gegen die ethische Zulässigkeit von Patientenverfügungen gibt es einen vor allem in der philosophischen Literatur zum Thema zu findenden ontologischen Einwand, der sich in indirekter Weise gegen die ethische Begründung der Geltung von Patientenverfügungen richtet.

In diesem Kapitel werde ich mich mit den zahlreichen Einwänden intrinsischer oder extrinsischer Art nicht auseinandersetzen. Sie kommen ins Spiel, wenn man z. B. die diversen Implementierungsprobleme, die bei der institutionellen Verankerung von Patientenverfügungen entstehen können, bewertet (z. B. die Aktualität, Authentizität, deskriptive Aussagekraft von Patientenverfügungen einerseits oder Möglichkeiten der institutionellen Behebung dieser potentiellen Mängel andererseits). Letztlich liegen gerade in diesem Bereich die wirklich zu meisternden und unvermeidlich zu bewertenden ethischen Probleme, denen sich jede Implementierung von Patientenverfügungen, wie sie jetzt rechtlich auf dem Wege ist, stellen muß. Um aber überhaupt bis zu diesem Bereich der abwägenden praktischen Vernunft vorzustoßen, müssen die kategorischen ethischen Einwände aus dem Feld geräumt werden. Denn wenn diese zuträfen, dann würde sich die komplizierte und wohl niemals eindeutig durchführbare Abwägung im Feld der intrinsischen oder extrinsischen Erwägungen erübrigen. Bevor ich mich diesen kategorialen ethischen Einwänden zuwenden kann, wird es aber notwendig sein, den vor allem von Philosophen ins Feld geführten ontologischen Einwand zu entkräften, der – wie wir sehen werden – ebenfalls eine ethische Spitze hat, in seinen Konsequenzen aber weit über diesen ethischen Aspekt hinausreicht.

In diesem Kapitel möchte ich erstens zeigen, daß die praktische Identität von Personen ein Geltungsgrund für die Gültigkeit von Patientenverfügung ist, auf dessen Basis man eine Beweislastverschiebung in der Bewertung dieses Instruments zur Verlängerung und Sicherung der personalen Autonomie erreichen kann. Zweitens wird der ontologische Einwand gegen die ethische Begründung von Patientenverfügungen als verfehlt zurückgewiesen, da er auf einer philosophisch unbefriedigenden Konzeption personaler Identität beruht. Und drittens werde ich Argumente dafür vorbringen, daß sich kategorische Argumente gegen die ethische Gültigkeit von Patientenverfügungen nicht plausibel machen lassen.

Eine Prämisse meiner Argumentation, die ich im ersten Teil dieses Buches entfaltet und begründet habe, besagt, daß sich Annahmen über die prinzipielle Unverfügbarkeit des menschlichen Lebens, wie sie vor allem in der Lehre von der Heiligkeit des (menschlichen) Lebens entwickelt werden, in einer pluralistischen Gesellschaft nicht plausibel begründen lassen. Des weiteren werde ich mich primär auf den Fall beschränken, in denen es in Patientenverfügungen um das Leben beendende oder verkürzende Maßnahmen geht.[211] Der philosophisch komplexere Fall von Eingriffen, die persönlichkeitsverändernde Konsequenzen intendieren, wird nur am Rande gestreift, und das weite Feld der ethischen Abwägungsurteile wird gar nicht betreten. Vielmehr beschränke ich mich darauf, die kategorischen Einwände zu entkräften und in ihrer Analyse zu zeigen, welche fehlleitenden Intuitionen möglicherweise auch im Kontext der nicht-kategorischen ethischen Einwände unausgewiesener Maßen mit im Spiel sind.

§ 2 Der ontologische Einwand

1. Der Einwand

Der ontologische Einwand geht von der Prämisse aus, daß die ethische Legitimation von Patientenverfügungen darin gesehen wird, daß die Autonomie des Patienten gewahrt wird. Er richtet sich direkt gegen die These, daß der Geltungsgrund von Patientenverfügungen in der *Selbst*bestimmung zu finden ist. Da ich eine solche Begründung mittels personaler Autonomie für zutreffend halte, ist der ontologische Einwand für meine Überlegungen relevant. Aufgrund der in diesem Einwand enthaltenen Annahmen bezüglich personaler Identität ist er mittelbar auch für meine Überlegungen im zweiten Teil dieses Buches und überdies von allgemeinem philosophischem Interesse.

Der ontologische Einwand begibt sich, wie der Name schon sagt, jedoch nicht auf das Feld ethischer Erwägungen, sondern versucht, auf einer anderen Ebene sein Ziel zu erreichen. Er läßt sich wie folgt formulieren:

(OE) Patientenverfügungen lassen sich durch das Prinzip der Selbstbestimmung nicht begründen, da sich Patientenverfügungen nicht sinnvoll als Fälle von Selbstbestimmung deuten lassen.

Um diese Behauptung plausibel zu machen, wird eine Fallunterscheidung vorgenommen. Es sind, so die Argumentation, drei Konstellationen zu unterscheiden. Gehen wir davon aus, daß eine zum Zeitpunkt t_1 kompetente Person A zu t_1 eine Patientenverfügung festlegt (nach allen erdenklichen Standards sei diese Entscheidung autonom; es gibt also kein Problem hinsichtlich des Zustandekommens der Patientenverfügung). Nun treten Umstände zu einem späteren Zeitpunkt t_2 ein, aufgrund derer die Patientenverfügung einschlägig wird (ich setze also voraus, daß die Patientenverfügung die eingetretene Situation klarerweise und eindeutig von ihr erfaßt wird und die zu ergreifende Maßnahme eindeutig aus der Patientenverfügung hervorgeht; beides sind idealisierende Annahmen, die der Vertreter des ontologischen Einwands aber zugestehen kann). An dieser Stelle kommen nun die Fallunterscheidungen ins Spiel.

(Fall I) Zum fraglichen Zeitpunkt t_2 ist der Patient B keine Person mehr, so daß er nicht mehr zu Selbstbestimmung fähig ist (z. B. aufgrund starker Demenz oder irreversiblem Koma). A und B sind unstrittigerweise ein- und derselbe Mensch.

(Fall II) Zum fraglichen Zeitpunkt t_2 ist der Patient B weiterhin eine Person und damit zur Selbstbestimmung fähig, hat aber eine gegenüber A grundlegend andere Persönlichkeit (egal, wie die Kriterien dafür bestimmt sein mögen und wie dieser Wechsel zustande gekommen ist). A und B sind unstrittigerweise ein- und derselbe Mensch.

(Fall III) Zum fraglichen Zeitpunkt t_2 ist der Patient B weiterhin eine Person, damit zur Selbstbestimmung fähig, und hat eine mit der Person A hinreichend ähnliche Persönlichkeit (egal, wie die Kriterien dafür bestimmt sein mögen und wie diese Ähnlichkeit zustande gekommen ist). A und B sind unstrittigerweise ein- und derselbe Mensch.

Der ontologische Einwand formuliert nun ein Dilemma. *Entweder* ist, wie im Fall III, die diachrone Identität von A und B gegeben, so daß ein Fall von Selbstbestimmung vorliegen könnte. Dann aber kann man zum Zeitpunkt t_2 auch nachfragen, da die Zuerkennung des Status, eine Person zu sein, impliziert, daß die Kompetenz zu autonomen Entscheidungen gegeben ist. Die zum vorherigen Zeitpunkt ausgesprochene Patientenverfügung ist also wertlos. *Oder* aber die diachrone Identität von A und B ist nicht gegeben, so daß die Patientenverfügung eben kein Fall von *Selbst*bestimmung ist. Im Fall I wird über einen Menschen bestimmt, der gar keine Person mehr ist; im Fall II sogar über eine andere Person. In beiden Fällen handelt es sich um einen Fall von Fremdbestimmung, so daß der Geltungsgrund der Selbstbestimmung in beiden Fällen nicht greift.[212] Zu beachten ist – mit Bezug auf den Fall II – auch, daß die Patientenverfügung das Leben beendende oder -verkürzende Maßnahmen vorsieht und nicht die Wiederherstellung der vormaligen Persönlichkeit von A zum Ziel hat.[213] Damit formuliert der ontologische Einwand die Alternative: Entweder handelt es sich um Selbstbestimmung, dann ist die Verfügung wertlos, da wir nachfragen können; oder es handelt sich um Fremdbestimmung, dann greift der Geltungsgrund der Selbstbestimmung gar nicht erst.

Da ich nicht sehe, daß Patientenverfügungen auf eine andere Legitimationsgrundlage gestellt werden können als den Respekt vor personaler Autonomie, ist dieser ontologische Einwand für meine Argumentation einschlägig und muß ausgeräumt werden.

Der dritte Fall ist unproblematisch, denn selbstverständlich wird man unter diesen Umständen die aktuale kompetente Entscheidung des Autors der Patientenverfügung einholen. Die Fähigkeit von Personen, ihre Meinungen hinsichtlich von Fakten-, Wert- und Normfragen zu ändern, kann gar nicht geleugnet werden. Und wenn eine solche Meinungsänderung nicht in einer die Autonomie gefährdender Weise (z. B. durch massive Manipulationen) zustande gekommen ist, dann verdient in der Regel die jeweils aktuale Ansicht einer Person unseren Respekt (Fälle von freiwillig eingegangenen rechtlichen Verpflichtungen einmal ausgeschlossen). Diese Überlegungen sind eigentlich schon ethischer Natur und nicht der Punkt, auf den der ontologische Einwand abzielt. Wie steht es also mit dem anderen Horn des Dilemmas?

Hier lautet die Antwort, daß die unterstellte Nichtidentität von A und B auf einer falschen Konzeption personaler Identität über die Zeit hinweg beruht. Diesen Befund genauer zu lokalisieren ist von allgemeinem philosophischem Interesse, da das Problem personaler Identität ein zentrales Thema der Philosophie ist. Außerdem müssen wir uns in diesem Punkt aber auch deshalb Klarheit verschaffen, weil im Kontext der ethischen Bewertung häufig ›ontologische‹ Intuitionen ins Spiel kommen, die unsere Überlegungen in die Irre leiten können. Die Klärung der ontologischen Verhältnisse trägt also dazu bei, die ethische Problemstellung klarer zu fassen.

Die zentrale These des ontologischen Einwands besteht in der Behauptung, daß in Fall I und II A und B nicht in der Relation der personalen Identität stehen. Im Fall I wird diese Behauptung damit begründet, daß B zu t_2 gar keine Person mehr ist, so daß die Bedingungen personaler Identität nicht greifen können. Im Fall II wird unterstellt, daß es sich bei A zu t_1 und B zu t_2 zwar jeweils um Personen handelt, die Beziehungen zwischen den Persönlichkeiten von A zu t_1 und B zu t_2 jedoch so beschaffen sind, daß zwischen A zu t_1 und B zu t_2 die Bedingungen personaler Identität nicht erfüllt sind (wir haben es also mit zwei Personen zu tun, die nacheinander mit ein- und demselben Menschen korreliert sind).

Die defekten[214] Prämissen, die dieser Argumentation zugrunde liegen, sind die folgenden beiden Behauptungen: (Th-1) Es gibt spezielle, genau für Personen einschlägige Bedingungen der Persistenz; und (Th-2) die personenspezifischen Bedingungen der Persistenz werden durch die Kriterien für Personalität und / oder die Identität von Persönlichkeit bereitgestellt.

Diese beiden Annahmen führen zu dem Ergebnis, daß im Fall I zwei Entitäten im Spiel sind: Der Organismus AO und die mit diesem Organismus korrelierte Person AP (mit einer spezifischen Persönlichkeit). Zum Zeitpunkt t_1 existieren beide Entitäten, zum Zeitpunkt t_2 dagegen nur noch der menschliche Organismus AO, während AP aufgehört hat zu existieren. Im Fall II sind sogar drei Entitäten im Spiel: AO und AP zu t_1 sowie AO und BP zu t_2.

Die Entgegnung auf diese Argumentation muß die beiden Konklusionen bestreiten, indem die beiden Prämissen (Th-1 und Th-2) bestritten werden: Es gibt keine speziellen, genau für Personen einschlägige Bedingungen der Persistenz, weil der Begriff der Person keine Persistenzbedingungen liefert. Personalität und Persönlichkeit, so die Gegenposition, sind komplexe Eigenschaften bzw. Eigenschaftsmuster von, in unserem Fall, menschlichen Organismen, keine separaten Entitäten im Sinne von eigenständigen Substanzen. Der Verlust der Personalität oder der Wechsel der Persönlichkeit ist daher nicht zu analysieren als das Ende der Existenz des fraglichen Trägers dieser Eigenschaften.

Auf dieser Grundlage stellen Fall I und Fall II also Konstellationen dar, in denen eine Person A, die zu t_1 eine bestimmte Persönlichkeit AP hat, Vorsorge trifft für zukünftige Zustände ihrer eigenen Existenz, in denen sie entweder gar keine Personalität mehr hat (Fall I) oder aber eine gravierend andere Persönlichkeit (Fall II). Deshalb handelt es sich sehr wohl um einen Fall von Selbstbestimmung in dem vom ontologischen Einwand bestrittenen Sinne, daß es sich bei A und B um ein- und dieselbe Entität AO handelt.[215]

Die Frage ist also nicht, ob in Fall I und II eine *Selbst*bestimmung vorliegt, sondern vielmehr, ob es sich um einen *zulässigen* Fall von Selbstbestimmung handelt. Damit komme ich zu den beiden kategorischen ethischen Einwänden, die gegen die Geltung von Patientenverfügungen vorgebracht werden.

§3 Zwei kategorische ethische Einwände

Von »kategorischen Einwänden« spreche ich, wenn es nicht um die Abwägung gegen konkurrierende ethische Ansprüche geht, sondern Defekte aufgewiesen werden, die eine prinzipielle ethische Ablehnung von Patientenverfügungen nach sich ziehen. Für die folgende Diskussion gilt weiterhin, daß es nicht um die Wiederherstellung der ursprünglichen Persönlichkeit geht, wohl aber um das Leben beendende oder -verkürzende Maßnahmen. Unterstellt wird außerdem, daß autonome Entscheidungen zugunsten der absichtlichen Beendigung oder Verkürzung des eigenen Lebens nicht prinzipiell ethisch unzulässig sind, da eine solche restriktive Voraussetzung das Spezifische an Patientenverfügungen verdecken würde (eine absichtliche Beendigung oder Verkürzung läuft nicht zwingend auf eine Tötung auf Verlangen hinaus, die in Deutschland strafrechtlich verboten und daher auch in einer Patientenverfügung nicht zulässig ist).

Es lassen sich zwei Einwände unterscheiden, bei deren Diskussion die obige Fallunterscheidung aus dem Kontext der Erörterung des ontologischen Einwands hilfreich sein wird.

1. *Der ethische Einwand der verbleibenden Lebensqualität*

Der erste ethische Einwand gegen die Gültigkeit von Patientenverfügungen läßt sich so formulieren:

> Zum Zeitpunkt t_2, in dem die Patientenverfügung umgesetzt werden soll, hat B ein bestimmtes Maß an Lebensqualität, welches durch die in der Patientenverfügung geforderte Maßnahme vermindert wird. Dies ist ethisch unzulässig.

Dieser Einwand ließe sich auf ein generelles Prinzip stützen, welches von Derek Parfit als die »present-aim-theory« bezeichnet worden ist.[216] Anders als Parfit, der diese Theorie als mögliches Rationalitätsprinzip erörtert, möchte ich es als ethisches Prinzip behandeln. Es besagt dann:

> (present-aim-principle) Die jeweils aktualen Interessen, Präferenzen etc. einer Entität haben gegenüber vergangenen Interes-

sen, Präferenzen etc. Vorrang (im Sinne der Dominanz). Es ist ethisch unzulässig, erstere zugunsten letzterer zu verletzen.

Als generelles Prinzip ist das present-aim-principle nicht plausibel, da es schon gegen Rationalitätsstandards verstößt. Wir wissen alle, daß es häufig rational ist, gegenwärtige oder kurzfristig bestehende Interessen zugunsten langfristiger Interessen zurück zu stellen, also etwa Geld zu sparen, anstatt momentane Bedürfnisse zu befriedigen. Wenn der ethische Einwand der verbleibenden Lebensqualität plausibel sein soll, dann darf er sich nicht auf das allgemeine present-aim-principle stützen, auch wenn ich zugestehe, daß unsere Bevorzugung des Augenblicks und der noch ausstehenden Zukunft gegenüber der Vergangenheit faktisch viele unserer Intuitionen und Handlungen leitet. Vielmehr müssen die spezifischen Merkmale des jeweiligen Falles betrachtet werden. Dazu sind nun unsere beiden Fälle I und II getrennt zu diskutieren.

Im *Fall I* müssen wir zuerst eine Einschränkung vornehmen: es dürfen zu t_2 nur solche Überlebenszustände betrachtet werden, in denen es noch sinnvoll ist, B aktuale Interessen zuzuschreiben. Unterscheiden wir zwischen solchen subpersonalen Interessen, die in Lustzuständen oder dem Vermeiden von Schmerzzuständen bestehen, und solchen Interessen, die sich unserem jeweiligen Selbstverständnis als autonome Personen verdanken, dann besagt der Einwand der verbleibenden Lebensqualität: Es ist unzulässig, die aktuale Lebensqualität, die in der Erfüllung aktualer subpersonaler Interessen besteht, zugunsten der Erfüllung vergangener, in der Patientenverfügung dokumentierter, personaler Interessen zu minimieren oder ganz zu zerstören.

Befreit man sich von der unterschwelligen suggestiven Wirkung des present-aim-principles, kann man dem Einwand mit Bezug auf diesen Fall I entgegenhalten, daß wir als Personen im Normalfall die personalen Interessen für ethisch relevanter einschätzen als die subpersonalen Interessen. Wir kritisieren z. B. diejenigen, die ihre personale Integrität, ihre Prinzipien oder ihre Werte zugunsten solcher subpersonalen Interessen ›verraten‹, als charakter- oder willensschwach. Es ist daher nicht einzusehen, weshalb die Tatsache, daß eine Person diese personalen Interessen im Vorgriff auf diese zukünftige Lebenssituation explizit als wichtiger eingestuft hat, hier nicht respektiert werden darf.

Der *Fall II* ist wesentlich schwieriger zu bewerten, da zu t_2 nicht nur subpersonale sondern auch personale Interessen, nur eben nicht die mit der ursprünglichen A-Persönlichkeit verbundenen, sondern die aktualen der B-Persönlichkeit, im Spiel sind, welche die zu t_2 gegebene Lebensqualität ausmachen. Hier hängt alles davon ab, wie wir das Zustandekommen der B-Persönlichkeit beschreiben. Maßnahmen, die das Leben beenden oder verkürzen, sind in dieser Konstellation jedoch in keinem Fall ethisch zulässig.

Wie sieht es aber mit Patientenverfügungen aus, in denen A für genau diesen Fall Maßnahmen fordert, die zur Widerherstellung der ursprünglichen A-Persönlichkeit führen sollen? Wenn sich die B-Persönlichkeit beschreiben läßt als Resultat einer biografischen Entwicklung, also als komplexer Fall von Meinungsänderung, dann ist die Patientenverfügung in der Regel nicht mehr respektabel. Was ist aber, wenn die Persönlichkeitsveränderung das Ergebnis einer Manipulation (z. B. Gehirnwäsche, Propaganda oder Drogen) ist oder sich eingestellt hat, weil A bestimmte Medikamente nicht weiter eingenommen hat? Und was ist, wenn die alte A-Persönlichkeit ethisch wertvoller und sozial verträglicher ist als die neue B-Persönlichkeit (oder umgekehrt)? Diese Fälle sind, wie die Diskussion um so genannte ›ulysseus-contracts‹ belegt, keine bloßen Gedankenexperimente der Philosophie, sondern treten im Kontext psychischer Erkrankungen tatsächlich auf. Sie sind nicht nur begrifflich verwirrend (und damit für die Philosophie faszinierend), sondern auch aus ethischer Sicht komplex. Daher bedürfen sie einer eigenständigen und ausführlicheren Behandlung als sie an dieser Stelle vorgenommen werden kann.[217]

2. *Der ethische Einwand des epistemischen Zweifels*

Eines der wesentlichen Merkmale von Personen ist es, daß sie über Zeitbewußtsein und ein Wissen um die eigene diachrone Existenz haben. Während diese auf John Locke zurückgehende Charakterisierung den Aspekt des erstpersönlichen Wissens vor allem mit Bezug auf die in Erinnerungen zugängliche Vergangenheit betont, haben andere Autoren, darunter z. B. Martin Heidegger oder David Wiggins, darauf hingewiesen, daß Personen sich genauso wesentlich dadurch auszeichnen, daß sie eine auf die jeweils eigene Zukunft ausgerichtete praktische Einstellung, häufig mit »Sorge« umschrieben, haben. Personen können nicht nur – mehr oder weniger gut begründete – prognostische Annahmen über mögliche zukünftige Weltverläufe haben. Sie sind auch dazu in der Lage, für diese möglichen Szenarien Vorsorge zu treffen und Entscheidungen zu fällen, wie sie in diesen zukünftigen Situationen agieren wollen (z. B. Strategien im Bewerbungsgespräch). In den auf die eigene Zukunft ausgerichteten praktischen Einstellungen drücken sich einerseits die Werte und Normen aus, mit denen die jetzt aktuale Person ihre eigene zukünftige Situation bewertet. Andererseits können Personen emphatisch vorwegnehmen, welche Werte und Normen sie vermutlich in diesen zukünftigen Situationen entwickeln werden oder – im Laufe ihrer sich bis dahin ereignenden Biographie – werden erworben haben. So kann man z. B. mit einer gewissen Sicherheit davon ausgehen, daß die eigenen politischen Überzeugungen sich beim Aufstieg ins Establishment ändern. Oder auch, daß das Bedürfnis nach Absicherung mit zunehmendem Alter wächst. Wenn solche Antizipationen, wie kaum zu bestreiten, möglich sind, dann kann eine Person ihre jetzigen Werte und Normen nicht nur zur Bewertung möglicher zukünftiger Situationen heranziehen, sondern in gewissem Maße in ihre Beurteilung auch mit einbeziehen, wie ihre zukünftigen Werte und Normen beschaffen sein werden. Ich kann sie in dem Sinne einbeziehen, daß ich die Bedingungen der Erfüllung dieser zukünftigen Interessen jetzt zu schaffen versuche: Wenn ich weiß, daß ich heute Abend keine Zeit haben werde, ein Essen zu kochen, dann kann ich am Morgen einen deftigen Eintopf vorbereiten auch dann, wenn ich morgens keinen großen Appetit – und schon gar nicht auf Eintopf – habe. Ich kann aber auch, wenn ich meine zukünftigen Interessen negativ bewerte, versuchen dafür zu sorgen, daß die zukünftigen Bedingungen so beschaffen sind, daß meine zukünftigen Interessen nicht erfüllt werden können. Wenn ich z. B. weiß, daß ich abends immer großes Verlangen nach Zigaretten verspüre, obwohl ich im Grunde nicht rauchen will, dann kann ich mich selbst disziplinieren, indem ich dafür Sorge trage, daß ich am Abend nicht an Zigaretten gelangen kann. Jeder, der abnehmen möchte, kennt die diversen Strategien dieser Art zur Genüge – etwa, abends keine Schokolade im Haus zu haben.

Diese praktische, sorgende Einstellung um die eigene Zukunft ist nicht nur alltäglich, vertraut und in vielen Kontexten ganz unproblematisch. Die Fähigkeit dazu, das eigene Leben nicht nur zu haben, sondern es im Lichte eigener Werte, Normen und Ziele zu gestalten und zu führen, ist Kernbestandteil personalen Autonomie, auf der die Würde von und der Respekt vor Personen wesentlich beruht.

Es liegt nun nahe, Patientenverfügungen als Sonderform dieser praktischen Sorge um die eigene zukünftige Existenz zu verstehen, als Ausdruck unserer personalen Autonomie. Sie sind dann ein Hilfsmittel, um unsere Autonomie in Situationen hinein zu verlängern, in denen wir aktual nicht mehr zu kompetenten Entscheidungen in der Lage sein werden (Fall I), oder aber, die wesentlich kniffligere Konstellation, in Situationen hinein, in denen sich unsere Interessen auf eine Weise verändert haben, mit denen wir uns aktual nicht identifizieren können (Fall II). Wenn wir, was niemand bestreitet, in unserer Kultur den Wert personaler Autonomie für zentral halten und das Prinzip des Respekts vor der autonomen Lebensführung immer mehr in den Vordergrund stellen: Wieso sollen dann Patientenverfügungen ethisch unzulässig sein? Die generelle Position der Unverfügbarkeit des Lebens haben wir ausgeblendet. Und die Versuchungen der present-aim-theory haben wir erkannt. Was bleibt jetzt noch als Argument gegen die prima facie gut begründete Geltung von Patientenverfügungen ins Feld zu führen?

Der Einwand des epistemischen Zweifels versucht, auf folgende Weise die ethische Zulässigkeit von Patientenverfügungen zu unterminieren:

> Personen können ihre Meinungen, Wert- und Normvorstellungen ändern. Mit Bezug auf ihre eigenen zukünftigen Interessen und Überzeugungen kann eine Person niemals Gewißheit haben. In gewissem Sinne hat eine Person mit Bezug auf ihre zukünftigen Interessen und Überzeugungen die gleiche epistemische Hürde zu überwinden wie mit Bezug auf die Überzeu-

gungen und Interessen anderer Personen. Da eine Meinungsänderung zwischen der aktualen Person (zum Zeitpunkt der Abfassung der Patientenverfügung) und der zukünftigen Person (zum Zeitpunkt, an dem diese Verfügung zur Anwendung kommen soll) niemals ausgeschlossen werden kann, ist die Patientenverfügung ethisch nicht akzeptabel.

Wir können diesen Einwand, der im Alltag zumeist (vor allem mit Bezug auf Fall I) in der Form: »Vielleicht sieht (sähe) der Patient die Situation jetzt ganz anders als zur Zeit der Abfassung der Patientenverfügung!« zum Ausdruck gebracht wird, den Einwand des epistemischen Zweifels nennen.

Er ist aus zwei Gründen nicht überzeugend, denn *erstens* beweist er zu viel. Die unterstellte epistemische Unsicherheit würde, wenn sie als kategorischer Einwand gegen auf die Zukunft ausgerichtete Selbstbindungen gemeint ist, jede Form praktischer Vorsorge für die eigene Zukunft unterminieren. Damit aber wäre nicht nur das Prinzip der personalen Autonomie bedroht, sondern auch ein zentrales Merkmal unserer personalen Lebensform. Nimmt man den Einwand nicht als generellen Einwand gegen die Möglichkeit der praktischen Zukunftsvorsorge, sondern beschränkt ihn auf den speziellen Fall von Patientenverfügungen, dann ist nicht zu sehen, wie sich auf diese Weise noch eine generelle ethische Unzulässigkeit begründen läßt. Vielmehr werden nun spezifische Schwächen von Patientenverfügungen als Argument ins Feld geführt werden müssen. Diese aber unterminieren nicht die Geltungskraft von Patientenverfügungen, sondern erlegen uns die Aufgabe auf, dieses Instrument der personalen Autonomie zu verbessern, indem wir die bemängelten Schwächen beheben. An dieser Stelle mündet das prinzipielle Argument dann in das weite Feld der Implementierungsprobleme.

Zweitens beruht der Einwand auf einer fraglichen skeptischen Prämisse: Von der unbestreitbaren Tatsache, daß Personen stets ihre Überzeugungen und Wert- oder Normvorstellungen ändern *können*, wird abgeleitet, daß in jedem Fall ein hinreichender Zweifel etabliert ist. Dies ist jedoch eine viel zu starke Folgerung. Auch der Zweifel selbst muß, wenn er als Argument gelten soll, mit Gründen in die Diskussion eingeführt werden. Mit anderen Worten: Wer eine Patientenverfügung generell für ethisch nicht respektabel hält, weil es ja immer die Möglichkeit der Meinungsänderung gibt, ohne daß er selbst Indizien für eine solche Meinungsänderung plausibel benennen kann, der kann sein skeptisches Argument nicht erfolgreich in die Diskussion einbringen. Eine solche bloße Möglichkeit ist kein relevanter Faktor bei der Bewertung von Patientenverfügungen.

Damit ist eine Beweislastverschiebung erreicht. Zum einen gibt es keine generellen ethischen Einwände, welche die Geltungskraft von Patientenverfügungen als solche unterminieren könnten. Zum anderen muß derjenige, der in einem konkreten Fall den skeptischen Einwand der epistemischen Unsicherheit vorbringt, Indizien anführen, die seinen Zweifel als berechtigt erscheinen lassen. Gelingt ihm dies, dann ist allerdings – in jedem konkreten Einzelfall – zu prüfen, ob die Patientenverfügung zu respektieren ist. Damit wären wir dann auf der Ebene der Abwägungsurteile und der Einzelfallprüfung angekommen. Ganz unbestreitbar ergeben sich hier schwierige ethische Fragen und Probleme. Diese können aber, so habe ich zu zeigen versucht, keine kategorischen Einwände gegen die Geltung von Patientenverfügungen als solche begründen.

Das Fazit meiner Überlegungen lautet daher: Es gibt keine kategorischen Einwände gegen die Gültigkeit von Patientenverfügungen. Vielmehr verdienen sie als Ausdruck von personaler Autonomie Respekt, der sich auch in der medizinischen und juristischen Praxis niederschlagen muß. Ein erster entscheidender Schritt wäre hier die prozedurale Verankerung einer Beweislastverschiebung in dem Sinne, daß eine korrekt zustande gekommene und einschlägige Patientenverfügung bindende Kraft hat, es sei denn, es lassen sich gute, auf den Einzelfall bezogene Argumente dagegen anführen.

Die von mir in diesem Kapitel diskutierten Einwände verdeutlichen jedoch ohne Zweifel, daß es Implementierungsprobleme gibt. Sie fordern uns dazu auf, das Instrument der Patientenverfügung zu verbessern. Diese Einwände zeigen auch, daß es im Einzelfall schwierige Abwägungen geben kann, in denen es angemessen ist, die Patientenverfügung nicht zu befolgen. Und natürlich bleibt ein epistemisches Restrisiko – sowohl auf Seiten derjenigen, welche die Patientenverfügung umsetzen sollen, wie auch auf Seiten derjenigen, die eine solche Patientenverfügung aufstellen. Dieses Risiko scheint mir der unvermeidliche Preis dafür zu sein, personale Autonomie als praktische Vorsorge für die eigene Zukunft auszuüben. Solange es jedoch nicht zur Pflicht wird, die eigene Autonomie in Form von Patientenverfügungen ausüben zu müssen, so lange sollten wir uns das Recht dazu nicht nehmen lassen, dieses Instrument nutzen zu können, wenn wir uns dafür entschieden haben.

Ausblick

Menschenwürde und personale Autonomie in der pluralistischen Gesellschaft

> The best way in which individuals can make a good life for themselves is to have a plurality of values at their disposal, and the belief central to pluralistic politics that the state's function is to protect the conditions necessary for the general availability of a plurality of values.
>
> *John Kekes*

Bis vor kurzem konnte man in Deutschland den positiven Eindruck haben, daß sich die gesellschaftliche, politische und auch die in den verschiedenen Wissenschaften geführte Diskussion bioethischer Fragen auf dem Wege einer Entideologisierung und Versachlichung befand. Obwohl die interdisziplinär-wissenschaftliche und die gesellschaftlich-politische Beschäftigung mit Fragen der biomedizinischen Ethik in Deutschland, verglichen z. B. mit den USA oder Großbritannien, verspätet eingesetzt hat, schien sich – manchem reißerischem Medienspektakel oder diversen Kreuzzügen bestimmter Zeitschriften zum Trotz – die Bereitschaft zu einer offenen und konstruktiven Diskussion genauso zu entwickeln wie sich die Einsicht durchzusetzen schien, daß man in diesem sensiblen gesellschaftlichen Bereich nur mit nicht dogmatischen und auf Verständigung ausgerichteten Strategien erfolgreich sein kann.

Doch spätestens seitdem in Deutschland der Beginn des menschlichen Lebens zum Fokus der ›biopolitischen‹ und bioethischen Debatte geworden ist, muß man diesen Rationalisierungsprozeß unserer Diskussionskultur im Kontext der biomedizinischen Ethik als rückläufig betrachten.[218] Die Frage um die ethische Zulässigkeit der Forschung an menschlichen embryonalen Stammzellen, für deren Gewinnung – zumindest nach dem derzeitigen Stand der Technik – menschliche Embryonen getötet werden müssen, erhitzte die Gemüter derart, daß der politische Streit so weit eskalierte, daß bei manchem der Eindruck entstand, hier begänne ein neuer ›Kulturkampf‹. Dieser Eindruck mag, zumindest mit Bezug auf die Diskussion um menschliche embryonale Stammzellen, auch dadurch Nahrung finden, daß es hierbei immer auch um den Forschungs- und Wirtschaftsstandort Deutschlands ging. Manchem schien es so zu sein, daß die Forschungsfreiheit auf dem Spiel stehe und gegen wissenschaftsfeindliche reaktionäre Ideologien zu verteidigen sei, die über mediale und politische Zugriffe eine längst verloren geglaubte Macht zurückerlangen wollten (vgl. Vieth, *Rubikon*). In anderen Bereichen wie z. B. der Präimplantationsdiagnostik sind überdies massive ökonomische Interessen im Spiel, deren Wahrung manche durch eine allzu restriktive ethische (und grundrechtliche) Auffassung gefährdet sehen.[219]

Angesichts dieser Entwicklung ist zu fragen, weshalb in den letzten Jahren das Rationalitätspotential des bioethischen und biopolitischen Diskurses rückläufig ist und bereits erreichte Konsense und vermittelnde Positionen drohen, sich wieder in unversöhnliche Blöcke aufzulösen. Die Häufigkeit, mit welcher der Begriff der Menschenwürde gegenwärtig erneut zum Einsatz kommt, um Erörterungen in der biomedizinischen Ethik nicht voranzutreiben, sondern zu einem abrupten Ende zu bringen, verlangt nach einer philosophischen Erklärung. Dabei bedarf es auch einer philosophischen Analyse, wie das Argument der Menschenwürde in den verschiedenen Problemfeldern der biomedizinischen Ethik eigentlich funktioniert.

Meine Vermutung, der ich in den Kapiteln dieses Buches nachgegangen bin, ist, daß die gegenwärtigen Auseinandersetzungen in der biomedizinischen Ethik deshalb eine Art ›roll back‹ darstellen, weil sich die Frage nach dem angemessenen Umgang mit dem beginnenden menschlichen Leben unter Akzenten stellt, die in der deutschen Diskussion bisher ausgeklammert wurden oder sogar als generell ethisch unzulässig angesehen werden. Der schnelle und massive Rückgriff auf das Prinzip der Menschenwürde rührt meinem Eindruck nach daher, daß eine Erörterung über die neuen medizinischen Optionen der Stammzellforschung (an menschlichen embryonalen Stammzellen) oder der Präimplantationsdiagnostik uns zwingt, über die ethische Zulässigkeit von Lebensqualitätsbewertungen menschlichen Lebens nachzudenken.

Die bisherigen Debatten in der deutschen Biopolitik wie auch die Regelung zum Schwangerschaftsabbruch zeichnen sich durch das Faktum aus, daß man vermeiden möchte, sich darüber zu äußern, ob es Situationen geben kann, in denen eine Bewertung der Lebensqualität eines menschlichen Lebens – vor allem mit Bezug auf die Frage nach einer eventuellen absichtlichen Tötung dieses menschlichen Lebens – zulässig ist. Sowohl am Lebensende, im Kontext der Auseinandersetzung um die ethische Zulässigkeit von aktiver Sterbehilfe, wie auch am Lebensanfang (Früheuthanasie, Präimplantationsdiagnostik, Schwangerschaftsabbruch) stellen sich durch medizinische und biologische Erkenntnisfortschritte sowie aufgrund neuer Handlungsoptionen Probleme ein, die eine Erörterung der Frage unumgänglich machen, ob Lebensqualitätsbewertungen menschlichen Lebens generell ethisch unzulässig sind. Diejenigen, die den Begriff der Menschenwürde, zumeist unter Bezug auf das Grundgesetz der Bundesrepublik Deutschland, verwenden, um die Präimplantationsdiagnostik als ethisch unzulässiges medizinisches Verfahren zurückzuweisen, unterstellen in ihrer Argumentationsstrategie, daß die in diesem Verfahren unbestreitbar enthaltene Bewertung und Selektion menschlichen Lebens generell mit der Menschenwürde unvereinbar ist. Die Annahme der Unvereinbarkeit von Lebensqualitätsbewertung und Menschenwürde wird dabei auch von vielen geteilt, die sich z. B. für die ethische Zulässigkeit der Präimplantationsdiagnostik aussprechen. In diesem Fall wird der fundamentale Einwand pariert, indem man bestreitet, daß der menschliche Embryo im Vollsinne ein Träger von Menschenwürde ist. Aufgrund dieser Diskussionskonstellation kommt es dann zum Streit um den moralischen Status des Embryos, der ziemlich schnell in der unfruchtbaren Konfrontation eines Alles-oder-Nichts endet. Entweder kommt dem menschlichen Embryo (oder auch einer menschlichen embryonalen Stammzelle) Menschenwürde zu, oder sie kommt ihm nicht zu. Die von beiden Seiten geteilte Annahme, daß Lebensqualitätsbewertung und Menschenwürde unvereinbar sind, kommt dabei als eine möglicherweise problematische Prämisse gar nicht in den

Blick (ich habe diese Voraussetzung in diesem Buch als »die Unverträglichkeitsannahme« diskutiert).

Solange man von dieser Annahme der generellen Unvereinbarkeit von Lebensqualitätsbewertung und Menschenwürde ausgeht, droht der bioethischen und biopolitischen Debatte die Gefahr, in eine starre Konfrontation bewegungs- und verständigungsunfähiger Blöcke zu münden. Daher richtet sich die Frage, der ich in diesem Buch nachgegangen bin, auf diese in der deutschen Bioethik und Biopolitik weitgeteilte Voraussetzung. Ist es wirklich so, daß jede Form der Lebensqualitätsbewertung unvereinbar ist mit der Menschenwürde? Oder zeigt sich bei näherem Hinsehen, daß diese Unverträglichkeitsannahme trotz ihrer weiten Verbreitung unzutreffend ist und differenziert bzw. eingeschränkt werden muß?

Aufgrund der geteilten Prämisse der Unvereinbarkeit von Lebensqualitätsbewertung und Menschenwürde (im strikten Sinne) ist die Diskussionslage durch ein bewegungs- und kompromißunfähiges Entweder-Oder geprägt: Entweder kommt dem menschlichen Leben von Beginn an Menschenwürde im strikten Sinne zu, wodurch Lebensqualitätsbewertungen ausgeschlossen werden. Oder sie kommt ihm nicht zu, wodurch die ethischen Ansprüche des menschlichen Lebens gegen andere ethisch hochrangige Ansprüche abgewogen werden können. Es ist nicht der Anspruch dieses Buches, die vielfältigen Aspekte, die es bei der Diskussion der einzelnen Problembereiche zu unterscheiden und zu gewichten gilt, im Detail zu erörtern. Die Gewinnung embryonaler Stammzellen, die Frage des therapeutischen Klonens, die Präimplantations- und die Pränataldiagnostik werfen, genauso wie das Abtreibungsproblem oder die Sterbehilfe, weitreichende Fragen auf, die es differenziert zu analysieren und zu beantworten gilt. Eine solche konkrete Erörterung wird jedoch erst möglich, sinnvoll und unausweichlich, wenn die Prämisse, daß Lebensqualitätsbewertung und Menschenwürde (im strikten Sinne) nicht miteinander vereinbar sind, entkräftet ist. Denn unter dieser Voraussetzung mündet die bioethische und biopolitische Debatte in einem argumentativen Patt, welches zu einer unvermittelbaren Konfrontation und zu einem wachsenden Rationalitätsverlust der Diskussion führt. Möchte man dieses unerfreuliche Resultat der schlechten Dialektik des gegenwärtig geführten Diskurses vermeiden, ohne das Prinzip der Menschenwürde aufzuweichen und ohne das beginnende menschliche Leben aus dem Bereich dieses Prinzips herauszunehmen, dann wird man um eine Prüfung der Unverträglichkeitsannahme also nicht herumkommen. Dies gilt zumindest dann, wenn man nicht die Augen davor verschließt, daß wir in vielen Bereichen der biomedizinischen Ethik von Lebensqualitätsbewertungen Gebrauch machen, und wenn man dies auch für eine ethisch unverzichtbare und angemessene Weise erachtet, die anstehenden Fragen der biomedizinischen Ethik und Biopolitik zu erörtern und demokratisch zu regeln.

Um dies zu erreichen, habe ich in diesem Buch drei Thesen begründet: Die *erste* lautet, daß auf Lebensqualität aufbauende Bewertungen menschlichen Lebens nicht prinzipiell verwerflich, sondern im Gegenteil ethisch unverzichtbar sind, sofern man ein angemessenes Verständnis davon hat, was unter Lebensqualität zu verstehen ist. Darüber hinaus ist ein derartiges angemessenes Verständnis von Lebensqualität, so meine *zweite* These, vereinbar mit dem Prinzip der Menschenwürde (auch im nicht abgeschwächten Sinn). Dies gilt zumindest unter der Voraussetzung, daß man auch von der Menschenwürde eine angemessene Vorstellung hat, d.h. ihr eine Deutung gibt, die in einer säkularen und pluralistischen Gesellschaft allgemeine Gültigkeit beanspruchen kann. Meine *dritte* These besagt, daß ein angemessenes Konzept von Lebensqualitätsbewertung im Zusammenspiel mit einem für säkulare Gesellschaften geeigneten Prinzip der Menschenwürde nicht nur dem Faktum der Pluralität ethischer Vorstellungen angemessen Rechnung trägt, sondern selbst eine Grundlage liefert für einen akzeptablen ethischen Pluralismus.

Um aus der schlechten Dialektik der gegenwärtigen Diskussion in der Bioethik und Biopolitik in Deutschland herauszukommen, habe ich in diesem Buch vorgeschlagen, vier Modelle von Lebensqualität anhand ihrer Bewertungsstandards zu unterscheiden: den naturalistischen Standard, den sozial-objektiven Standard, den intersubjektiv-rationalen Standard und den personalen Standard.

Weiterhin ist es erforderlich, eine philosophische Neubestimmung des Prinzips der Menschenwürde vorzunehmen, welches sich durch drei zentrale Charakteristika auszeichnet: Erstens stellt es einen ausgezeichneten ethischen Status seiner Träger heraus, der unveräußerlich ist und nicht gegen andere ethische (oder außerethische) Ansprüche abgewogen werden kann. Zweitens enthält das Prinzip der Menschenwürde inhaltlich die Vorschrift, einen Träger derselben niemals vollkommen zu instrumentalisieren. Und drittens läßt es sich auf menschliche Lebensformen unterhalb des menschlichen Organismus nicht sinnvoll anwenden.[220]

Der aussichtsreichste Versuch, dem Prinzip der Menschenwürde eine in einer demokratischen Gesellschaft tragfähige Begründungsbasis zu geben, besteht darin, auf ausgezeichnete Eigenschaften und Fähigkeiten zu verweisen, aufgrund derer Menschen normalerweise Träger von Menschenwürde sind.[221] M. E. ist die zentrale Eigenschaft (oder Fähigkeit), aufgrund derer Menschen Träger von Menschenwürde sind, darin zu sehen, daß sie ein personales Leben zu führen in der Lage sind. Menschen *haben* nicht einfach nur ein Leben, sie *führen* es im Lichte von Wert- und Zielvorstellungen. Als Personen verhalten sich Menschen zu ihrer eigenen Existenz, entwickeln Lebenspläne und bilden ein evaluatives Selbstverhältnis aus. Es ist diese Fähigkeit zu einem autonomen, in eigener ethischer Orientierung geführten Leben als menschliche Personen, die wir durch den Begriff der Menschenwürde anzeigen und aus der sich das Verbot einer vollständigen Instrumentalisierung und die Unveräußerlichkeit der Menschenwürde ergibt. Eine Gesellschaft, die sich selbst als pluralistisch versteht, tut gut daran, diese Fähigkeit zur Entwicklung einer eigenen Wert- und Sinnperspektive zu schützen, indem sie sie durch das Prinzip der Menschenwürde zu einem unabwägbaren Element der ethischen Praxis macht.

Von diesem so verstandenen Prinzip der Menschenwürde aus ist es kein weiter Weg mehr zu der Einsicht, weshalb weder der naturalistische noch der sozial-objektivistische Standard der Lebensqualitätsbewertung mit der Menschenwürde vereinbar sind. Der Grund der Unvereinbarkeit ist darin zu sehen, daß diese Standards das (faktische oder kontrafaktisch zugeschriebene) evaluative Selbstbild der menschlichen Individuen nicht zum Ausgangspunkt der Bewertung nehmen, sondern durch einen externen Bewertungsmaßstab überstimmen. Andererseits ist es nun auch nicht mehr schwer zu sehen, weshalb die Unverträglichkeitsannahme in ihrer generellen Form nicht richtig sein kann. Es gehört zu den konstitutiven Merkmalen der personalen Lebensform, eine wertende Perspektive auf die eigene Existenz auszubilden. Wenn die Menschenwürde in diesem Faktum verankert wird, dann kann es keine generelle Unvereinbarkeit von Menschenwürde und Lebensqualitätsbewertung geben.

Damit ist klar, daß zumindest der personale Standard als Grundlage der Lebensqualitätsbewertung ethisch zulässig ist, weil darin ausdrücklich das evaluative Selbstverständnis der menschlichen Individuen zur Grundlage der Bewertung genommen wird. Bedenkt man überdies, daß sich die Persönlichkeit eines Menschen nur im Rahmen sozialer Interaktionen und Anerkennungsprozesse und auf der Grundlage von geteilten biologischen, anthropologischen und kulturellen Vorgaben konstituieren kann, dann läßt sich auch der Einwand zurückweisen, eine so verstandene Lebensqualität sei weder intersubjektiv nachvollziehbar noch durch intersubjektive Rationalitäts- und Plausibilitätsstandards kritisierbar. Die empirische Lebensqualitätsforschung zeigt vielmehr faktisch, daß wir über gute Instrumente zur Ermittlung der subjektiven Lebensqualität verfügen. Außerdem zeigt unsere ethische Praxis, daß wir in vielen Kontexten von geteilten und als begründbar angesehenen Lebensqualitätsbewertungen ausgehen. Als Fazit bleibt daher festzuhalten, daß ein auf der Fähigkeit zu einer personalen Lebensführung fußendes Prinzip der Menschenwürde in einer säkularen und pluralen Gesellschaft gut begründet werden kann und mit jeder Form von Lebensqualitätsbewertung im Prinzip vereinbar ist, in der das evaluative Selbstverständnis des jeweiligen menschlichen Individuums zum Standard der Bewertung hinzugehört.[222]

Faktisch gibt es in unserer Gesellschaft eine irreduzible Pluralität von Vorstellungen des guten und des individuell gelingenden Lebens. Die hier vorgeschlagene Deutung des Prinzips der Menschenwürde trägt dem Faktum Rechnung, daß wir für die Menschenwürde eine nicht religiös fundierte Begründung benötigen, die zugleich der Tatsache Rechnung trägt, daß unsere Gesellschaft nicht nur faktisch plural verfaßt ist, sondern sich auch den Wert des Pluralismus zu eigen gemacht hat. Der zentrale Stellenwert der personalen Autonomie ist im Prinzip der Menschenwürde nicht nur das Moment, wodurch Lebensqualitätsbewertung und Menschenwürde miteinander verträglich werden. Er ist zugleich auch dafür verantwortlich, daß das Prinzip der Menschenwürde selbst für eine pluralistische Gesellschaft tauglich wird.

Auch auf der Seite der Lebensqualitätsbewertung ist dafür Sorge zu tragen, daß von einer Konzeption ausgegangen wird, die Lebensqualität an einem Standard mißt, der dreierlei ermöglicht: mit der Menschenwürde verträglich zu sein, dem Faktum der Pluralität Rechnung zu tragen und zugleich eine akzeptable Basis ethischer Argumentation zu liefern. Durch die Fundierung der Lebensqualitätsbewertung in dem evaluativen Selbstverständnis menschlicher Personen werden die ersten beiden Adäquatheitsbedingungen erfüllt. Und durch die Hinzunahme eines intersubjektiv-rationalen Bewertungsstandards, durch den die je individuellen Wert- und Zielvorgaben einer rationalen Prüfung unterzogen werden können, gewinnt der Standard der Lebensqualitätsbewertung eine Dimension rationaler Überprüf- und Kritisierbarkeit. Weil sich die persönlichen Wert- und Zielvorstellungen der Menschen nur in einem geteilten sozialen Kontext entwickeln können und auf eine geteilte anthropologische Grundlage angewiesen sind, die biologische, medizinische und psychologische Faktoren umfaßt, besteht keine Gefahr, daß das Konzept der Lebensqualitätsbewertung zum Einfallstor individueller Beliebigkeiten oder sozialer Modevorstellungen wird.

Auf diese Weise lassen sich also Menschenwürde, Lebensqualitätsbewertung und Pluralismus so vereinen, daß weder die individuelle Autonomie zugunsten unverfügbarer Werte ignoriert werden muß noch ethische Werte generell zugunsten individueller Wert- und Wunschvorstellungen der einzelnen Individuen aufgegeben werden müssen. Damit läßt sich die schlechte Dialektik der gegenwärtigen bioethischen und biopolitischen Diskussion in Deutschland wieder zugunsten eines konstruktiven Dialogs überwinden. Gewonnen ist somit ein argumentativer Spielraum, der dann in verantwortlicher Weise mit argumentativem, sozialem und politischem Inhalt gefüllt werden muß. Dies kann nur gelingen, wenn wir uns in unserer Gesellschaft darüber verständigen, was wir unter Lebensqualität verstehen wollen, und wenn wir in einem offenen Diskurs ermitteln, was wir unter einem menschenwürdigen und gelingenden Leben verstehen wollen. Solange wir uns nicht eingestehen, daß es Vorstellungen des guten oder gelingenden Lebens sind, die unsere ethischen Intuitionen in vielen Kontexten der biomedizinischen Ethik leiten, so lange werden wir nicht in der Lage sein, rational über diejenigen Aspekte unseres ethischen Selbstverständnisses miteinander zu streiten, die unsere ethische Praxis maßgeblich mitbestimmen. Genau dies aber ist es, was eine demokratisch verfaßte Gesellschaft angesichts der Herausforderungen der Lebenswissenschaften leisten können muß. Sonst droht die Gefahr, daß wir zentrale Bereiche unserer individuellen und gesellschaftlichen Selbstbestimmung, die einen Werte- und Normdiskurs erfordern, experto- und technokratisch verwalten lassen. Auch wenn dies für einen kurzen Zeitraum Entlastung bringen mag, so lehrt die Geschichte doch, daß eine solche Verdrängungsstrategie auf Dauer die Fundamente der Demokratie gefährdet. Daher gibt es, dies ist zumindest meine Überzeugung, keine Alternative dazu, sich diesen drängenden und auch schmerzhaften Fragen zuzuwenden. Die Überlegungen in diesem Buch sollen dazu ein erster Schritt sein; mehr sind sie sicher nicht.[223]

Anmerkungen

[1] Einen guten Überblick zum Stand der Diskussion über die Tierethik auf pathozentristischer Grundlage gibt Ach, *Lassie*; für einen allgemeinen Überblick zur angewandten Ethik siehe Vieth, *Angewandte Ethik*.

[2] Zu den historischen und philosophischen Dimensionen des Begriffs der Menschenwürde vgl. die Beiträge in Bayertz, *Human Dignity*.

[3] Den besten Überblick zu den verschiedenen Aspekten dieses Wertes liefern die Beiträge in Bayertz, *Solidarität*.

[4] Eine philosophische Analyse der Natürlichkeitsvorstellung findet sich in Siep, *Natürlichkeit* und Birnbacher, *Natürlichkeit*.

[5] Für einen allgemeinen Überblick zu den ethischen Aspekten der Reproduktionstechnologien vgl. Kuhse, *Reproduktionstechnologien*, Singer & Wells, *Reproductive Revolution* sowie die Beiträge in Beller & Weir, *Human Life*, Chadwick, *Ethics*, Hildt & Mieth, *In Vitro* und Lee & Morgan, *Birthrights*.

[6] Zu den deskriptiven und normativen Aspekten des Krankheitsbegriffs vgl. Wiesing, *Diagnosen*.

[7] Eine Analyse des naturalistischen Fehlschlusses und eine Darstellung seiner verschiedenen philosophischen Deutungen findet sich in Kapitel VII von Quante, *Ethik*.

[8] Zur Analyse der ethischen Probleme des Klonens vgl. Harris, *Clones*, Siep, *Problematik* und *Klonen* sowie die Beiträge in Ach et al., *Dolly*, Humber & Almeder, *Cloning* und Pence, *Flesh*.

[9] Dieser eher moralpsychologischen als bioethischen Fragestellung gehe ich in Kapitel V nach.

[10] Zum Problem der Embryonenforschung vgl. Birnbacher, *Embryonenforschung* und Mulkay, *Embryo* sowie die Beiträge in Dyson & Harris, *Experiments* und Singer et al., *Embryo*.

[11] Dies ist eine der Strategien, den Begriff der Menschenwürde für Fragen der biomedizinischen Ethik brauchbar zu machen, die in den Beiträgen in Bayertz, *Sanctity* diskutiert wird.

[12] Für eine umfassende Analyse der ethischen Dimension der Gentechnik vgl. Bayertz, *GenEthik* und Siep, *Gentechnologie* sowie die Beiträge in Dyson & Harris, *Ethics*.

[13] Vgl. zum Problem der Geschichte der Eugenik in Deutschland Junker & Paul, *Eugenik-Argument* und Kröner, *Eugenik*.

[14] Empirisches Datenmaterial über die faktische Verbreitung solcher eugenischer Einstellungen in Deutschland liefert Nippert, *Folgen*.

[15] Diese scheinbare Paradoxie wird in Kapitel VII ausführlich analysiert.

[16] Vgl. zu diesem Problem die Beiträge in Agius & Busuttil, *Germ-Line*; grundlegend für die Frage nach unserer Verantwortung gegenüber zukünftigen Generationen ist Birnbacher, *Verantwortung*.

[17] Vgl. dazu die Überlegungen von Reiss & Straughan, *Improving nature* sowie die Beiträge in Becker, *Changing*.

[18] Ich danke Herrn Dr. Johannes Neyses und der Stiftung Demokratie für finanzielle Unterstützung bei der Realisierung dieses Buchprojekts.

[19] Vgl. zur Diskussion des Transplantationsgesetzes nach zehn Jahren die Beiträge in Höfling, *Regulierung*.

[20] Ich diskutiere das Verhältnis zwischen Menschenwürde und dem Recht auf Leben auf der einen Seite sowie den ethischen Fragen, die die aktive Sterbehilfe betreffen, auf der anderen Seite in Kapitel 6 von Quante, *Personales Leben*.

[21] Die Auffassung, daß Lebensqualitätsbewertungen mit der Menschenwürde unvereinbar sind, findet sich im Votum derjenigen Mitglieder des Nationalen Ethikrates, welche die Position verteidigen, daß die Präimplantationsdiagnostik gesetzlich verboten werden sollte; vgl. Kapitel III für eine ausführliche Analyse dieser Stellungnahme.

[22] Ich werde die Unterscheidung zwischen einer strengen (oder starken) und einer schwachen Konzeption von Menschenwürde in den nächsten Abschnitten dieses Kapitels erläutern.

[23] Ein Verteidiger von Gegeneinwand I sieht den Begriff der Menschenwürde als sinn- oder bedeutungslos an. Aus diesem Grund kann er die Unvereinbarkeitsannahme nicht vertreten, da in dieser vom Begriff der Menschenwürde Gebrauch gemacht wird. Weil ich in diesem Kapitel primär an der Unvereinbarkeitsannahme interessiert bin, werde ich Gegeneinwand I im folgenden ignorieren (ich habe ihn hier erwähnt, weil er eine nicht unbedeutende Rolle in deutschen Debatten zur Biopolitik und Bioethik spielt); für eine kompakte und detaillierte Diskussion siehe Merkel, *Forschungsobjekt Embryo*.

[24] Es beruht auf einem naturalistischen Fehlschluß; mehr dazu in Kapitel VII von Quante, *Ethik*. Ich sollte hinzufügen, daß ein solcher naturalistischer Standard prima facie aus drei Gründen attraktiv ist: Erstens scheint er hilfreich, um harte ethische Fragen zu vermeiden, indem man sich auf ›objektive Tatsachen‹ bezieht; zweitens paßt er gut zu aktuellen naturalistischen Tendenzen in anderen Bereichen der Philosophie (z. B. der Philosophie des Geistes oder der Erkenntnistheorie); und drittens stellt sich hier eine natürliche Allianz mit den (impliziten) naturalistischen Präsuppositionen des Utilitarismus (in seinen vielfältigen Varianten) ein.

[25] Mit Sicherheit vertritt niemand in der aktuellen Debatte einen solchen sozialen Standard. Abgesehen von der Tatsache, daß der *Fundamentaleinwand* oftmals auf Dammbruchargumenten basiert (ohne empirische Belege für die damit verbundenen Behauptungen zu liefern), besteht die Hauptschwäche des *Fundamentaleinwandes* darin vorauszusetzen, daß Verteidiger von Lebens-

qualitätsbewertungen sich auf einen naturalistischen oder sozialen Standard stützen (oder sich sogar darauf stützen müssen).

[26] Zum Begriff der Autonomie siehe Quante, *Personale Autonomie* und Kapitel 5 von Quante, *Personales Leben.*

[27] Es ist ethisch bedeutsam, hier vier Fälle zu unterscheiden: (1) menschliche Wesen ohne das Potential, überhaupt personale Autonomie auszubilden, (2) menschliche Wesen mit dem Potential, in Zukunft personale Autonomie auszubilden, (3) menschliche Wesen, die ihre personale Autonomie verloren haben, aber noch immer über die Fähigkeit verfügen, sie wiederzugewinnen, und (4) menschliche Wesen, die ihre personale Autonomie ohne Aussicht auf Rückgewinnung verloren haben. Im dritten und vierten Fall kommt das Problem der Patientenverfügung und anderer Möglichkeiten zur Ausweitung der eigenen Autonomie ins Spiel; siehe dazu Kapitel IX und Quante, *Precedent Autonomy* für weitere Details. Der Unterschied zwischen dem ersten und dem zweiten Fall ist, daß der interpersonale Standard im letzteren herangezogen werden kann, weil das beurteilte menschliche Wesen kontrafaktisch als Person betrachtet werden kann. Dies setzt voraus, daß wir eine angemessene Erläuterung von Potentialität geben können – mehr zu diesem Thema findet sich in Kapitel 3 von Quante, *Personales Leben.* Im ersten Fall kann der interpersonale Standard nur auf denjenigen Aspekten beruhen, die für menschliche Wesen angemessen sind. Da das Hauptaugenmerk dieses Kapitels auf der Unvereinbarkeitsannahme liegt, werde ich hier nicht weiter auf Einzelheiten eingehen. Letztlich zeigt sich an dieser Stelle das Erfordernis eines ausdifferenzierten Konzepts der Lebensqualität, welches nur in einer interdisziplinären, normative und deskriptive Aspekte integrierenden, Anstrengung zu entwickeln sein wird.

[28] Zum evaluativen Aspekt personaler Autonomie – verbunden mit dem Begriff des »sich Identifizierens« – vgl. Quante, *Identifikation* und die Kapitel 5 und 6 von Quante, *Personales Leben* sowie die Kapitel 8 und 9 von Quante, *Person.*

[29] Dieses Mißverständnis wird von Ach et al., *Ethik*, S. 127–132 kritisiert. Man sollte beachten, daß das »Verstehen« der evaluativen Haltung einer anderen Person nicht gleichbedeutend ist mit deren Akzeptanz.

[30] Ohne Frage ist es sehr schwierig, ein auch nur halbwegs angemessenes Bild vom Selbstverständnis unserer Gesellschaft zu geben; aber unbestreitbar werden Säkularisierung und Pluralismus ebenso wie personale Autonomie wesentliche Elemente jeder Darstellung sein müssen.

[31] Eine Übersicht der vielen Aspekte unseres Begriffs der Menschenwürde findet sich in den Beiträgen von Bayertz, *Human Dignity* und Stoecker, *Menschenwürde.*

[32] Menschenwürde im Begriff der »menschlichen Natur« zu fundieren ist kein Ausweg. Entweder stützen wir uns auf eine nicht-evaluative, z. B. wissenschaftliche Naturkonzeption, so daß wir mit dem Problem des naturali-

stischen Fehlschlusses konfrontiert werden, oder wir schreiben der biologischen Spezies einen bestimmten ethischen Wert zu. In diesem Fall wären wir auf einen unhaltbaren ›Speziesismus‹ festgelegt. Die dritte Option bestünde darin, einen evaluativen Begriff der »menschlichen Natur« zu verwenden. Dies könnte entweder auf theologische oder auf philosophische Weise geschehen, wie ich oben dargelegt habe.

[33] Diese Normalitätsbedingung ist im folgenden Sinne zu verstehen: Alle menschlichen Wesen (im Sinne individueller menschlicher Organismen) fallen in den Geltungsbereich der »Menschenwürde«, weil sie normalerweise – qua Spezies-Mitgliedschaft – das Potential haben, diejenigen Eigenschaften auszubilden, die für Menschenwürde im starken Sinne erforderlich sind. Einige menschliche Embryonen mit genetischen Defekten werden de facto diese Eigenschaften im Laufe ihrer Entwicklung nicht ausbilden. Allerdings ist es auch in diesen Fällen sinnvoll, ihnen das Potential zuzuschreiben, sie *kontrafaktisch* auszubilden: Ein solches menschliches Wesen würde diese Eigenschaften ausbilden, wenn keine genetischen Defekte vorlägen. Eine derartige kontrafaktische Behauptung macht jedoch in mindestens zwei Fällen keinen Sinn: Wenn wir uns auf eine Entität beziehen, die zu einer Spezies gehört, deren Mitglieder die fraglichen Eigenschaften normalerweise nicht ausbilden; oder wenn wir uns auf eine aktual nicht-existente Entität (etwa einen zukünftigen menschlichen Organismus) beziehen. Letztere Behauptung setzt voraus, daß »Menschenwürde« eine Eigenschaft von menschlichen *Organismen* und nicht von ›sub-organismischem‹ menschlichem Leben ist. Für eine detaillierte und kritische Analyse solcher und verwandter Themen vgl. die Beiträge in Damschen & Schönecker, *Status*.

[34] Solange wir diese Qualifizierungen nicht ausscheiden, wird die theologische Interpretation der Menschenwürde durch die absolute Lesart abgedeckt; gleiches gilt für die philosophische Deutung von Menschenwürde im strengen Sinne.

[35] Dieses Kapitel soll zeigen, daß (und warum) die Unvereinbarkeitsannahme falsch ist. Des Weiteren lautet meine Prämisse, daß Lebensqualitätsbewertungen in der Bioethik ethisch bedeutsam sind. Die Verteidigung dieser Behauptungen läuft nicht auf den Anspruch hinaus, daß Lebensqualitätsbewertungen alle anderen ethisch relevanten Aspekte übertrumpfen (eine These, die ich explizit *nicht* vertrete).

[36] Die Aussage, daß wir gute Instrumente zur Verfügung haben, bedeutet weder, daß diese perfekt sind, noch, daß sie nicht durch weitere Forschung verbessert werden könnten oder sollten. Genau das Gegenteil ist der Fall: Wenn ich recht damit habe, daß Lebensqualitätsbewertungen ein hilfreiches und notwendiges Element unseres ethischen Denkens sind, dann ist unsere Gesellschaft verpflichtet, diese Instrumente zu optimieren.

[37] Ich danke Christian Blum für die Übersetzung des diesem Kapitel zugrundeliegenden Beitrags.

[38] Für einen sehr informativen Überblick zum derzeitigen Stand der Forschung im Bereich der Humangenetik vgl. Bartram et al., *Diagnostik*.

[39] Auch das Gesetz zur Regelung des Imports von und der Forschung mit menschlichen embryonalen Stammzellen ändert daran offensichtlich nichts. Wenn im folgenden ohne erläuternden Zusatz von Stammzellen gesprochen wird, sind immer menschliche embryonale Stammzellen gemeint.

[40] Einen repräsentativen Überblick über die öffentliche Debatte zu diesen Fragen liefert Geyer, *Biopolitik*.

[41] Die Charakterisierung »pluralistisch« ist nicht gemeint als metaethische Kategorisierung einer Ethik, die von einer Mehrzahl aufeinander nicht reduzierbarer ethischer Prinzipien und Werte ausgeht; zu dieser metaethischen Ebene vgl. Hurley, *Natural*, Kapitel 1. Ich verwende »Pluralismus« hier als inhaltliche Charakterisierung, durch welche die Anerkennung einer faktischen Pluralität und des Pluralismus als eines Wertes zum Ausdruck gebracht werden soll; vgl. dazu Kekes, *Pluralism*. Für den Zusammenhang zur biomedizinischen Ethik vgl. Quante, *Prinzipienlose Medizinethik*.

[42] Dies bedeutet weder, daß man sie sich zu Eigen macht, noch, daß man den Versuch unterläßt, im Rahmen demokratischer Prozesse zu versuchen, die eigene ethische Position durchzusetzen. Toleranz ist nicht Relativismus, sondern im Gegenteil mit letzterem unvereinbar; zur Geschichte und systematischen Relevanz des Toleranzbegriffs vgl. Forst, *Toleranz*.

[43] Es ist klar, daß ein Fundamentalist diese Prämisse nicht akzeptieren kann. Dies zeigt zum einen, daß diese Prämissen nicht trivial sind. Vor allem aber zeigt es, daß die pluralistische Ethik selbst nicht alles zulassen kann. Vielmehr gilt das Toleranzgebot nur gegenüber demjenigen, der sich selbst auch daran hält. Alles andere kann höchstens geduldet, keinesfalls aber akzeptiert werden.

[44] Einen guten Überblick geben die Beiträge in Bayertz, *Human Dignity*.

[45] Dagegen sprechen Dabrock & Klinnert von der transzendentalpragmatisch begründeten Notwendigkeit einer »klaren Ineinssetzung« von Menschenwürde und Tötungsverbot (vgl. *Würde*, S. 13). Abgesehen von der Voraussetzung einer transzendentalpragmatischen Fundierung der Ethik, die sicher nicht selbstverständlich ist, kann ihr Argument allein schon deshalb nicht überzeugen, weil es nur solche Ausnahmen vom Tötungsverbot zuläßt, bei denen Leben gegen Leben steht. Damit ist ihre Argumentation jedoch schlicht petitiös gegenüber dem hier behandelten Problem; vgl. vor allem den dritten Teil dieses Kapitels.

[46] Eine solche Gradualisierungsstrategie findet sich vornehmlich im sogenannten »deep ecological movement«, wo der Anthropozentrismus, und mit ihm die Unabwägbarkeit der Menschenwürde, zurückgewiesen wird; vgl. dazu Hughes, *Ecology*, Kapitel 1 und Johnson, *Morally Deep* sowie auch die Überlegungen in Quante, *Xenotransplantation*, S. 18–26.

[47] Im Kontext einer ökologischen Ethik lassen sich dafür vielleicht noch

weitere plausible Argumente finden; vgl. dazu z. B. die Überlegen von Meyer-Abich, *Naturphilosophie*, S. 422 ff..

[48] Einen bedenkenswerten Vorschlag, der auf der extentionalen Strategie beruht, hat Ludwig Siep vorgetragen; vgl. dazu § 4 dieses Kapitels.

[49] In öffentlichen Kontexten funktioniert er zumeist so, wie sich die Emotivisten das Funktionieren der ethischen Argumentation generell vorgestellt haben: strikt nonkognitivistisch; vgl. zum Nonkognitivismus Quante, *Ethik*, Kap. III sowie Hallich, *Rationalität*.

[50] Zur Redeweise »ein personales Leben führen« vgl. Quante, *Person*, Kapitel 8 und 9; in Kapitel 5 von Quante, *Personales Leben* versuche ich nachzuweisen, daß personale Identität im Sinne der Persönlichkeit als Prinzip der biomedizinischen Ethik anerkannt werden sollte, weil es u. a. anderen fundamentalen Prinzipien der biomedizinischen Ethik (z. B. dem Prinzip des Respekts vor Autonomie) zugrunde liegt. Stoeckers Rekonstruktion der Menschenwürde zeigt, daß auch unser Prinzip der Menschenwürde auf diesem Fundament aufruht.

[51] Auch die von Dabrock & Klinnert, *Würde*, S. 13 vorgeschlagene »transzendentalpragmatische« Deutung der Tötung eines Menschen als »Demütigung« aufgrund der Tatsache, daß »er irreversibel mundtot gemacht wird«, impliziert keine Instrumentalisierung, da letztere auf einen äußeren Zweck verweist.

[52] Zur Frage der Nutzung sogenannter ›überzähliger‹ Embryonen zu Forschungszwecken siehe § 4 dieses Kapitels.

[53] Stoeckers Argumentation changiert hinsichtlich der These, ob auch die Würde des getöteten Embryos selbst durch die Tötung (nicht durch die Selektion) verletzt wird (vgl. Stoecker, *Würde*, S. 65 und S. 67 f.).

[54] Stoecker behauptet auch, daß die absichtliche Tötung eines menschlichen Embryos »auf eine indirekte Entwürdigung aller Menschen hinausläuft« (Stoecker, *Würde*, S. 68). Da ich die These, daß Menschenwürde ein striktes Recht auf Leben impliziert, nicht akzeptiere, gehe ich diesem Problem an dieser Stelle nicht weiter nach. Allerdings ist mir unklar, wieso Stoecker auf der einen Seite behaupten kann, die absichtliche Tötung eines menschlichen Embryos stelle möglicherweise keine Verletzung seiner Menschenwürde dar, wenn er andererseits behauptet, daß sie eine indirekte Würdeverletzung aller Menschen (nicht: Personen!) ist.

[55] Wir haben es an dieser Stelle also mit einer Spezifikation der generellen Unverträglichkeitsannahme zu tun, die ich im letzten Kapitel analysiert habe.

[56] Der Nachweis, daß das Prinzip der Menschenwürde nicht generell mit der Bewertung der Lebensqualität unvereinbar ist, ist auch in anderen Problemkontexten der biomedizinischen Ethik (z. B. freiwillige und nichtfreiwillige Sterbehilfe) unverzichtbar. Diese Diskussion der Unverträglichkeitsthese, vor allem in der von Kollek geäußerten allgemeinen Form, habe ich daher im vorherigen Kapitel durchgeführt.

[57] Für das folgende siehe Kapitel I sowie Ach et al., *Ethik*, S. 123–136.

[58] Leider ist es mir hier nicht möglich, einen Einwand zu prüfen, der sich an dieser Stelle nahelegt und folgendermaßen lautet: Die Anwendung des personalen und des intersubjektiv-rationalen Standards zieht notwendig den Übergang zum sozial-objektiven oder zum naturalistischen Standard nach sich. Für eine Zurückweisung des analogen Dammbruchargurments im Kontext der Erörterung der freiwilligen aktiven Sterbehilfe vgl. Kapitel 6 in Quante, *Personales Leben*.

[59] Damit soll nicht die Möglichkeit ausgeschlossen werden, Mitleid als angemessene emotionale Reaktion auf eine Situation als Argument für ein solches explizites Werturteil anzuführen.

[60] Dieses Ergebnis impliziert, daß es sich bei der Verwerfung eines Embryos nach Präimplantationsdiagnostik nicht um die Selektion zwischen zwei potentiell zu implantierenden Embryonen A und B handelt, sondern um die Verwerfung eines Embryos aufgrund der für ihn zu erwartenden Lebensqualität (nach intersubjektiv-rationalem Standard gemessen). Weder der Vergleich der potentiellen Lebensqualitäten von A und B, noch der Rekurs auf die zukünftige Lebensqualität der potentiellen Mutter sind darin eingeschlossen. Aus diesem Grunde enthalten meine Ausführungen auch keine implizite Stellungnahme zur Frage der selektiven Abtreibung bei Mehrlingsschwangerschaften. Sie legen jedoch eine Kritik am Verzicht auf die sogenannte ›eugenische‹ Indikation bei Abtreibungen nahe. Dies ist beabsichtigt.

[61] Nichts hindert eine Gesellschaft, die Präimplantationsdiagnostik zuläßt, zwangsläufig daran, eine gute Integrationspolitik für behinderte und kranke Gesellschaftsmitglieder zu verfolgen und dafür die geeigneten sozialen Institutionen bereitzustellen.

[62] Im Anschluß an die Theorie von Harry G. Frankfurt kann man dieses evaluative Selbstverhältnis auch als *Identifikation mit* beschreiben, vgl. dazu Quante, *Person*, Kapitel 7 bis 9 und Quante, *Frankfurt*.

[63] Damit ist ein sehr restriktives Kriterium für die Liste der möglichen Verwerfungsgründe und Indikationenstellung formuliert: Zum einen kann die Präimplantationsdiagnostik nicht zulässig sein ohne eine Liste der möglichen Indikationsstellungen, welche auch angesichts technischer Entwicklungen und Erkenntnisfortschritte ständig überprüft werden muß. Zum anderen werden bestehende Listen (z. B. in England) möglicherweise zu ›liberal‹ sein; für eine umfassende Darstellung der Präimplantationsdiagnostik vgl. auch Schmidt, *Jenseits*.

[64] Die folgenden Überlegungen dienen dabei zugleich wieder als Testfall dafür, daß die von mir angestrebte Position – das Festhalten an Menschenwürde im strikten philosophischen Sinn und das Festhalten an einer pluralistischen Ethik – konsistent formulierbar ist und zu akzeptablen Lösungsvorschlägen führen kann.

[65] Vgl. hierzu ausführlicher Kapitel 3 von Quante, *Personales Leben*; eine

informative Darstellung der verschiedenen Positionen, die in der Literatur vertreten werden, findet sich bei Knoeppfler, *Forschung*.

[66] Meine Argumente, weshalb dies nicht die Verschmelzung von Ei und Samenzelle ist, habe ich dargelegt in Quante, *Personales Leben*, Kapitel 3.

[67] Vgl. hierzu Ach et al., *Ethik*, Kapitel 5 sowie Quante, *Hirngewebstransplantationen*.

[68] Die Kennzeichnung »therapeutisches Klonen« ist irreführend, zumindest aber ein Euphemismus, da es sich der Sache nach um experimentelles Klonen handelt mit dem Ziel, in der Zukunft Therapien zu entwickeln. Da die menschlichen Individuen, die für diese Maßnahmen erzeugt und verbraucht werden, keinerlei Nutzen von diesen Eingriffen haben, handelt es sich eindeutig um rein fremdnützige Forschung; vgl. dazu Foster, *Medical research*, S. 79 f..

[69] Den Vorschlag, den Ludwig Siep in die Diskussion eingebracht hat, rechne ich zur extensionalen Strategie, obwohl er auch einige Merkmale der intensionalen Strategie aufweist, da er auf institutionell verankerte Intentionen bezogen ist; vgl. dazu unten Punkt (b.) dieses Abschnitts.

[70] Da es durchaus unklar ist, ob solche ›überzähligen‹ Embryonen aus biologischer Sicht keine Überlebensperspektive haben, handelt es sich bei dieser Risikoabwägung letztlich auch um eine implizite Güterabwägung und nicht um eine reine Natur- oder medizinische Tatsache.

[71] »Momentan« deshalb, weil technische Fortschritte dazu führen können, daß die Entnahme von pluri- oder totipotenten Zellen zur Gewinnung von embryonalen Stammzellen nicht mehr zur Zerstörung dieses Embryos führt.

[72] Vgl. dazu Siep, *Embryonenforschung*.

[73] Ich zähle den Vorschlag von Siep zur extentionalen Strategie, weil die Herstellung von menschlichen Embryonen ausschließlich zu Forschungszwecken oder solchen des therapeutischen Verbrauchs mit dem Prinzip der Menschenwürde aufgrund des Verbots einer vollständigen Instrumentalisierung nicht vereinbar ist.

[74] Für die Präimplantationsdiagnostik wäre also ebenfalls eine empirische Folgenabschätzung durchzuführen, wie sie z. B. Nippert, *Folgen* mit Bezug auf eugenische Einstellungen im Bereich der Pränataldiagnostik vorgelegt hat. Auch die möglichen psychischen Folgen für die Paare, denen die Möglichkeit der Präimplantationsdiagnostik angeboten wird, müssen reflektiert werden; vgl. dazu die Überlegungen im allgemeinen Kontext der pränatalen Diagnostik von Wiedebusch, *Entscheidung*.

[75] Ich zitiere im folgenden aus der Stellungnahme des Nationalen Ethikrates, *Diagnostik*, im Haupttext direkt mit Seitenzahl ohne weitere Angaben.

[76] Im Gegenteil enthält gerade die Darstellung des Identitätsarguments gravierende argumentative Fehler: So wird etwa die Kritik an einem Kriterium der Persistenz menschlicher Organismen, die auf die Möglichkeit der Zwillingsbildung hinweist, mit dem ›Argument‹ zurückgewiesen,

daß in diesem Fall das »in Rede stehende Kriterium nicht verfehlt, sondern doppelt erfüllt wird« (81). Nun erfordert Identität aber, daß es keine zwei numerisch verschiedenen Entitäten B und C gibt, die mit A identisch sind. Im Falle der Persistenz ist ein doppelter Erfolg schlicht ein Scheitern.

77 Die in unserem Kontext naheliegenden Kandidaten sind das Prinzip der Menschenwürde und der Wert der Heiligkeit des Lebens (welchem durch die Ehrfurcht vor dem menschlichen Leben angemessen begegnet wird). Fällt eine Handlungsoption in den Geltungsbereich eines solchen ›absoluten‹ Prinzips oder Wertes, dann ist zu prüfen, ob der fragliche Handlungstyp geboten ist (das gilt dann, wenn die Unterlassung dieser Handlungsweise mit dem Prinzip/Wert unvereinbar ist), ob sie verboten ist (das gilt dann, wenn die fragliche Handlungsweise mit dem Prinzip/Wert unvereinbar ist) oder ob sie möglicherweise erlaubt ist (das gilt dann, wenn sowohl die Handlungsweise als auch ihre Unterlassung mit dem Prinzip/Wert verträglich ist). Zumeist wird in kategorischen Argumenten jedoch auf das Verbot von Handlungstypen geschlossen. Dies liegt vermutlich daran, daß sich die solchen Argumenten zugrundeliegenden Prinzipien oder Werte in der Regel nur ex negativo mit Inhalt füllen lassen.

78 Ich lasse an dieser Stelle offen, ob es noch andere ethisch relevante extrinsische Faktoren als kausale Folgen gibt. Eine Festlegung in diesem Punkt würde auf die Frage führen, welche Arten von Schiefe-Ebene-Argumenten es gibt.

79 Läßt man in einer ethischen Theorie mehrere unabwägbare (oder absolute) Werte bzw. Prinzipien zu, dann kann eine bestimmte Art von ethischen Dilemmata entstehen, wenn eine Handlungsoption relativ zu einem solchen Prinzip geboten, relativ zu einem anderen solchen Prinzip jedoch verboten ist. Es ist unwahrscheinlich, daß sich die fraglichen Prinzipien inhaltlich so bestimmen lassen, daß ein derartiger Konflikt faktisch nicht auftritt. Vermeidet man diese Art von ethischen Dilemmata, indem man eine eindeutige Geltungshierarchie zwischen den Prinzipien oder Werten in die ethische Theorie einfügt, dann hat man im Grunde nur noch ein absolutes Prinzip, da alle anderen hinter diese ausgezeichnete ethische Größe zurücktreten müssen. Doch selbst unter dieser zusätzlichen Annahme können sich noch ethische Dilemmata einer anderen Art ergeben. Dies ist dann der Fall, wenn eine Situation so beschaffen ist, daß man das absolute Prinzip mit Bezug auf A nur dadurch respektieren kann, daß man das absolute Prinzip mit Bezug auf B verletzt (diese Konstellation wird gelegentlich in Anspruch genommen, um zu zeigen, daß eine Abtreibung keine Abwägung des Menschenwürdeprinzips gegenüber anderen ethischen Ansprüchen darstellt, sondern als Fall begriffen werden muß, in dem die Menschenwürde der Schwangeren gegen die Menschenwürde des Embryos steht).

80 Die Alternative, aufgrund intrinsischer und extrinsischer Argumente

für ein rechtliches Verbot zu argumentieren, wird in der Stellungnahme nicht als eigenständige Position vorgetragen (vgl. dazu meine Erörterung von Position I).

[81] Es sei denn, mit der ohnehin der Präzisierung bedürftigen Charakterisierung »existentiell« wäre genau dies gemeint.

[82] Position II ist darüber hinaus inhaltlich unterbestimmt, weil wir nicht erfahren, ob das Prinzip der Ehrfurcht vor dem menschlichen Leben allen anderen Prinzipien gegenüber vorrangig ist oder nur dem Prinzip des Respekts vor der Freiheit des Individuums. In ersterem Falle hätten wir es mit einem kategorischen Prinzip zu tun, im letzteren Fall wäre mit der Ehrfurcht nur ein intrinsischer Aspekt benannt. Für die durchgehende Vorrangigkeit spricht, daß in Position II nicht etwa nur die reproduktive Autonomie, sondern die menschliche Freiheit als solche nachgeordnet wird.

[83] Die zweite und dritte Option bestehen darin, unter Verwendung kategorischer oder aber abwägbarer, d.h. intrinsischer und extrinsischer Argumente gegen die ethische Zulässigkeit der Präimplantationsdiagnostik zu argumentieren und entsprechend ein rechtliches Verbot zu fordern. Wie wir noch sehen werden, gehen beide Optionen in die Position I ein.

[84] Dies läßt entweder darauf schließen, daß Position III dem menschlichen Embryo nicht den Status unabwägbarer Menschenwürde zuerkennt, oder es setzt die Annahme voraus, daß Präimplantationsdiagnostik und Menschenwürde des Embryos kompatibel sind; vgl. zu den beiden Optionen die beiden vorangegangenen Kapitel dieses Buches.

[85] In der Stellungnahme wird an dieser Stelle »jedenfalls in den unter Ziffer 3 genannten Fällen« hinzugefügt; dort ist dann aber die Präimplantationsdiagnostik als ganze gemeint, es werden nicht etwa Fallunterscheidungen innerhalb der Präimplantationsdiagnostik (z.B. nach Diagnosestellungen) eingeführt.

[86] Eine inhaltliche Bewertung dieses Aspekts von Position I im Abgleich mit Position III wäre auf komplexe Erörterungen zu den einzelnen intrinsischen Aspekten, die vor allem in Position I ins Spiel gebracht werden, angewiesen. Außerdem müßte man bei dieser Beurteilung auch auf die Wahrscheinlichkeit der Folgen und auf diverse Prinzipien zur Bewertung von möglichen Risiken eingehen (sofern man Dammbruchargumente nicht nur rhetorisch zur Beweislastverschiebung einsetzen will). Da es in diesem Beitrag nur um die allgemeine Argumentationsstruktur gehen soll, kann ich diese inhaltlichen Fragen nicht näher erörtern.

[87] Welche rhetorische oder gar propagandistische Funktion sie haben sollen, ist dagegen leicht zu durchschauen.

[88] Daß aus (4.) nicht (5.) folgt, dürfte dabei offensichtlich sein. Außerdem wäre das Verhältnis von Menschenwürde und Lebensrecht zu klären.

[89] In der gewählten Allgemeinheit der Formulierung sind z.B. (8.), (9.) und (12.) unstrittig, während (10.) problematisch ist und (11.) die Frage offen läßt,

in welchem Maße die Zurückstellung ethisch (oder gar rechtlich) verlangt werden kann.

[90] Dabei ist die Abschätzung der möglichen Akzeptanz eines ethischen Vorschlags in der Gesellschaft zu unterscheiden von der möglichen Mehrheitsfähigkeit eines Vorschlags in politischen Institutionen. Ersteres ist eine ethisch relevante Größe, letzteres eine Frage der politischen Pragmatik.

[91] Vgl. Nationaler Ethikrat, *Import*, S.7 (Hervorhebung MQ).

[92] Zu den metaethischen Konsequenzen und Hintergründen, die eine solche pluralistische Konzeption der Prinzipien mit sich bringt, vgl. Quante & Vieth, *Principlism*.

[93] Vgl. dazu Sturma, *Philosophie der Person* sowie die Beiträge in Sturma, *Person*.

[94] Potentielle Personen sind keine aktualen Personen, sondern Wesen, die das Potential haben, im Laufe ihrer Existenz die für den Personstatus notwendigen und hinreichenden Eigenschaften und Fähigkeiten zu erwerben. Das Potentialitätsproblem blende ich hier aus, wobei dies weder bedeutet, daß ich Potentialitätsargumente für generell unbrauchbar halte (die logische, metaphysische Ebene), noch die These aufstellen möchte, Potentialitäten könnten keine ethisch respektablen Ansprüche begründen (die ethische Ebene). Da ich mich in diesem Beitrag auf den Begriff der Person beschränke, fällt das Problem der potentiellen Personen aus dem Themenbereich heraus. Wenn man Wesen, die das Potential haben, Personen werden zu können, bereits als Personen zählt, dann muß man nicht mehr von potentiellen Personen sprechen. Tut man dies nicht, dann sind *potentielle* Personen eben keine Personen und damit nicht Gegenstand meiner Überlegungen.

[95] Bei Schlafenden, vorübergehend bewußtlosen oder reversibel komatösen Menschen läßt sich dagegen mit Plausibilität behaupten, daß sie über die für Personalität notwendigen Eigenschaften und Fähigkeiten verfügen.

[96] Vorausgesetzt wird dabei, daß wir über ein unstrittiges Kriterium für die Zuordnung zur biologischen Gattung Mensch verfügen. Im Kontext des beginnenden menschlichen Lebens verändert sich dann die Fragestellung gelegentlich so, daß strittig wird, ab welchem Zeitpunkt innerhalb der biologischen Entwicklung ein menschlicher Organismus zu existieren beginnt. Analoge Fragen ergeben sich auch für das Lebensende, wie der Streit um das Hirntodkriterium zeigt, der vor allem mit Bezug auf die Transplantationsmedizin geführt wurde, vgl. dazu Ach et al., *Ethik*, Kapitel 2.

[97] Vgl. für diese Art der Kritik Birnbacher, *Dilemma* oder Gordjin, *Person*.

[98] So versteht z. B. Rainer Enskat, *Identität* in seiner Analyse des sogenannten Identitätsarguments in der Debatte um den moralischen Status des menschlichen Embryos unter »Identität« die Gleichheit hinsichtlich einer moralischen Eigenschaft, während Stoecker, *Identität* in seiner Analyse dieses Arguments von (numerischer) Identität ausgeht; Damschen & Schönecker,

Vorsicht scheinen dagegen, zumindest so weit mein Verständnis ihrer entsprechenden Ausführungen reicht, am ehesten Persistenz vor Augen zu haben, wenn sie das Identitätsargument analysieren.

99 Wichtige Beiträge zu dieser Debatte finden sich in Siep, *Identität* und Quante, *Personale Identität.*

100 Um ein anderes Beispiel anzuführen: Wenn es zwischen Verhütung und Abtreibung einen ethisch signifikanten Unterschied gibt, dann gewinnt die ontologische Frage, ab wann man im Entstehungsprozeß von einem neuen menschlichen Organismus sprechen kann, indirekt auch ethische Relevanz.

101 Ich habe diese These an anderer Stelle ausführlich erörtert und gebe im folgenden nur die Grundzüge meiner Argumentation wieder; vgl. Quante, *Personales Leben.*

102 Besser gesagt: Er sollte es nicht sein, denn faktisch wird der Begriff der Person, genauso wie der Begriff der Menschenwürde, in vielen Auseinandersetzung in genau dieser Weise als ›Diskussionsstopper‹ benutzt.

103 Vgl. für eine aktuelle Diskussion der Lehre von der Heiligkeit des menschlichen Lebens die Beiträge in Bayertz, *Sanctity.*

104 Vgl. für eine Verteidigung dieser Position z. B. Müller, *Tötung*; eine kritische Analyse findet sich in Kuhse, *Sanctity* und Siep & Quante, *Herbeiführung.*

105 Ein besonders schlagendes Beispiel für eine solche Demagogie stellt Rest, *Sterbebegleitung* dar.

106 Vgl. dazu Kapitel 7 von Quante, *Personales Leben*, Siep & Quante, *Herbeiführung* sowie Quante, *Selbstbestimmt sterben.*

107 Der Fall der *unfreiwilligen* ›Sterbehilfe‹, bei dem autonome Personen gegen ihren Willen getötet werden, wird in der gegenwärtigen Auseinandersetzung von niemandem als ethisch legitim angesehen und braucht daher hier nur in einer Hinsicht erwähnt zu werden. Es ist unzulässig, Probleme von freiwilliger oder nichtfreiwilliger Sterbehilfe unter Hinweis auf die z. B. im Dritten Reich durchgeführte unfreiwillige ›Sterbehilfe‹ zu erörtern. Die in der Debatte um Sterbehilfe allgegenwärtige Präsenz der Nazi-Analogie ist daher in den meisten Fällen irreführend oder eine wenig hilfreiche Polemik, die eine rationale Auseinandersetzung verhindert (und häufig auch einfach nur verhindern soll).

108 Die im Jahr 2009 auf den Weg gebrachte gesetzliche Regelung entspricht genau diesem Trend und bestätigt die obige Analyse.

109 Der Zusammenhang zwischen personaler Identität und der ethischen Verbindlichkeit von Patientenverfügungen wird diskutiert in Kuhse, *advance directives* und Quante, *Precedent autonomy.*

110 Vgl. dazu Dworkin, *Life*, Harris, *Value* und Quante, *basis.*

111 Die Nachweise der Zitate, in der Reihefolge des obigen Textes, sind: Gesang, *Humanklonierung*, S. 771; Reich, *Jagd*, S. 33; Eser et al., *Klonierung*;

Rüttgers, *Klonieren*; Davis, *Introduction*, S. 2; Steinbock, *Cloning*, S. 39; Davis, *Introduction*, S. 2 und Davis, *Cloning*, S. 83.

112 So Reich, *Jagd*, S. 33.

113 Vgl. dazu Bayertz, *normative status* und die Beiträge in Bayertz, *Sanctity*.

114 In Quante, *Person* habe ich versucht, diesen philosophischen Knoten zu lösen und für die verschiedenen Teilprobleme Lösungsvorschläge vorgelegt.

115 Für eine künstlerische Illustration dieses Punktes sei auf den Film *Blade Runner* verwiesen; dort zeigt sich, daß die Art der Erzeugung eines Individuums für seinen Status, eine Person zu sein, begrifflich irrelevant ist und ethisch oder rechtlich irrelevant sein sollte.

116 Um die Fallunterscheidungen nicht noch weiter zu differenzieren, wird im folgenden der kulturelle Kontext ausgeblendet und vorausgesetzt, daß X, Y, Z und B ein gemeinsames Verständnis davon haben, was es heißt, eine biographische Identität auszubilden und aufrechtzuerhalten. Darüber hinaus wird nicht unterschieden zwischen den Fällen, in denen Z davon weiß, daß von ihm ein Klon erzeugt wird (oder worden ist), und den Fällen, in denen Z nur in dem allgemeinen Bewußtsein lebt, daß in seiner Gesellschaft die Erzeugung eines Klons möglich wäre. Die folgende Diskussion geht den Fällen nach, in denen Y existiert (egal ob als genetischer Nachfolger oder als ›verspäteter‹ Zwilling).

117 Eine beeindruckende und bedrückende Schilderung des letzten Falles findet sich in dem Roman *Spares* von Michael Marshall Smith.

118 Vgl. dazu von der Pfordten, *Klonierung* und Siep, *Dolly*.

119 Dieses Argument wird entwickelt in Jonas, *Klonieren*, S. 187–194.

120 So Jonas, *Klonieren*, S. 190 – vgl. generell für die Humangenetik auch Chadwick, *Nichtwissen*, Taupitz, *Nichtwissen* sowie meine Ausführungen in Kapitel VII.

121 Alkemenes Problem (de Sousa, *Gefühl*, S. 32) und der Topos des Doppelgängers hat seit der Antike die Komödiendichter immer wieder beschäftigt und zu vielfältigen Darstellungen des Amphitryonstoffes geführt (vgl. Fink, *Mythologie*, S. 38). Die Vorstellung, durch einen Doppelgänger getäuscht (Alkmene) bzw. ersetzt (Amphitryon) zu werden, ist für die Beteiligten selbst allerdings nicht komisch. Eine Doppelgängergeschichte ist auch Grundlage der Argumentation von Bernstein, *Love*.

122 Die historischen Eigenschaften, die durch die kausale Relation zwischen X und Y selbst konstituiert werden und ontologisch einen Unterschied zwischen Y und Y* ausmachen, obwohl sie für X epistemisch nicht von den ahistorischen Imitaten zu unterscheiden sind, beachte ich an dieser Stelle nicht, weil es hier um die epistemische Binnenperspektive der Beteiligten geht (zur Analyse der Liebe als einer historisch-externalen Eigenschaft vgl. Fischer & Ravizza, *Responsibility*, S. 192 ff.).

[123] Diesen für die Analyse der Situation entscheidenden Perspektivwechsel vollzieht Bernstein, *Love*, S. 290.

[124] Dieser Fall findet sich bei Bernstein, *Love*.

[125] Vgl. hierzu die Analysen von Izenberg, *Individuality*; Rorty, *Contingency* sowie Taylor, *Sources* und *Ethics*.

[126] Vgl. für einen Überblick zum Stand der Forschung Rose, *Smart Drugs*, Hall, *Quest* oder Turner et al., *Enhancing effects*.

[127] Auch dieser Aspekt der Erweiterung unseres Wissensspektrums darf hinsichtlich seiner ethischen Brisanz nicht unterschätzt werden. Man denke nur etwa an die Möglichkeit, dieses Wissen in Strafgerichtsprozessen zur Ermittlung von (verminderter) Schuldfähigkeit etc. einzusetzen (vgl. dazu Denno, *Acts*, S. 610 f.), oder an die Frage nach dem Umgang mit diesem Wissen (vgl. Farah, *Neuroethics*, S. 34 f.). Da ich in diesem Beitrag dem Zusammenhang von Neuro-Enhancement und personaler Autonomie nachgehen möchte, werde ich jedoch den Aspekt der Wissensvermehrung ausblenden.

[128] Vgl. dazu Birnbacher, *Genomanalyse* oder Bayertz & Quante, *Enhancement*.

[129] Vgl. dazu mit Bezug auf den Kontext Neuro-Enhancement Caplan, *Brainer*, der die Unterscheidung aufgrund von Kontinuitätsüberlegungen als unbrauchbar ablehnt, sowie die moderatere Einschätzung über die Brauchbarkeit der Unterscheidung von Parens, *treatment*.

[130] Zur komplexen Rolle der Natürlichkeitsintuitionen in der Ethik vgl. Birnbacher, *Natur* und *Natürlichkeit* sowie Vieth & Quante, *Chimäre*.

[131] Vgl. dazu z. B. Farah et al., *Enhancement*, S. 422 f. oder Farah, *Emerging*, S. 1125.

[132] Diese Konsequenz bringt auch Robert Blank zum Ausdruck, ohne die begrifflichen Spannungen freilich genauer zu spezifizieren: »Neuroscience findings require a reevaluation of democratic concepts of equality, individual autonomy, freedom and responsibility. Neuroscience also undermines conventional perceptions of human nature« (*Brain Policy*, S. 172 f.).

[133] Bezüglich der prinzipiellen Fragestellung habe ich an anderer Stelle eine kompatibilistische Position verteidigt; vgl. dazu Kapitel X in Quante, *Ethik*.

[134] Kompatibilisten stellen eine Behauptung über die Vereinbarkeit von Freiheit, Verantwortung und Determiniertheit der Welt auf. Sie können sich daher gegenüber der Frage nach der deterministischen Verfaßtheit der Welt agnostisch verhalten. Aus diesem Grunde wird die Antwort auf diese metaphysische Frage im folgenden auch nicht als Bestandteil der kompatibilistischen Position gewertet.

[135] Die ist ein Zugeständnis an das inkompatibilistische Lager, denn es ist nicht auszuschließen, daß ein libertarianischer Freiheitsbegriff ebenfalls stark revisionäre Konsequenzen für unsere ethische Praxis entfalten könnte; man denke etwa an Sartres Schwierigkeiten, auf der Grundlage seiner Freiheitskonzeption eine tragfähige Ethik zu entwickeln.

[136] Daher lasse ich in der Folge die qualifizierende Kennzeichnung »weich« weg. Diese Landkarte der plausiblen oder denkbaren Theorieoptionen ist grob vereinfacht, so daß die Möglichkeit, daß es weitere Antworten auf das klassische Problem der Willensfreiheit geben könnte, die keine skeptischen Konsequenzen hinsichtlich unserer ethischen Praxis nach sich ziehen, hier explizit nicht ausgeschlossen werden soll; für eine differenziertere philosophische Landkarte und Diskussion der Positionen vgl. Quante, *Philosophische Freiheiten.*

[137] Eingriffe durch Gott sollen hier genauso unberücksichtigt bleiben wie die Ausdehnung des Begriffs der Manipulation, die etwa in der Vorstellung der Manipulation durch soziale Umstände etc. zum Ausdruck kommt. Im folgenden geht es um Manipulationen im Sinne des absichtlichen Eingriffs durch menschliches Handeln.

[138] Wir können hier offen lassen, welches Kriterium des Existenzbeginns für gültig erachtet wird; vgl. dazu Quante, *Personales Leben*, Kapitel 3. Da es mir im folgenden nicht um humangenetische Eingriffe geht, wird nach allen plausiblen Kriterien der Existenzbeginn eines menschlichen Individuums vor dem Zeitpunkt der Möglichkeit von Neuro-Enhancement liegen.

[139] Vgl. dazu meine ausführlichere Analyse in Quante, *Autonomy* sowie Fischer, *My Way* und *Our Stories.*

[140] Da es Kompatibilisten häufig nur darum geht nachzuweisen, daß die inkompatibilistische Intuition nicht prinzipiell gültig ist, stützen sie sich oft auf idealisierte Bedingungen, die für endliche empirische Subjekte nur bedingt einschlägig sind. Aus diesem Grunde lassen sich aus ihren Modellen auch nur erste Ansätze für Antworten auf unsere Frage entnehmen.

[141] Offen bleibt dabei, ob Libertarianer und Kompatibilisten auf diesem gemeinsamen Grund die gleichen Antwortstrategien verfolgen können.

[142] Vermutlich lassen sich existentialistische Autoren wie Camus oder Sartre als Verfechter dieser starken These der bedingungslosen Verantwortlichkeit, die unter allen Umständen, in denen ein Mensch als Handelnder gelten kann, bestehen bleibt, deuten.

[143] Vgl. dazu Kapitel 5 von Quante, *Personales Leben* sowie Quante, *Personale Autonomie.*

[144] Vgl. dazu die Kapitel 7 und 8 von Fischer & Ravizza, *Responsibility* sowie Mele, *Autonomous Agents*, Kapitel 9 und 10; »aktual« meint an dieser Stelle »gegenwärtig in der aktualen Welt«.

[145] Ein weiterer zentraler Strang der Diskussion dreht sich um die Frage, ob ein kontrafaktischer Eingriff mit Freiheit verträglich ist oder nicht. Da es sich bei Neuro-Enhancement nicht um kontrafaktische, sondern um aktuale Eingriffe handelt, können wir diesen Aspekt der Diskussion ausblenden; vgl. dazu Fischer, *Metaphysics*, Kapitel 7.

[146] Damit ist noch nicht ausgeschlossen, daß ein solcher Eingriff dennoch, z. B. im Rahmen des Strafvollzugs, ethisch legitim sein könnte.

[147] Der Vorschlag von Fischer & Ravizza (*Responsibility*, S. 236), technische Eingriffe aufgrund ihrer Unnatürlichkeit per se als inkompatibel zu klassifizieren, während dies für Sozialisation oder Erziehung nicht gilt, kann daher nicht überzeugen. Wenn in einer Gesellschaft bestimmte Techniken alltäglich geworden und vertraut sind, können sie nicht mehr allein aufgrund ihres technischen Charakters anders bewertet werden als gewöhnliche Sozialisations- oder Erziehungs›techniken‹.

[148] Von diesem Gesichtspunkt aus betrachtet ist die Debatte um Neuro-Enhancement ein Teilbereich der Auseinandersetzung um Doping; vgl. für einen Überblick die Beiträge in Pawlenka, *Sportethik*.

[149] Vgl. dazu mit Bezug auf die Sportethik Pawlenka, *Doping* und zur generellen Brauchbarkeit von Natürlichkeitsintuitionen Birnbacher, *Natürlichkeit*, Siep, *Konkrete Ethik*, S. 243 ff. sowie Vieth & Quante, *Chimäre*.

[150] Die Haupteinwände gegen die Brauchbarkeit dieser Natürlichkeitsintuitionen sind zum einen, daß ein Rekurs auf Natur als ethischen Maßstab einen naturalistischen Fehlschluß darstellt, und zum anderen, daß die Unterscheidung zwischen Natur und Kultur (oder anderen Abgrenzungen) nicht trennscharf zu ziehen sei. Außerdem wird häufig darauf hingewiesen, daß Natürlichkeitsintuitionen selbst deutungsabhängig und außerdem für konkrete Problemlösungen unspezifisch seien; vgl. zu dieser Debatte die Beiträge in Bayertz, *Menschliche Natur*. Zu diesen Argumentationsmustern ist zu sagen, daß die mangelnde Trennschärfe kein prinzipieller Einwand ist, solange es auch hinreichend klare Fälle gibt. Das Argument vom naturalistischen Fehlschluß ist ebenfalls nur von begrenzter Reichweite, da es vom zugrunde gelegten Begriff der Natur und von weiteren metaethischen Prämissen abhängt, die durchaus nicht selbstevident sind (vgl. zu letzterem Quante, *Ethik*, Kapitel VII). Deutet man Natürlichkeitsintuitionen primär als Irritationsphänomen, die auf drohende Orientierungsverluste hinweisen, ohne direkt Handlungsanweisungen zu implizieren, dann ist auch der dritte Einwand nicht überzeugend; vgl. dazu Vieth & Quante, *Chimäre*. Natürlichkeitsintuitionen deuten auf mögliche Verluste hin, deren Bewertung philosophische Reflexion erfordert; sie ersetzen sie nicht.

[151] Vgl. zu dieser Unterscheidung ausführlicher Quante, *Personales Leben*, S. 193 ff.

[152] Ich lasse hier die Einschätzung des Sachverhalts durch die Perspektive Dritter unberücksichtigt und nehme die Selbstwahrnehmung des Subjekts zum Maßstab. Dies ist für die Zwecke unserer Überlegungen vertretbar, da die weitergehende Frage nach einer möglichen sozialen Konstituiertheit der Persönlichkeit und die sich im Konfliktfall anschließende Frage nach dem Vorrang von sozialer oder ›privater‹ Deutung nicht mehr unmittelbar das Problem des vorliegenden Beitrags betreffen; vgl. dazu auch Quante, *Vollzugswiderspruch* und *Social Nature*.

[153] Dies muß präzisiert werden, da es sich um direkte Anstrengungen han-

deln muß (also nicht etwa um enorme Anstrengungen zum Erhalt der für das Neuro-Enhancement notwendigen finanziellen Mittel).

[154] So Irrgang, *Medizinische Ethik*, S. 317.

[155] Die immer noch unübertroffene Studie hierzu ist Faden & Beauchamp, *Informed Consent*.

[156] Siehe dazu die erhellende Analyse in Dworkin, *Autonomy*, S. 100–120.

[157] Zu den grundlegenden Prinzipien der biomedizinischen Ethik vgl. Beauchamp & Childress, *Principles*.

[158] Vgl. dazu Chadwick, *Nichtwissen*, sowie Wiesing & Schonauer, *Prognose*.

[159] Diese Forderung wird aufgestellt von Kirby, *Informed Consent*, S. 69.

[160] Siehe zu dieser notwendigen Erweiterung des Konzepts der informierten Stellungnahme Battin, *Death*.

[161] Vgl. dazu die Anführungen von Wiedebusch, *Entscheidung*.

[162] Zur komplexen Problematik stellvertretender Entscheidungen vgl. Buchanan & Brock, *Deciding* und *Others*.

[163] Zu dieser Äquivalenzthese vgl. Mieth, *Probleme*.

[164] So etwa bei Chadwick, *Nichtwissen* sowie Wiesing & Schonauer, *Prognose*.

[165] Dies hat sich im letzten Jahr geändert, vgl. Schmitz, *Möglichkeiten*.

[166] Auch die Auseinandersetzungen um das Transplantationsgesetz waren nicht frei von Bezügen auf den Problembereich der Sterbehilfe; vgl. Quante, *Wann* und *Hirntod*.

[167] Ich habe mich an anderer Stelle kritisch zu einer derartigen Mitwirkungspflicht geäußert; vgl. Quante, *Zum Leben verurteilt*.

[168] Wichtig ist auch, daß die scheinbar in ethischer Hinsicht so tragfähige Differenzierung zwischen Tun und Unterlassen, zwischen aktivem Töten und passivem Sterbenlassen obsolet wird (vgl. dazu Rachels, *Sterbehilfe*, Reichenbach, *Euthanasie*, und Siep & Quante, *Herbeiführung*). Hans-Bernhard Würmeling führt den politischen Erfolg der Euthanasiebewegung sogar darauf zurück, daß »die Ärzteschaft die Ziele ihres Handelns bei unheilbar Kranken und Sterbenden nie klar genug formuliert hat« (*Sterbebegleitung*, S. 91).

[169] Man denke nur an die Reproduktionsmedizin, die Humangenetik oder bestimmte experimentelle Bereiche der Transplantationsmedizin wie Hirngewebs- oder Xenotransplantationen.

[170] Im Gegensatz dazu kann der Terminus »Euthanasie« in anderen Ländern eine von diesen Konnotationen unbelastete Funktion erfüllen. Obwohl die Kennzeichnung der fraglichen Handlungen, um deren moralische Zulässigkeit es im folgenden gehen wird, als »Euthanasiehandlungen« geeigneter wäre, verzichte ich hier auf das Wort »Euthanasie«, um emotionale Assoziationsketten zu vermeiden, die häufig an die Stelle von Argumenten treten.

[171] Dies ist die Konsequenz der methodischen Entscheidung, in einem ersten Schritt eine ethisch neutrale und deskriptiv umfassende Beschreibung

der Problemfälle zu liefern, um dann im zweiten Schritt innerhalb dieses Spektrums die ethischen Differenzen auszuweisen. Eine ethische Bewertung z. B. der Persistent-Vegetative-State Fälle ist daher mit den obigen Überlegungen noch nicht gegeben.

172 Die obige Differenzierung zwischen deskriptiver und normativer Verwendung darf nicht mit der Unterscheidung verwechselt werden, die Thomas Fuchs unlängst vorgenommen hat. Er engt den Begriff der Tötung auf eine aktive physische Einwirkung ein (*Töten*, S. 80) und unterscheidet davon den juristischen Sprachgebrauch, der unter dem Gesichtspunkt der Zurechenbarkeit auch mittelbare Herbeiführungen des Todes und negative Verursachungen durch Unterlassungen als »Tötungen« wertet. Fuchs engt den Begriff zwar ein und schließt die mittelbare und negative Verursachung aus, behält aber die ethisch negativen Konnotationen bei (*Töten*, S. 80 u. 82). Ich verfahre dagegen umgekehrt und blende die normative Ebene aus, ohne eine der drei Unterarten kausaler Erklärungen auszuschließen. Dies erscheint angemessener, da es gerade um die Frage der ethischen Bewertung geht, welche daher nicht schon in die Beschreibung mit aufgenommen werden sollte.

173 Die Freiwilligkeit bezieht sich nicht auf die die Tötungshandlung ausführende Person, sondern auf den Patienten, der getötet wird.

174 Barbara Guckes ersetzt in ihrer Klassifikation die Rubrik der freiwilligen Euthanasie durch die »Handlungen der Sterbehilfe auf Verlangen« (*schiefe Ebene*, S. 140), wobei sie zwischen solchen Handlungen, die auf einer autonomen Entscheidung des Betroffenen beruhen, und solchen, die nur dem »Anschein« (ebd.) nach auf eine autonome Entscheidung zurückgehen, differenziert. Diese Aufteilung erscheint wenig sinnvoll, da sich die nur scheinbar auf eine autonome Entscheidung zurückgehende Gruppe auf die der Handlungen ohne oder gegen den Willen des Betroffenen zurückführen lassen, je nachdem, auf welche Weise die scheinbar autonome Entscheidung zustande gekommen ist. Ihre Binnendifferenzierung innerhalb der Klasse der ohne eine Willensäußerung des Betroffenen vollzogenen Handlungen in solche, bei denen die Patienten nicht zu einer Willensäußerung in der Lage sind, und solche, bei denen äußerungsfähige Patienten sich faktisch nicht geäußert haben, trifft dagegen einen moralisch relevanten Unterschied. Den Vorschlag von Guckes ergänzend sollte man die Gruppe der aktual nicht zu autonomen Entscheidungen fähigen Patienten noch weiter differenzieren in diejenigen, die zu keinem Zeitpunkt ihrer Existenz zu Willensäußerungen in der Lage sind, solchen, die diese Fähigkeit irreversibel verloren haben, und solchen, die diese Fähigkeit in der Zukunft (in gewissem Maße) gewinnen oder wiedererlangen werden.

175 Für eine juristische Einschätzung siehe Merkel, *Teilnahme*.

176 Eine weitere Quelle für Unklarheiten liegt darin, daß zum einen geglaubt wird, in der rein deskriptiv erfaßbaren Differenz verschiedener Kausalverläufe ein ethisch relevantes Unterscheidungskriterium vorliegen zu haben,

und daß zum anderen die Ebene der deskriptiven Kausalverhältnisse mit der deskripitiv-evaluativen Ebene der Kausalerklärungen vermischt wird. Dies kommt natürlich der intuitiven Voreingenommenheit mit Bezug auf die ethische Ungleichwertigkeit von Tun und Unterlassen genauso entgegen wie der unbemerkten Doppelrolle von »Töten« und »Sterbenlassen« als deskritive und normative Kennzeichnungen.

[177] Sowohl Würmeling (*Sterbebegleitung*, S. 93) als auch Fuchs (*Töten*, S. 83) beziehen diese Position.

[178] Kritisch ließe sich z. B. fragen, was mit der Klausel »unmittelbar tödlich schädigende Einwirkung« erfaßt werden soll (direkte zeitliche Folge?) und welche Eingriffe als »unmittelbar« zu zählen sind. Dies ist notwendig, um einen stillschweigenden Wechsel auf die Ebene der Intentionen (der Tod wird als solcher intendiert) auszuschließen. Außerdem unterstelle ich hier, daß der obige Vorschlag gegen den Einwand, die Technisierung der Medizin lasse die Unterscheidung zwischen natürlichem und unnatürlichem Sterben fragwürdig werden, verteidigt werden kann, und daß es eine deskriptiv hinreichend scharfe Unterscheidung zwischen beidem gibt. Vor allem aber muß man die Unterscheidung von Fuchs, die nur auf die Art der Einwirkung auf den Organismus konzentriert ist, einschränken auf Tötungen, die beabsichtigte Handlungen sind.

[179] Zur weiteren Qualifikation von »absichtlich« in diesem Kontext vgl. unten § 4.

[180] Denkbar sind auch Zwischenlösungen, denen zufolge einige der prima facie für ethisch zulässig gehaltenen Tötungshandlungen wirklich akzeptabel sind, andere dagegen nicht. Da in diesem Beitrag keine generelle Diskussion des Tötungsverbots angestrebt wird, geht es im folgenden nur um solche Argumente, die den Nachweis der kategorischen ethischen Unzulässigkeit von direkt aktiven Tötungshandlungen im Bereich des ärztlichen Handelns erbringen sollen.

[181] Hält man die Aussage, solche Tötungshandlungen seien kategorisch ethisch falsch, für nicht begründbar, bleibt die Frage, ob es möglicherweise schwächere Begründungsformen gibt, die diese Handlungen als ethisch inakzeptabel ausweisen können (vgl. unten § 5 und § 6).

[182] Vgl. dazu die Diskussion, die in den Beiträgen in Bayertz, *Sanctity* geführt worden ist.

[183] Ein formales, ausschließlich auf personaler Autonomie begründetes Konzept der Menschenwürde kann in Fällen der Sterbehilfe mit der Lehre von der Heiligkeit des menschlichen Lebens konfligieren. Ein material reichhaltigeres Konzept von Menschenwürde, welches diesen Konflikt ausschließt, kann dagegen nicht in gleichem Maße allgemeinverbindlich gemacht werden, vgl. zu diesem Resultat wiederum die Beiträge in Bayertz, *Sanctity*.

[184] Daß dies zumindest für den Fall der Selbstverteidigung nicht greift, hat Uniacke, *Permissible Killing* gezeigt.

185 Für eine ausführlichere Diskussion der Zusammenhänge zwischen den Unterscheidungen Tun/Unterlassen, aktiv/passiv, direkt/indirekt und intendiert/in Kauf genommen vgl. Quante, *Personales Leben*, Kapitel 6 sowie Siep & Quante, *Herbeiführung*.

186 Dies muß für den Verfechter dieser Strategie kein entscheidender Einwand sein. Man kann auch wie Gormally den Verfall des ethischen Bewußtseins daraus ableiten (*Euthanasia*, S. 133).

187 Dies gilt allerdings dann nicht, wenn eine Entscheidung aufgrund des Primats des Autonomieprinzips akzeptiert wird, weil man die Entscheidung des Betreffenden zwar nachvollziehen, nicht aber teilen kann. In diesem Fall gesteht man nur zu, daß der Betreffende das Recht hat, seine eigene Wertung vorzunehmen, man macht sie sich aber nicht zu eigen.

188 Exemplarisch dafür sind die Beiträge von Finnis, *Euthanasia* und Gormally, *Euthanasia*.

189 Das an dieser Stelle stereotyp als Standardverteidigung vorgebrachte Argument, wir ließen uns nicht alle vorhersehbaren Folgen ethisch zurechnen, ist fehl am Platze. Die These ist nicht, daß alles Vorhergesehene ethisch relevant ist, sondern vielmehr, daß es ethisch relevantes In-Kauf-Nehmen gibt.

190 Mit dem Vorwurf des Arbiträren kann verschiedenes gemeint sein. Einmal zählt jede auf menschliche Wertvorstellungen beruhende Bewertung als »arbiträr«, weil sie mit der These der Unverfügbarkeit des menschlichen Lebens kollidiert. Diese Begründungsfigur führt auf die schon dargestellten Schwierigkeiten zurück. Dann kann mit »arbiträr« auch gemeint sein, daß eine willkürliche, an den Situationen nicht plausibel festzumachende Unterscheidung keine stabile Basis für eine ethische Praxis bieten kann. In diesem Sinne ist der Einwand berechtigt. Es kommt dann aber darauf an, welche Aspekte als ethisch relevant und damit als nicht-arbiträr gelten sollen. Hier erscheint der Rekurs auf die Lehre von der Doppelwirkung seinerseits als »willkürlich«, wenn damit beansprucht wird, alle ethisch relevanten Aspekte abdecken zu können.

191 Mit dieser auf die für eine demokratische Gesellschaft notwendigen Begründungsbasis unserer ethischen Praxis zielenden These setze ich mich in Quante, *Prinzipienlose Medizinethik* kritisch auseinander.

192 Zu diesem Schluß kommt auch Würmeling: »Letztlich wird das Verbot der Tötung auf Verlangen nur aus einer metaphysischen Sicht begründbar sein, der das Lebensrecht als unverzichtbar gilt« (*Sterbebegleitung*, S. 93). Zu ergänzen wäre: oder der das menschliche Leben als prinzipiell unverfügbar gilt.

193 Verteidiger dieser Lehre begründen ihre These häufig mit dem Argument, daß sich ohne eine solche Begründungsstrategie der ethische Unterschied zwischen freiwilliger und nichtfreiwilliger Herbeiführung des Todes nicht begründen lasse. Diese Argumentation ist aber fehlerhaft. Es ist zwar

richtig, daß das Verbot, menschliches Leben zu bewerten, ausreicht, beide Formen der Herbeiführung des Todes als kategorisch falsch auszuweisen. Nicht korrekt ist aber der Umkehrschluß, daß der Wegfall dieses Verbots automatisch dazu führt, daß beides ethisch gleichwertig ist. Übersehen wird hier die Möglichkeit anderer ethisch relevanter Unterschiede als die von der Lehre der Doppelwirkung berücksichtigten Aspekte.

194 Zur Erinnerung: Ich verstehe unter intrinsischen Begründungen solche, die sich nur auf die Eigenschaften des Situationstyps (Handlungstyp und an der Handlung beteiligte Individuen) beziehen. Extrinsische Begründungen sind dagegen solche, in denen Auswirkungen auf andere Individuen (z. B. Angehörige), andere Bevölkerungsgruppen (z. B. Behinderte), soziale Institutionen (z. B. der Medizinsektor) oder gesamtgesellschaftliche Konsequenzen als ethisch relevant angeführt werden. Sowohl intrinsische als auch extrinsische Eigenschaften unterscheiden sich von kategorischen dadurch, daß sie einer Abwägung zugänglich sind.

195 Das Berufsethos gehört zu den intrinsischen Aspekten, weil es die Rollenidentität einer der in dieser Rolle beteiligten Personen konstituiert, wobei diese Rollenidentität im Normalfall den zusätzlichen ethischen Überzeugungen dieser Person einen Spielraum läßt.

196 Sowohl Thomas Fuchs als auch Hans-Bernhard Würmeling beziehen diese Position und begründen damit kein kategorisches, sondern ein intrinsisches Verbot. So schreibt z. B. Würmeling: »Für den Arzt ergibt sich aber die Unzulässigkeit einer Tötung auf Verlangen bereits auf einer viel pragmatischeren Ebene aus berufsspezifischen Gründen« (*Sterbebegleitung*, S. 94).

197 Dies bedeutet noch nicht automatisch, daß sich daraus auch eine erzwingbare Rechtspflicht ergibt.

198 Da ich nicht davon überzeugt bin, daß das ärztliche Standesethos mit der absichtlichen Herbeiführung des Todes eines Menschen inkompatibel ist, verfolge ich diesen Argumentationsstrang nicht weiter. Er sei hier nur als möglicher Ausweg angedeutet.

199 Thomas Fuchs geht deshalb in seinem Beitrag auch wieder zu der kategorischen Begründung über, wenn er die Bewertung des menschlichen Lebens als solche für mit dem ärztlichen Ethos unvereinbar hält.

200 Man denke nur an die Abtreibungspraxis in Deutschland.

201 Ich verwende den Begriff Lebensqualität hier so weit, daß auch die Grenzfälle von irreversibel komatösen oder Patienten im Persistent-Vegetative-State mit darunter subsumiert werden können.

202 Zu den Unsicherheiten im Umgang mit schwerstbehinderten Neugeborenen vgl. Zimmermann et al., *Behandlungspraxis*.

203 Für eine ausführliche Erörterung des Spezialfalls Persistant-Vegetative-State vgl. Jennett, *Vegetative State*.

204 Dies gilt gerade im Kontext von Neugeborenen und Kindern, da man hier annimmt, daß die Eltern am ehesten in der Lage sind, das für das Kind

jeweils Beste zu benennen. Allerdings sollte man dabei nicht verkennen, daß sich gerade hier auch die Ängste und Wünsche der Eltern durchaus mit dem Urteil im besten Interesse vermischen werden und daher eine kritische Abgleichung mit den medizinischen und psychologischen Fakten erforderlich ist.

205 Analog zu einem Suizid, der z. B. aufgrund des »im Stich Lassens« einer Familie als unmoralisch angesehen werden kann, ist denkbar, daß ein Tötungswunsch aufgrund sozialer Verpflichtungen ethisch zweifelhaft ist. Aber zum einen wird ein solcher Tötungswunsch in aller Regel im Kontext schwerer Krankheit geäußert, so daß das Versorgungsargument ohnehin nur begrenzt greift. Und zum anderen wiegt unseres Erachtens die Mißachtung des autonomen Tötungswunsches ethisch schwerwiegender.

206 Der einzig prima facie problematische Fall sind irreversibel komatöse oder Patienten im Persistant-Vegetative-State, die keine Willensbekundung übermittelt haben. Hier läßt sich strenggenommen nicht von einem »besten Interesse« sprechen, so daß eine direkt aktive Herbeiführung ihres Todes nicht in ihrem Interesse sein kann. Es ist unbezweifelbar, daß es für die Angehörigen derartiger Patienten eine enorme Belastung darstellt, wenn ein Patient möglicherweise viele Jahre in einem solchen Zustand weiterlebt. Dennoch erscheint auch hier eine Herbeiführung des Todes ethisch nicht akzeptabel, wenn sie sich ausschließlich auf Ansprüche dritter Parteien stützen kann. Die Achtung vor dem menschlichen Leben muß in diesen Fällen gewahrt werden, um Menschen in diesem Lebenszustand ethisch nicht schutzlos werden zu lassen. Dies schließt nicht aus, daß juristische Regelungen z. B. in Eigentums- und Erbschaftsfragen akzeptabel sein können, die den Ansprüchen und Bedürfnissen der Angehörigen gerecht werden können.

207 In diesem Kontext kommt dann das Prinzip der »Vergeblichkeit« einer medizinischen Maßnahme als Abwehrrecht des Arztes gegen die Behandlungswünsche von Angehörigen zum Tragen; vgl. dazu die Beiträge in Zucker & Zucker, *Futility*.

208 Die umfangreichste und detaillierteste Auseinandersetzung mit dieser Argumentform hat Guckes, *schiefe Ebene* vorgelegt.

209 Eine Vorbedingung für die plausible Anwendung dieser Argumentationsform ist, daß empirisch gesicherte Daten (mindestens zwei Messungen zu zwei verschiedenen Zeitpunkten) vorliegen. Ohne eine solche Basis hängen Schiefe-Ebene-Argumente schlicht in der Luft und können höchstens eine Beweislastverschiebung innerhalb der Diskussion erreichen. Wie weit interpretierbar – vor dem Hintergrund abweichender ethischer Vorannahmen – allerdings auch empirische Daten sind, zeigt die Kontroverse um die Erfahrungen in den Niederlanden; vgl. dazu Keown, *Reflections*, *Further Reflections* und *Euthanasia* sowie Kuhse, *Euthanasia* und die Beiträge in Thomasma et al., *Asking*.

210 Für eine ausführliche Auseinandersetzung mit der philosophischen Literatur zum Thema und eine detaillierte Begründung der These, daß Patien-

tenverfügungen ein ethisch respektables Instrument zur Wahrung personaler Autonomie darstellen, vgl. Kapitel 7 von Quante, *Personales Leben.*

[211] Dazu zählen auch Behandlungsabbruch oder Behandlungsverzicht und nicht etwa nur die auch im jetzt auf den Weg gebrachten »Dritten Gesetz zur Änderung des Betreuungsrechts« explizit ausgeschlossene »Tötung auf Verlangen«, die in Deutschland weiterhin strafbar ist. Wie ich im letzten Kapitel gezeigt habe, ist die damit unterstellte Grenze weder deskriptiv noch ethisch so eindeutig zu ziehen, wie es vom Gesetzgeber suggeriert wird.

[212] Auf diese Weise bleibt die Möglichkeit offen, daß es alternative ethische Geltungsgründe für Patientenverfügungen in den Fallkonstellationen I und II gibt.

[213] Den Fall der Wiederherstellung der ursprünglichen Persönlichkeit erörtere ich in Quante, *Personales Leben*, Kapitel 7.

[214] Für eine umfassende Kritik an diesen beiden Annahmen vgl. Quante, *Person.*

[215] Die irritierende Aussage von Angehörigen schwerst-dementer Patienten, ihr ›Ehemann‹ oder seine ›Ehefrau‹ sei schon von uns gegangen, bezieht sich auf den Verlust der Persönlichkeit, denn natürlich haben diese Angehörigen keine Probleme, ihre ehemaligen Lebenspartner (oder Familienmitglieder) aus der Menge der Patienten herauszusuchen – was ja der Fall sein müßte, wenn A und B im Sinne der Persistenz nicht identisch wären. Es gilt hier, genau zwischen der Nichtidentität der Persönlichkeiten von A und B auf der einen und der Persistenz des menschlichen Organismus, der zu zwei verschiedenen Zeitpunkten eine A- und eine B-Persönlichkeit ausgebildet hat, die nach den Kriterien für die Identität von Persönlichkeiten nicht identisch sind, auf der anderen Seite zu unterscheiden.

[216] Vgl. dazu Teil II von Parfit, *Reasons.*

[217] Siehe dazu meine Diskussion in Quante, *Precedent Autonomy* und die dort zitierte Literatur.

[218] Vgl. dazu die Beiträge in Geyer, *Biopolitik.*

[219] Eine umfassende Darstellung und ethische Bewertung der Präimplantationsdiagnostik findet sich in Schmidt, *Jenseits.*

[220] Das bedeutet zum einen, daß normalen menschlichen Körperzellen, Geweben oder Organen, obwohl sie im biologischen Sinne Formen menschlichen Lebens sind, keine Menschenwürde zukommt. Strittig ist, und darum geht es teilweise in der Debatte um die Pluri- oder Totipotenz von menschlichen Stammzellen, ob man menschliche Zellen, die das intrinsische Potential haben, sich in geeigneter Umgebung zu menschlichen Organismen zu entwickeln, bereits als Träger der Menschenwürde ansehen sollte. Problematisch ist überdies, ob man auch die menschliche Gattung als solche als Träger der Menschenwürde auszeichnen kann. Auf beide Fragen gehe ich, weil sie mit dem Beweisziel dieses Buches nicht unmittelbar zusammenhängen, nicht weiter ein.

[221] Die Bedingung »normalerweise« möchte ich an dieser Stelle so verstehen, daß alle menschlichen Individuen darunter fallen, weil sie qua Gattungszugehörigkeit im Normalfall die Fähigkeit haben, die für Menschenwürde notwendigen Eigenschaften und Fähigkeiten zu erwerben. Manche genetisch defekte menschliche Embryonen werden de facto diese Eigenschaften und Fähigkeiten im Laufe ihrer Entwicklung nicht ausbilden. Trotzdem macht es Sinn, ihnen diese Eigenschaften und Fähigkeiten kontrafaktisch zuzuschreiben: Solch ein Embryo würde sie ausbilden, wenn er nicht von einem genetischen Defekt daran gehindert würde. Eine solche Aussage ergibt keinen Sinn, wenn man sie auf Entitäten bezieht, die zu einer Gattung gehören, deren Exemplare im Normalfall die in Frage stehenden Eigenschaften und Fähigkeiten nicht aufweisen oder nicht entwickeln. Damit kommt auch solchen menschlichen Individuen Menschenwürde zu, die aktual nicht das Potential haben, die für Menschenwürde geforderten Eigenschaften und Fähigkeiten zu entwickeln.

[222] Je größer die Fähigkeit von Menschen ist, ihre personale Autonomie zu entwickeln und zu artikulieren, desto schwerer fällt bei der Lebensqualitätsbewertung der personale Standard ins Gewicht (dies ist z. B. im Kontext der freiwilligen Sterbehilfe mit Bezug auf autonome Patienten relevant). Je weniger ein Individuum in der Lage ist, eine solche individuelle Wertvorstellung auszubilden oder zu artikulieren, desto wichtiger wird der intersubjektiv-rationale Standard (dies ist z. B. im Kontext der Früheuthanasie zu sehen).

[223] Ich danke Dominik Düber, Caterina Quante und Angelika Schmitz für die Hilfe bei der Erstellung des Buchmanuskripts.

Literaturverzeichnis

Ach, J.S., *Warum man Lassie nicht quälen darf*, Erlangen 1999. [Ach, Lassie]

Ach, J.S. et al., *Ethik der Organtransplantation*, Erlangen 2000. [Ach et al., Ethik]

Ach, J.S. et al. (Hgg.), *Hello Dolly. Über das Klonen*, Frankfurt a.M. 1998. [Ach et al. Dolly]

Ach, J.S. & Quante, M., »›... having good times ...‹. Anmerkungen zum Konzept ›Lebensqualität‹ in der biomedizinischen Ethik«, in: *Zeitschrift für medizinische Ethik* 40 (1994), S. 307–319. [Ach & Quante, good times]

Ach, J.S. & Quante, M. (Hgg.), *Hirntod und Organverpflanzung*, Zweite, erweiterte Auflage, Stuttgart-Bad Cannstatt 1999. [Ach & Quante, Hirntod]

Agius, E. & Busuttil, S. (Hgg.), *Germ-Line Intervention and our Responsibilities to Future Generations*, Dordrecht 1998. [Agius & Busuttil, Germ-Line]

Alkier, S. & Dronsch, K. (Hgg.): *HIV/Aids – Ethische Perspektiven*, Berlin 2009.

Andrews, L.B. et al. (Hgg.), *Assessing genetic risks*, Washington, D.C. 1994. [Andrews et al., Genetic risk]

Bartram, C.R. et al., *Humangenetische Diagnostik*, Berlin 2000. [Bartram et al., Diagnostik]

Battin, M.P., *The least worst death*, New York 1994. [Battin, Death]

Bayertz, K., *GenEthik*, Reinbek bei Hamburg 1987. [Bayertz, GenEthik]

Bayertz, K., »Human Dignity: Philosophical Origin and Scientific Erosion of an Idea«. In: Bayertz (Hg.) 1996a, S. 73–90. [Bayertz, Human Dignity]

Bayertz, K. (Hg.), *Sanctity of Life and Human Dignity*, Dordrecht 1996a. [Bayertz, Sanctity]

Bayertz, K. (Hg.), *Moralischer Konsens*, Frankfurt a.M. 1996b. [Bayertz, Konsens]

Bayertz, K., »The normative status of the human genome: A European perspective«. In: Hoshimo, K. 1997, S. 167–180. [Bayertz, normative status]

Bayertz, K. (Hg.), *Solidarität*, Frankfurt a.M. 1998. [Bayertz, Solidarität]

Bayertz, K. (Hg.), *Die menschliche Natur*. Paderborn 2005. [Bayertz, menschliche Natur]

Bayertz, K. & Quante, M., »Genetic Enhancement«. In: D.N. Cooper (Hg.): *Nature Encyclopedia of the Human Genome*, London 2003, vol. 2, 824–827. [Bayertz & Quante, Enhancement]

Beauchamp, T.L. (Hg.), *Intending Death. The Ethics of Assisted Suicide and Euthanasia*, New Jersey 1996.

Beauchamp, T. L. & Childress, J. F., *Principles of biomedical ethics*, New York 2009,6th edition. [Beauchamp & Childress, Principles]

Becker, G.K. (Hg.), *Changing nature's course*, Hong Kong 1996. [Becker, Changing]

Becker, G.K. (Hg.), *The moral status of persons: perspectives in bioethics*, Amsterdam 2000.

Beckmann, J.P. (Hg.), *Fragen und Probleme einer medizinischen Ethik*, Berlin 1996. [Beckmann, Fragen]

Beller, F.K. & Weir, R.F. (Hgg.), *The beginning of human life*, Dordrecht 1994. [Beller & Weir, Human life]

Bernstein, M., »Love, Particularity, And Selfhood«. In: *The Southern Journal of Philosophy* XXIII (1985), S. 287–293. [Bernstein, Love]

Betzler, M. & Guckes, B. (Hgg.), *Autonomes Handeln*, Berlin 2000.

Birnbacher, D., *Verantwortung für zukünftige Generationen*, Stuttgart 1988. [Birnbacher, Verantwortung]

Birnbacher, D., »Genomanalyse und Gentherapie«, in: H.-M. Sass (Hg.): *Medizin und Ethik*, Stuttgart 1989, S. 212–231. [Birnbacher, Genomanalyse]

Birnbacher D., *Tun und Unterlassen*, Stuttgart 1995. [Birnbacher, Tun]

Birnbacher, D., »Ethische Probleme der Embryonenforschung«, in: Beckmann (Hg.) 1996, S. 228–253. [Birnbacher, Embryonenforschung]

Birnbacher, D., »Ambiguities in the Concept of Menschenwürde«, in: Bayertz (Hg.) 1996a, S. 107–121. [Birnbacher, Ambiguities]

Birnbacher, D., »Das Dilemma des Personenbegriffs«, in: P. Strasser & E. Starz (Hgg.): *Personsein aus bioethischer Sicht*, Archiv für Rechts- und Sozialphilosophie, Beiheft 73 (1997), S. 9–25. [Birnbacher, Dilemma]

Birnbacher, D., »›Natur‹ als Maßstab menschlichen Handelns«, in: D. Birnbacher (Hg.): *Ökophilosophie*, Stuttgart 1997, S. 217–241. [Birnbacher, Natur]

Birnbacher, D., »Selbstbewusste Tiere und bewusstseinsfähige Maschinen – Grenzgänge am Rand des Personenbegriffs«, in: Sturma, D. (Hg.): *Person*, Paderborn 2001, S. 301–321. [Birnbacher, Personenbegriff]

Birnbacher, D., *Natürlichkeit*, Berlin 2006. [Birnbacher, Natürlichkeit]

Blank, R.H., *Brain Policy*, Washington, D.C. 1999. [Blank, Brain Policy]

Brock, D.W., *Life and death. Philosophical essays in biomedical ethics*, Cambridge 1993. [Brock, Life]

Buchanan, A.E. & Brock, D.W., »Deciding for others«, in: *The Milbank Quarterly* 64 (1986), S. 17–94. [Buchanan & Brock, Deciding]

Buchanan, A.E. & Brock, D.W., *Deciding for others*, Cambridge 1989. [Buchanan & Brock, Others]

Buchanan, A.E. et al., *From Chance to Choice*, Cambridge 2000. [Buchanan et al., Chance]

Caplan, A., »No Brainer: Can we cope with the ethical ramifications of new knowledge of the human brain?« In: S.J. Marcus (Hg.): *Neuroethics: Mapping the field*, San Francisco 2002, S. 95–106. [Caplan, Brainer]

Chadwick, R.F. (Hg.), *Ethics, reproduction and genetic control*, London 1987. [Chadwick, Ethics]

Chadwick, R., »Das Recht auf Wissen und das Recht auf Nichtwissen aus philosophischer Sicht«, in: Petermann et al. (Hgg.) 1997, S. 195–208. [Chadwick, Nichtwissen]

Dabrock P, Klinnert L., *Würde für verwaiste Embryonen?* Medizinethische Materialien, Heft 130, Bochum 2001. [Dabrock & Klinnert, Würde]

Damschen, G. & Schönecker, D., »In dubio pro embryone. Neue Argumente zum moralischen Status menschlicher Embryonen«. In: Damschen & Schönecker (Hgg.) 2003, S. 187–267. [Damschen & Schönecker, Vorsicht]

Damschen, G. & Schönecker, D. (Hgg.), *Der moralische Status menschlicher Embryonen*, Berlin 2003. [Damschen & Schönecker, Status]

Davis, D.S., »Introduction«, in: *Jurimetrics* 38 (1997), S. 1–2. [Davis, Introduction]

Davis, D.S., »What's wrong with cloning?«, in: *Jurimetrics* 38 (1997), S. 83–89. [Davis, Cloning]

Denker, H.-W., »Embryonale Stammzellen und ihre ethische Wertigkeit: Aspekte des Totipotenz-Problems«, in: *Jahrbuch für Wissenschaft und Ethik* 5 (2000), S. 291–304. [Denker, Stammzellen]

Denno, D.W., »A Mind to Blame: New Views on Involuntary Acts, in: *Behavioral Sciences and the Law* 21 (2003), S. 601–618. [Denno, Acts]

Doudera, A.E. & Peters, J.D. (Hgg.), *Legal and ethical aspects of treating critically and terminally ill patients*, Ann Arbour 1982.

De Sousa, R., *Die Rationalität des Gefühls*, Frankfurt a.M. 1997. [De Souza, Gefühl]

Düwell, M. & Neumann, J.N. (Hgg.), *Wie viel Ethik verträgt die Medizin?*, Paderborn 2005.

Dworkin, G., *The theory and practice of autonomy*, Cambridge 1988. [Dworkin, Autonomy]

Dworkin, R., *Life's Dominion*, London 1993. [Dworkin, Life]

Dyson, A. & Harris, J. (Hgg.), *Experiments on Embryos*, London 1989. [Dyson & Harris, Experiments]

Dyson, A. & Harris, J. (Hgg.), *Ethics and Biotechnology*, London 1994. [Dyson & Harris, Ethics]

Eckensberger, L.H. & Gähde, U. (Hgg.), *Ethische Norm und empirische Hypothese*, Frankfurt a.M. 1993. [Eckensberger & Gähde, Norm]

Engels, E.-M., »Ethische Problemstellungen der Biowissenschaften und Medizin am Beispiel der Xenotransplantation«. In: Engels (Hg.) 1999, S. 283–328. [Engels, Problemstellungen]

Engels, E.-M. (Hg.), *Biologie und Ethik*, Stuttgart 1999. [Engels, Biologie]

Enskat, R., »Pro Identitätsargument: Auch menschliche Embryonen sind jederzeit Menschen«. In: Damschen & Schönecker (Hgg.) 2003, S. 101–127. [Enskat, Identität]

Eser, A. et al., »Klonierung beim Menschen. Biologische Grundlagen und ethisch-rechtliche Bewertung«, in: *Zeitschrift für medizinische Ethik* 43 (1997), S. 169–181. [Eser, Klonierung]

Faden, R. & Beauchamp, T. L., *A History and Theory of Informed Consent*, New York 1986. [Faden & Beauchamp, Informed Consent]

Farah, M.J., »Emerging ethical issues in neuroscience«, in: *nature neuroscience* 5 (2002), S. 1123–1129. [Farah, Emerging]

Farah, M.J., »Neuroethics: the practical and the philosophical«, in: *Trends in Cognitive Science* 9 (2005), S. 34–40. [Farah, Neuroethics]

Farah, M. J. et al., »Neurocognitive enhancement: what can we do and what should we do?«, in: *Nature* 5 (2004), S. 421–425. [Farah et al., Enhancement]

Fink, G., *Who's who in der antiken Mythologie*, München 1993. [Fink, Mythologie]

Finnis J., »A philosophical case against euthanasia«. In: Keown (Hg.) 1995, S. 23–35. [Finnis, Euthanasia]

Fischer, J.M., *The Metaphysics of Free Will*, Oxford 1994. [Fischer, Metaphysics]

Fischer, J.M. & Ravizza, M., *Responsibility And Control*. A Theory of Moral Responsibility, Cambridge 1998. [Fischer & Ravizza, Responsibility]

Fischer, J.M., *My Way. Essays on Moral Responsibility*, Oxford 2006. [Fischer, My Way]

Fischer, J.M., *Our Stories*, Oxford 2009. [Fischer, Our Stories]

Forst, R., *Toleranz im Konflikt*, Frankfurt a.M. 2003. [Forst, Toleranz]

Foster C., *The ethics of medical research on humans*, Cambridge 2001. [Foster, Medical research]

Freeman, J.M. & Pellegrino, E.D., »Management at the End of Life: A Dialogue About Intending Death«. In: Beauchamp (Hg.) 1996, S 184–187. [Freeman & Pellegrino, Management]

Friedl, W. & Lamberti, C., »Möglichkeiten postnataler Diagnostik«. In: Petermann et al. (Hgg.) 1997, S. 81–103. [Friedl & Lamberti, Möglichkeiten]

Fuchs T., »Was heißt ›töten‹?«, in: *Ethik in der Medizin* 9 (1997), S. 78–90. [Fuchs, Töten]

Gesang, B., »Humanklonierung. Eine Kartierung der ethischen Probleme«, in: *Universitas* 53 (1998), S. 771–784. [Gesang, Humanklonierung]

Gesang, B. (Hg.), *Biomedizinische Ethik*, Paderborn 2002.

Gethmann, C.F. (Hg.), Lebenswelt und Wissenschaft. Deutsches Jahrbuch Philosophie 2, Hamburg 2010 (erscheint im Frühjahr).

Geyer, C. (Hg.), *Biopolitik*, Frankfurt a.M. 2001. [Geyer, Biopolitik]

Gordjin, B., »The troublesome concept of the person«, in: *Theoretical Medicine and Bioethics* 20 (1999), S. 347–359. [Gordjin, Person]

Gormally, L., »Walton, Davies, Boyd and the legalization of euthanasia«. In: Keown (Hg.) 1995, S. 113–140. [Gormally, Euthanasia]
Gormally, L. (Hg.), *Euthanasia, Clinical Practice and the Law*, London 1994.
Groß, D. (Hg.), *Ethik in der Medizin in Lehre, Klinik und Forschung*, Würzburg 2002.
Guckes, B., *Das Argument der schiefen Ebene*, Stuttgart 1997. [Guckes, schiefe Ebene]
Gunnarsson, L., »The Great Apes and the Severely Disabled: Moral Status and Thick Evaluative Concepts«, in: *Ethical Theory and Moral Practice* 11 (2008), S. 305–326. [Gunnarsson, Great Apes]

Hall, S.S., »The Quest for a smart pill«, in: *Scientific American*, September 2003, S. 36–45. [Hall, Quest]
Hallich, O., *Die Rationalität der Moral: Eine sprachanalytische Grundlegung der Ethik*, Paderborn 2008. [Hallich, Rationalität]
Hanau, P. et al. (Hgg.), *Festschrift für Günther Wiese zum 70. Geburtstag*, München 1998.
Harris, J., *The value of life*, London 1985. [Harris, Value]
Harris, J., *Clones, Genes, and Immortality*, Oxford 1998. [Harris, Clones]
Hegselmann R. & Merkel, R. (Hgg.), *Zur Debatte über Euthanasie*, Frankfurt a.M. 1991.
Hildt, E. & Mieth, D. (Hgg.), *In Vitro Fertilisation in the 1990s*, Aldershct 1998. [Hildt & Mieth, In Vitro]
Höfling, W. (Hg.), *Die Regulierung der Transplantationsmedizin in Deutschland*, Tübingen 2008. [Höfling, Regulierung]
Hoerster N., »Zur Bedeutung des Prinzips der Menschenwürde«, in: *Juristische Schulung* 2 (1982), S. 93–96. [Hoerster, Menschenwürde]
Hoff, J. & In der Schmitten, J. (Hgg.), *Wann ist der Mensch tot?* Reinbek bei Hamburg 1994. [Hoff & In der Schmitten, Wann]
Holderegger, A. (Hg.), *Das medizinisch assistierte Sterben*, Freiburg 1999.
Honnefelder, L. (1996): »The concept of a person in moral philosophy«, in: K. Bayertz (Hg.): 1996a, S. 139–160. [Honnefelder, Person]
Hoshimo, K. (Hg.), *Japanese and western bioethics*, Dordrecht 1997.
Hughes J., *Ecology and Historical Materialism*, Cambridge 2000. [Hughes, Ecology]
Humber, J.M. & Almeder, R.F. (Hgg.), *Human Cloning*, Totowa 1998. [Humber & Almeder, Cloning]
Hurley, S.L., *Natural Reasons*, Oxford 1989. [Hurley, Natural]

Irrgang, B., »Medizinische Ethik«. In: Prechtl & Burkard (Hgg.) 1996, S. 317–318. [Irrgang, Medizinische Ethik]
Izenberg, G.N., *Impossible Individuality.* Romanticism, Revolution, and the Origins of Modern Selfhood, 1787–1802, Princeton 1992. [Izenberg, Individuality]

Jennett, B., *The Vegetative State: Medical, Ethical and Legal Dilemmas*, Cambridge 2002. [Jennett, Vegetative State]

Johnson L.E., *A Morally Deep World*, Cambridge 1991. [Johnson, morally deep]

Jonas, H., »Laßt uns einen Menschen klonieren: Von der Eugenik zur Gentechnologie«. In: derselbe: *Technik, Medizin und Ethik. Praxis des Prinzips Verantwortung*, Frankfurt a.M. 1987, S.162–203. [Jonas, Klonieren]

Junker, Th. & Paul, S.. »Das Eugenik-Argument in der Diskussion um die Humangenetik: eine kritische Analyse«. In: Engels (Hg.) 1999, S.161–193. [Junker & Paul, Eugenik-Argument]

Kaminsky, C., »Genomanalyse: Absichten und mögliche Konsequenzen in der Perspektive angewandter Ethik«. In: Engels (Hg.) 1999, S.194–223. [Kaminsky, Genomanalyse]

Kamp, G. & Thiele, F. (Hgg.), *Erkennen und Handeln*, München 2009.

Kekes J., *The Morality of Pluralism*, Princeton 1993. [Kekes, Pluralism]

Keown J., »Some reflections on euthanasia in The Netherlands«. In: Gormally (Hg.) 1994, S.193–218. [Keown, Reflections]

Keown J., »Further reflections on euthanasia in The Netherlands in the light of The Remmelink Report and the van der Maas Survey«. In: Gormally (Hg.) 1994, S.219–240. [Keown, Further Reflections]

Keown J., »Euthanasia in the Netherlands: sliding down the slippery slope?«. In: Keown (Hg.) 1995, S.261–296. [Keown, Euthanasia]

Kirby, M.D., »Informed consent: what does it mean?«, in: *Journal of Medical Ethics* 9 (1983), S.69–75. [Kirby, Informed Consent]

Kitcher, P., »Jeden gibt's nur einmal« (Interview mit U. Schnabel), in: *Die Zeit* vom 15.1.1998, S.34. [Kitcher, Jeden]

Kollek, R., »Vom Schwangerschaftsabbruch zur Embryonenselektion?«, in: *Ethik in der Medizin* 11 (1999), S.S121–S124. [Kollek, Schwangerschaftsabbruch]

Knoepffler, N., *Forschung an menschlichen Embryonen*, Stuttgart 1999. [Knoeppfler, Forschung]

Kramer, P.D., *Glück auf Rezept*, München 1993. [Kramer, Glück]

Kraut, R., »Love De Re«, in: *Midwest Studies in Philosophy* X (1986), S.413–430. [Kraut, Love]

Kröner, H.-P., »Von der Eugenik zum genetischen Screening: Zur Geschichte der Humangenetik in Deutschland«, in: Petermann et al. (Hgg.) 1997, S.23–47. [Kröner, Eugenik]

Kuhse, H., »Neue Reproduktionstechnologien: Ethischer Konflikt und das Problem des Konsenses«, in: Bayertz (Hg.) 1996b, S.98–126. [Kuhse, Reproduktionstechnologien]

Kuhse, H., *The Sanctity-of-Life-Doctrine in Medicine – A Critique*, Oxford 1987. [Kuhse, Sanctity]

Kuhse, H., »Some reflections on the problem of advance directives, personhood, and personal identity«, in: *Kennedy Institute of Ethics Journal* 9 (1999), S. 347–364. [Kuhse, advance directives]

Kuhse, H., »Sanctity of Life, Voluntary Euthanasia and the Dutch Experience: Some implications for Public Policy«, in: Bayertz (Hg.) 1996a, S. 19–37. [Kuhse, Euthanasia]

Lachmann, R. & Meuter, N., *Medizinische Gerechtigkeit*, München 1997. [Lachmann & Meuter, Gerechtigkeit]

LaFollette, H., *Personal Relationships. Love, Identity, and Morality*, Oxford 1996. [LaFollette, Personal Relationships]

Lee, R. & Morgan, D. (Hgg.), *Birthrights*, London 1990. [Lee & Morgan, Birthrights]

Leist, A. (Hg.), *Um Leben und Tod*, Frankfurt 1990.

Lohmann G., »Die Herausforderungen der Ethik durch Lebenswissenschaften und Medizin«, in: *Ann Rev Law Ethic* 10 (2002), S. 77–97. [Lohmann, Herausforderungen]

Lumer, C. & Nannini, S. (Hgg.), *Intentionality, Deliberation and Autonomy – The Action-Theoretic Basis of Practical Philosophy*, Aldershot 2007.

Marcus, S.J. (Hg.), *Neuroethics: Mapping the field*, San Francisco 2002.

Mele, A.R., *Autonomous Agents*, Oxford 1995. [Mele, Autonomous Agents]

Merkel, R., »Teilnahme am Suizid – Tötung auf Verlangen – Euthanasie. Fragen an die Strafrechtsdogmatik«. In: Hegselmann & Merkel (Hgg.) 1991, S.71–127. [Merkel, Teilnahme]

Merkel R., *Forschungsobjekt Embryo. Verfassungsrechtliche und ethische Grundlagen der Forschung an menschlichen embryonalen Stammzellen*, München 2002. [Merkel, Forschungsobjekt Embryo]

Meuter, N. & Lachmann, R. (Hgg.), *Zur Gerechtigkeit der Organverteilung*, Stuttgart 1997. [Meuter & Lachmann, Organverteilung]

Meyer-Abich, K.M., *Praktische Naturphilosophie*, München 1997. [Meyer-Abich, Naturphilosophie]

Mieth, D., »Ethische Probleme der Erforschung des menschlichen Genoms«. In: Petermann et al. (Hgg.) 1997, S. 177–194. [Mieth, Probleme]

Mischer, S. et al. (Hgg.), *Auf Freigang: Metaphysische und ethische Annäherungen an die menschliche Freiheit*, Münster 2003.

Müller, A. W., *Tötung auf Verlangen – Wohltat oder Untat?*, Stuttgart 1997. [Müller, Tötung]

Mulkay, M., *The embryo research debate*, Cambridge 1997. [Mulkay, Embryo]

Nationaler Ethikrat, *Zum Import menschlicher embryonaler Stammzellen*, Berlin 2002. [Nationaler Ethikrat, Import]

Nationaler Ethikrat, *Genetische Diagnostik vor und während der Schwangerschaft*, Berlin 2003. [Nationaler Ethikrat, Diagnostik]

Nippert, I., »Psychosoziale Folgen der Pränataldiagnostik am Beispiel der Amniozentese und Chorionzottenbopsie«. In: Petermann et al. (Hgg.) 1997, S. 107–126. [Nippert, Folgen]

Parens, E., »How far will the treatment/enhancement distinction get us as we grapple with new ways to shape our selves?«. In: Marcus (Hg.) 2002, S. 152–158. [Parens, treatment]

Parfit, D., *Reasons and Persons*, Oxford 1984. [Parfit, Reasons]

Paslack, R. & Stolte, H. (Hgg.), *Gene, Klone und Organe – neue Perspektiven der Biomedizin*, Frankfurt a.M. 1999. [Paslack & Stolte, Gene]

Pawlenka, C. (Hg.), *Sportethik*, Paderborn 2004. [Pawlenka, Sportethik]

Pawlenka, C., »Doping im Sport im Spannungsfeld von Natürlichkeit und Künstlichkeit«. In: Pawlenka (Hg.) 2004, S. 293–308. [Pawlenka, Doping]

Pence, G.E. (Hg.), *Flesh of my Flesh. The Ethics of Cloning Humans*, Lanham 1998. [Pence, Flesh]

Petermann, F. et al. (Hgg.), *Perspektiven der Humangenetik*, Paderborn 1997. [Petermann et al., Perspektiven]

Prechtl, P. & Burkard, F.P. (Hgg.), *Metzler Philosophie Lexikon*, Stuttgart 1996.

Quante, M., »Wann ist ein Mensch tot? Zum Streit um den menschlichen Tod«, in: *Zeitschrift für philosophische Forschung* 49 (1995), S. 167–193. [Quante, Wann]

Quante, M., »Zwischen Autonomie und Heiligkeit: Ethik am Rande des Lebens«, in: *Philosophischer Literaturanzeiger* 49 (1996), S. 270–294. [Quante, Autonomie und Heiligkeit]

Quante, M., »Hirntod und Organentnahme«. In: Ach & Quante (Hgg.) 1999, S. 21–47. [Quante, Hirntod]

Quante, M. (Hg.), *Personale Identität*, Paderborn 1999. [Quante, Personale Identität]

Quante, M., »Precedent Autonomy and personal identity«, in: *Kennedy Institute of Ethics Journal* 9 (1999), S. 365–381. [Quante, Precedent Autonomy]

Quante, M., »Personale Identität und Ethik. Hirngewebstransplantationen: Lenken Fragen nach der Identität von anderen Problemen ab?«, in: *Ärztliche Praxis Neurologie Psychiatrie*, Heft 10 (1999), S. 26–27. [Quante, Hirngewebstransplantationen]

Quante, M., »Personal identity as basis for autonomy«. In: Becker (Hg.) 2000, S. 57–75. [Quante, basis]

Quante, M., »The things we do for love. Zur Weiterentwicklung von Frankfurts Analyse personaler Autonomie«. In: Betzler & Guckes (Hgg.) 2000, S. 117–135. [Quante, Frankfurt]

Quante, M., »Ethische Aspekte der Xenotransplantation«. In: Quante & Vieth (Hgg.) 2001, S. 15–66. [Quante, Xenotransplantation]

Quante, M., *Personales Leben und menschlicher Tod*, Frankfurt a.M. 2002. [Quante, Personales Leben]

Quante, M., »Personale Autonomie und biographische Identität«. In: Straub & Renn (Hgg.) 2002, S. 32–55. [Quante, Personale Autonomie]

Quante, M., »Zum Leben verurteilt«, in: *Blätter für deutsche und internationale Politik* 47 (2002), S. 662–666. [Quante, Zum Leben verurteilt]

Quante, M., »Philosophische Freiheiten«. In: Mischer et al. (Hgg.) 2003, S. 11–37. [Quante, Philosophische Freiheiten]

Quante, M., »Prinzipienlose Medizinethik?«. In: Düwell & Neumann (Hgg.) 2005, S. 73–85. [Quante, Prinzipienlose Medizinethik]

Quante, M., *Person*, Berlin 2007. [Quante, Person]

Quante, M., »The social nature of personal identity«, in: *Journal of Consciousness Studies* 14 (2007), S. 56–76. [Quante, Social nature]

Quante, M., »Autonomy for Real People«. In Lumer & Nannini (Hgg.) 2007, S. 209–226. [Quante, Autonomy]

Quante, M., *Einführung in die Allgemeine Ethik*, Dritte Auflage, Darmstadt 2008. [Quante, Ethik]

Quante, M., »Das Argument des Vollzugswiderspruchs: Annäherungen an Carl Friedrich Gethmanns pragma-zentristische Subjektivitätstheorie«. In: Kamp & Thiele (Hgg.) 2009, S. 41–62. [Quante, Vollzugswiderspruch]

Quante, M., »Selbstbestimmt sterben«. In: Alkier & Dronsch (Hgg.) 2009, S. 193–207. [Quante, Selbstbestimmt sterben]

Quante, M., »Identifikation in Relation: Anmerkungen zum evaluativen Selbstverhältnis menschlicher Personen«. In: Gethmann (Hg.) 2010. [Quante, Identifikation]

Quante, M. & Vieth, A. (Hgg.), *Xenotransplantation*, Paderborn 2001. [Quante & Vieth, Xenotransplantation]

Quante, M. & Vieth, A., »In defence of principlism well understood«, in: *Journal of Medicine and Philosophy* 27 (2002), S. 621–649. [Quante & Vieth, Principlism]

Quante, M. & Vieth, A., »Konkrete Ethik«. In: Gesang (Hg.) Paderborn 2002, S. 62–85. [Quante & Vieth, Konkrete Ethik]

Rachels, J., »Aktive und passive Sterbehilfe«. In: Sass (Hg.) 1989, S. 254–264. [Rachels, Sterbehilfe]

Reich, J., »Jagd auf ein Phantom«, in: *Die Zeit* vom 15.1.1998, S. 33. [Reich, Jagd]

Reichenbach, B.C., »Euthanasie und die aktiv/passiv-Unterscheidung«. In: Leist (Hg.) 1990, S. 318–348. [Reichenbach, Euthanasie]

Reiss, M.J. & Straughan, R., *Improving Nature?*, Cambridge 1996. [Reiss & Straughan, Improving nature]

Rest, F., *Sterbebegleitung statt Sterbehilfe*, Freiburg 1997. [Rest, Sterbebegleitung]

Rorty, A.O., »The Historicity of Psychological Attitudes: Love is Not Love Which Alters Not When It Alteration Finds«, in: *Midwest Studies in Philosophy* X (1986), S. 399–412. [Rorty, Love]

Rorty, R., *Contingency, irony, and solidarity*, Cambridge 1989. [Rorty, Contingency]

Rose, S.P.R., »›Smart Drugs‹: do they work? Are they ethical? Will they be legal?«, in: *Nature* 3 (2002), 975–979. [Rose, Smart Drugs]

Rüttgers, J., »Klonieren von Menschen ist ein Angriff auf Freiheit, Menschenwürde und Demokratie«, in: *Zeitschrift für medizinische Ethik* 43 (1997), S. 182–185. [Rüttgers, Klonieren]

Sass, H.-M. (Hg.), *Medizin und Ethik*, Stuttgart 1989. [Sass, Medizin]

Schmidt, H., *Jenseits des Rubikons? – Individual- und sozialethische Aspekte der Präimplantationsdiagnostik*, Münster 2002. [Schmidt, Jenseits]

Schmitz, D., »Möglichkeiten und Grenzen von Beratung bei (späten) Schwangerschaftsabbrüchen«, in: *Ethik in der Medizin* 21 (2009), S. 113–124. [Schmitz, Möglichkeiten]

Schockenhoff, E., »Einspruch im Namen der Menschenwürde«, in: *Frankfurter Allgemeine Zeitung* vom 23.4.2001, S. 10. [Schockenhoff, Einspruch]

Schumacher, J. et al., *Diagnostische Verfahren zu Lebensqualität und Wohlbefinden*, Göttingen 2003. [Schumacher et al., Diagnostische Verfahren]

Segal, N.L., »Behavioral Aspects of Intergenerational Cloning: What Twins Tell Us«, in: *Jurimetrics* 38 (1997), S. 57–67. [Segal, Cloning]

Siep, L. (Hg.), *Identität der Person*, Basel 1983. [Siep, Identität]

Siep, L., »Ethische Probleme der Gentechnologie«. In: Beckmann (Hg.) 1996, S. 309–331. [Siep, Gentechnologie]

Siep, L., »›Dolly‹ – oder die Optimierung der Schöpfung«, in: *Frankfurter Rundschau* vom 16.4.1997, S. 12. [Siep, Dolly]

Siep, L., »Zur ethischen Problematik des Klonens«, in: *Jahrbuch für Wissenschaft und Ethik* 3 (1998), S. 5–14. [Siep, Problematik]

Siep, L., »Bemerkungen zum Begriff der Natürlichkeit«, in: *Jahrbuch für Wissenschaft und Ethik* 4 (1999), S. 267–272. [Siep, Natürlichkeit]

Siep, L., »Klonen. Die künstliche Schaffung des Menschen?«, in: Aus *Politik und Zeitgeschichte* (Beilage zur Wochenzeitung *Das Parlament*) B6/1999, S. 22–29. [Siep, Klonen]

Siep, L., »Ethische Kriterien der Embryonenforschung im europäischen Vergleich.« Vortrag, gehalten in Alpbach am 26.8.2001; der Text ist dokumentiert im vom Ministerium für Schule, Wissenschaft und Forschung des Landes Nordrhein-Westfalen herausgegebenen Tagungsband zu den »Perspektiven der Stammzellforschung« (die Tagung fand statt am 30.8.2001 in Düsseldorf). [Siep, Embryonenforschung]

Siep, L., »Der Begriff der Person als Grundlage der biomedizinischen Ethik: Zwei Traditionslinien«. In: Sturma (Hg.) 2001, S. 445–460. [Siep, Person]

Siep, L., *Konkrete Ethik*, Frankfurt a. M. 2004. [Siep, Konkrete Ethik]

Siep, L. & Quante, M., »Ist die aktive Herbeiführung des Todes im Bereich des medizinischen Handelns philosophisch zu rechtfertigen?«. In: Holderegger (Hg.) 1999, S. 37–55. [Siep & Quante, Herbeiführung]

Siep, L. & Quante, M. (Hgg.), *Der Umgang mit dem beginnenden menschlichen Leben*, Münster 2003.

Singer, P. & Wells, D., *The reproduction revolution*, Oxford 1984. [Singer & Wells, Reproductive Revolution]

Singer, P. et al. (Hgg.), *Embryo Experimentation*, Cambridge 1990. [Singer et al., Embryo]

Solter D. et al., *Embryo Research in pluralistic Europe*, Berlin 2003. [Solter et al., Embryo]

Steinbock, B., »The NBAC Report on Cloning Human Beings: What it did – and did not – do«, in: *Jurimetrics* 38 (1997), S. 39–46. [Steinbock, Cloning]

Stoecker, R., »Die Würde des Embryos«. In: Groß (Hg.) 2002, S. 53–70. [Stoekker, Würde]

Stoecker, R. (Hg.), *Menschenwürde. Annäherungen an einen Begriff*, Vienna 2002. [Stoecker, Menschenwürde]

Stoecker, R., »Contra Identitätsargument: Mein Embyro und ich«. In: Damschen & Schönecker (Hgg.) 2003, S. 129–145. [Stoecker, Identität]

Straub, J. & Renn, J. (Hgg.), *Transitorische Identität*, Frankfurt a.M. 2002.

Sturma, D., *Philosophie der Person*, Paderborn 1997. [Sturma, Philosophie der Person]

Sturma, D. (Hg.), *Person*, Paderborn 2001. [Sturma, Person]

Taupitz, J., »Das Recht auf Nichtwissen«. In: Hanau et al. (Hgg.) 1998, S. 583–602. [Taupitz, Nichtwissen]

Taylor, C., *Sources of The Self. The Making of the Modern Identity*, Cambridge 1989. [Taylor, Sources]

Taylor, C., *The Ethics of Authenticity*, Cambridge 1991. [Taylor, Ethics]

Thomasma, D.C. et al. (Hgg.), *Asking to die: inside the Dutch debate about euthanasia*, Dordrecht 1998. [Thomasma et al., Asking]

Turner, D.C. et al., »Cognitive enhancing effects of modafinil in healthy volunteers«, in: *Psychopharmacology* 165 (2003), S. 260–269. [Turner et al., Enhancing effects]

Uniake, S., *Permissible killing. The self-defence justification of homicide*, Cambridge 1994. [Uniake, Permissible killing]

Veatch, R.M., »When should the patient know?«. In: Doudera & Peters (Hgg.) 1982, S. 77–89. [Veatch, Patient]

Vieth, A., »Wie viel Wasser enthält der Rubikon der Freiheit?«. In: Siep & Quante (Hgg.) 2003, S. 107–131. [Vieth, Rubikon]

Vieth, A., *Einführung in die Angewandte Ethik*, Darmstadt 2006. [Vieth, Angewandte Ethik]

Vieth, A. & Quante, M., »Chimäre Mensch?«, in: Bayertz (Hg.) 2005, S. 192–218. [Vieth & Quante, Chimäre]

Von der Pfordten, D., »Klonierung als Manipulation«, in: *Frankfurter Rundschau* vom 22.7.1997, S. 16. [Von der Pfordten, Klonierung]

Von Pechmann, A., »Warum nicht klonen?«, in: *Widerspruch* 1 (1987), S. 42–48. [Von Pechmann, Klonen]

Wiedebusch, S., »Die Entscheidung über die Inanspruchnahme pränataler Diagnostik«. In: Petermann et al. (Hgg.) 1997, S. 127–151. [Wiedebusch, Entscheidung]

Wiesing, U., »Diagnosen und Krankheitsbegriffe in der Reproduktionsmedizin – empirische und normative Aspekte«. In: Eckensberger & Gähde (Hgg.) 1993, S. 284–301. [Wiesing, Diagnosen]

Wiesing, U. & Schonauer, K., »Prognose und Solidarität – Zum Einfluß der Genomanalyse auf Kranken- und Lebensversicherungen«. In: Petermann et al. (Hgg.) 1997, S. 229–245. [Wiesing & Schonauer, Prognose]

Woopen C., »Indikationsstellung und Qualitätssicherung als Wächter an ethischen Grenzen?«, in: *Jahrbuch für Wissenschaft und Ethik* 5 (2000), S. 117–139. [Woopen, Indikationsstellung]

Würmeling, H.-B., »Der Richtlinienentwurf der Bundesärztekammer zu ärztlicher Sterbebegleitung und den Grenzen zumutbarer Behandlung«, in: *Ethik in der Medizin* 9 (1997), S. 91–99. [Würmeling, Sterbebegleitung]

Zimmermann, M. et al., »Die Behandlungspraxis bei schwerstgeschädigten Neugeborenen und Frühgeborenen an deutschen Kliniken«, in: *Ethik in der Medizin* 9 (1997), S. 56–77. [Zimmermann et al., Behandlungspraxis]

Zucker, M.B. & Zucker, H.D. (Hgg.), *Medical Futility and the evaluation of life-sustaining interventions*, Cambridge 1997. [Zucker & Zucker, Futility]

Identifikation in Relation: Anmerkungen zum evaluativen Selbstverhältnis menschlicher Personen. In: C. F. Gethmann (Hrsg.): *Lebenswelt und Wissenschaft*. Hamburg: Meiner 2011, S. 603–620.
Die Bedeutung des Personenbegriffs für den moralischen Status der Person. In: E. Klein u. C. Menke (Hrsg.): *Der Mensch als Person und Rechtsperson*. Berlin: Berliner Wissenschaftsverlag 2011, S. 69–87.
Person. In: V. Moser u. Horster, D. (Hrsg.): *Ethik der Behindertenpädagogik*. Stuttgart 2012, S. 90–104 (mit David Schweikard)
Being identical by being (treated as) responsible. In: M. Kühler u. N. Jelinek (Eds.): *Autonomy and the Self*. Dordrecht: Springer 2013, S. 253–271
Personale Identität und Tiefenhirnstimulation. In: A. Manzeschke u. M. Zichy (Hrsg.): *Therapie und Person*. Münster: Mentis 2013, S. 27–46.
Würde und Wert des menschlichen Lebens: Das Beispiel der Präimplantationsdiagnostik. In: *Angewandte Philosophie* 1 (2014), S. 83–100.

Drucknachweise

Für die Einleitung habe ich Teile aus meinem Aufsatz »Demokratische Werte im Kontext der neueren Biotechnologien«, in: *Association Internationale des Professeurs de Philosophie*, documentation avril 2000, S. 14–31, verwendet.

Kapitel I erscheint hier erstmals in deutscher Sprache und geht auf meinen Aufsatz zurück, der unter dem Titel »Quality of life assessment and human dignity: against the incompatibility-assumption«, in: *Poiesis and Praxis* 3 (2005), S. 168–180, erschienen ist.

Kapitel II geht ursprünglich zurück auf *Präimplantationsdiagnostik, Stammzellforschung und Menschenwürde* (= Medizinethische Materialien, Heft Nr. 134), Bochum 2002.

Kapitel III ist bisher unveröffentlicht.

Kapitel IV erschien erstmals unter dem Titel »Der Begriff der Person und die biomedizinische Ethik: Eine Verteidigung gegen überzogene Anwendungen und voreilige Verabschiedungen«, in: G. Mohr (Hg.): *Was ist eine Person?*, Bremen 2002, S. 32–56.

Kapitel V liegt der Aufsatz »Aber Dich gibt's nur einmal für mich! Gefährdet klonieren die Identität der Person?«, in: R. Paslack & H. Stolte (Hgg.), *Gene, Klone und Organe – Neue Perspektiven der Biomedizin*, Frankfurt a.M. 1999, S. 109–124, zugrunde.

Kapitel VI ist eine überarbeitete Version von »Selbst-Manipulation? Neuro-Enhancement und personale Autonomie«, in: C. Kaminsky & O. Hallich (Hgg.), *Verantwortung für die Zukunft*, Münster 2006, S. 103–118.

Kapitel VII ist ursprünglich erschienen unter dem Titel »Ethische Probleme mit dem Konzept der informierten Zustimmung im Kontext humangenetischer Beratung und Diagnostik«, in: F. Petermann, S. Wiedebusch & M. Quante (Hrsg.), *Perspektiven der Humangenetik – medizinische, psychologische und ethische Aspekte*, Paderborn 1997, S.209–227.

Kapitel VIII geht zurück auf meinen Beitrag »Passive, indirekt und direkt aktive Sterbehilfe – eine deskriptiv und ethisch tragfähige Unterscheidung?«, in: *Ethik in der Medizin* 10 (1998), S. 206–226.

Für den Ausblick habe ich Teile aus meinem Aufsatz »Lebensqualität, Menschenwürde und die Unverzichtbarkeit des Pluralismus«, in: R. Wettreck (Hg.), *Lebenswert – zum aktuellen Stand der biomedizinischen Ethik*, Münster 2004, S. 45–68, verwendet.